SYLVIA BRANDIS

WINDS-
BRAUT

rütten & loening

SYLVIA BRANDIS

WINDS-BRAUT

Wie ich lernte, die Sprache der Pferde zu verstehen

rütten & loening

Mit 22 Fotos aus dem Privatarchiv der Autorin.

FSC
www.fsc.org
MIX
Papier aus verantwortungsvollen Quellen
FSC® C083411

ISBN 978-3-352-00878-8
Rütten & Loening ist eine Marke der Aufbau Verlag GmbH & Co. KG

1. Auflage 2014

Einbandgestaltung bürosüd, München
Gesetzt aus der Weiss Antiqua durch Greiner & Reichel, Köln
Druck und Binden CPI – Clausen & Bosse, Leck
Printed in Germany

www.aufbau-verlag.de

PROLOG

Piets Blut

Viertausend Kronen kostet der Tod. Bar und im Voraus zu entrichten, hat man mir mitgeteilt. So also soll nun alles zu Ende gehen: ein drastischer und dennoch den Umständen nach barmherziger Schluss. Schnell und schmerzlos, zu Hause in vertrauter Umgebung und nicht begleitet von fremden Stimmen und verwirrenden Geräuschen, von Blutgeruch und Einsamkeit und Agonie. Ich rolle die inzwischen feuchtwarmen Geldscheine in meiner rechten Hand zusammen. Der Preis meiner Liebe ist höher. Ich kann und ich darf mich nun nicht drücken, so wenig ich mich dieser Art von Abschied auch gewachsen fühle. Piet in seiner letzten Stunde fremden Männern zu überlassen, wäre ein noch größerer Verrat. Er ist allzu sehr auf mich fixiert. Mein Lampenfieber vor vielen unserer Auftritte hat ihn nie angesteckt. Wenn ich nervös war, blieb er stets gelassen. Er hat mir immer vertraut. Und gerade das macht alles nun noch schwerer.

Die Haupteigenschaft, die ein Pferd für mich begehrenswert macht, unterscheidet sich nicht wesentlich von jener, die ich auch an Männern schätze. Maßgeblich ist für mich die Glut, jenes innere Feuer, das Männern Leidenschaft verleiht und Pferde zu Bewegungskünstlern macht. Ein Pferd drückt Lebenslust ganz selbstverständlich in Bewegung aus, und diese dynamische Energie ist bei einem Pferd die Voraussetzung für Schönheit und Charisma. Ein faszinierendes Pferd kann ebenso wenig phlegmatisch sein wie ein attraktiver Mann ein Kleingeist. Ein schönes Pferd will nicht nur, es muss ganz einfach tanzen.

Piet ist genau so ein heißblütiges Pferd. In all den Jahren, die er mich begleitet hat, ist er stets voller Elan und Schwung gewesen, und selbst die stärker werdenden Schmerzen seiner Arthrose hat er so lange wie möglich stoisch ertragen. Wir waren Partner, Arbeitskameraden und Freunde, wobei der Begriff Freundschaft die Beziehung zwischen Mensch und Pferd natürlich selten richtig definiert. Das besondere Band zwischen uns ist eine Mischung aus Vertrauen und Vertrautheit, Sympathie und gegenseitigem Respekt. Piet erweist mir die spezielle Höflichkeit eines selbstbewussten Hengstes gegenüber dem Menschen, dessen Leitung er sich anvertraut. Er bringt mich nach all den Jahren immer noch zum Staunen mit seiner intuitiven Klugheit, Eleganz und Noblesse. Er ist stolz, loyal und sehr gehorsam. Niemals jedoch unterwürfig. Anderen Pferden gegenüber kann er herrisch und wie ein Tyrann auftreten. Menschen hingegen behandelte er mit Huld und Sanftmut. Zuweilen, wie mir scheint, mit Nachsicht. Ich bin davon überzeugt, dass Piet sich gar nicht so selten uns Zweibeinern gegenüber ein wenig überlegen fühlt. Sechzehn Jahre lang hat er zu meinem Leben gehört, ist mehr und mehr »mein« Pferd geworden und damit ein Teil meiner Identität, und auch ich bin vermutlich inzwischen ein wichtiger Bestandteil seiner Welt. Er liest meine Stimmungen, nimmt gelassen zur Kenntnis, ob ich Liebeskummer oder Heimweh habe oder einfach aufgeräumt und glücklich bin. Er selber ist nicht launisch, sondern von einer bemerkenswerten Ausgeglichenheit. Sein inneres Gleichgewicht ist wohl die eigentliche Quelle seiner Kraft und Energie. Als Mensch hätte er vermutlich mit dem Buddhismus geliebäugelt. Ein energisches Pferd mit Vorwärtsdrang ist wie ein optimistischer Mensch, der nach vorn blickt und auf diese Weise von Neurosen verschont bleibt.

Piet K fan Veldbos. So lautet sein vollständiger Name. Selbstverständlich ist er adlig. Niemand, der ihn je gesehen hat, zweifelt daran. Er ist ganz einfach und in allem eine Majestät. Sein Vater heißt Falke, allein das klingt ja wie Poesie oder auch wie der Anfang eines Märchens. Rappen gelten seit jeher als besondere Pferde. Schwarz als die Farbe des Todes ist zugleich auch die Farbe der Macht. Piets Fell bleicht niemals aus wie das der gewöhnlicheren Winterrappen, die sich im Sommer ins Bräunliche verfärben. Er ist auch in der hellen Jahreszeit tiefschwarz wie afrikanisches Ebenholz, das dem Mythos nach böse Geister in Schach hält und magische Kräfte verleiht. Seine lange, leicht gewellte Mähne ist einen guten Meter lang, der üppige Schopf reicht ihm bis zu den Nüstern. Seine großen, lebhaften Augen zeugen von dem viele Generationen zurückliegenden andalusischen Blut, mit dem die spanischen Besatzer der Niederlande im sechzehnten und siebzehnten Jahrhundert die bodenständigeren friesischen Pferde veredelt haben. In den achtziger Jahren des zwanzigsten Jahrhunderts waren die meisten Friesen wieder eher Wagenpferde, imposante und kalibrige Traber, die sich mit dem Galoppieren jedoch oft etwas schwertaten. Piet ist ein für sein Geburtsjahr 1988 ungewöhnlich edles und bewegliches Friesenpferd, zugleich modern und auch barock, und er galoppiert elastisch und ausdauernd wie seine spanischen Urahnen. In Friesland geboren, hat er als Junghengst meinen Stall in Dithmarschen bezogen und ist dann später mit mir nach Schweden umgesiedelt. Der einsam gelegene Hof Tegelvik in Västergötland war unser erster schwedischer Halt, bevor wir schließlich nach Öland gelangten, in traditionelles schwedisches Pferdeland. Er versteht auf diese Weise mindestens drei Menschensprachen: Friesisch, Deutsch und Schwedisch. Ich habe ihn als Dressurpferd ausgebildet, ihm Galoppwechsel und Seitengänge beigebracht. Er hat mich Wesentlicheres gelehrt: sein eigenes Idiom der nonverbalen Pferdesprache, das ich inzwischen hinlänglich verstehe.

Die tierärztliche Diagnose lautet »Schale«; Knochenwucherungen, die nach einer Reizung der Knochenhaut entstanden sind, zu immer stärkeren, chronischen Schmerzen und einer zunehmenden Unbeweglichkeit des Gelenks geführt haben. Bei Piet ist das linke Hinterbein betroffen. Sein Todesurteil. Denn das Lebenselixier eines Pferdes ist Bewegung. Es ist nicht schwer, das einzusehen.

Jahrzehntelang haben Pferde in meinem Leben den roten Faden ausgemacht. Die Orte, an denen ich gelebt habe, die Menschen, die mir etwas bedeuten, meine Arbeit, meine Lebensform, meine Passion und nicht zuletzt auch meine Lebenslust. In irgendeiner Weise hat für mich alles stets mit Pferden in Zusammenhang gestanden. Tagsüber habe ich mit ihnen gearbeitet, und nachts haben sie seit meiner Kindheit meine Träume bevölkert. Wie soll mein Leben weitergehen, wenn ihm fortan diese Richtschnur fehlt?

Das Geräusch des Dieselmotors auf dem Hof reißt mich aus meinen Gedanken. Es ist so weit. Ich lasse Piet in seiner Box zurück und gehe mit zitternden Knien den beiden Männern entgegen, die soeben dem Lastwagen entsteigen. Aus dem Augenwinkel nehme ich dabei den Kran auf der Ladefläche wahr und verbiete mir alle weiteren Assoziationen. Der Fahrer, ein untersetzter Mann mittleren Alters mit schütterem Haar und einer rosigen Gesichtsfarbe, hat sanfte, sehr blaue Augen. Die Quittung für mein Bargeld ist bereits ausgeschrieben, und er murmelt etwas von dem Unterschied zwischen einem Tier und einem Pferd, der ihm sehr wohl bekannt sei.

»Wir brauchen Platz zum Arbeiten«, sagt der Fahrer und sieht sich auf dem Hof um. »Dort, glaube ich, wird es gehen.«

Sein Gehilfe nickt. Grau und mager ist er und sehr jung, und er meidet meinen Blick.

Die Haltung der beiden Männer verändert sich, als ich Piet aus dem Stall führe. Er weiß, wie er auf Menschen wirkt. Bei unseren gemeinsamen Auftritten hat er kaum jemanden unberührt gelassen. Er hat Menschen zu Tränen gerührt und zum Träumen gebracht; die, die keine Träumer waren, haben unwillkürlich vor ihm strammgestanden, und selbst den schwedischen König, für den doch der Anblick imposanter Pferde vermutlich eher zum Alltag gehört, hat er einst bei unserer Begegnung in Kastlösa ein wenig aus der Reserve gelockt. Nun steht er würdevoll und gelassen neben mir und schenkt seinen andächtig gewordenen Schlächtern keine weitere Beachtung. Trotz der chronischen Lahmheit ist er noch immer erstaunlich muskulös, und sein kohlschwarzes Fell glänzt in der Morgensonne.

Das Bolzenschussgerät löscht durch einen gezielten Schuss ins Gehirn auf der Höhe des Mähnenansatzes augenblicklich das Bewusstsein des Pferdes aus. Es heißt, es empfindet danach keinen Schmerz mehr. Der Tod tritt erst durch das anschließende Ausbluten ein. Ich lege meine Hand über Piets rechtes Auge. Er soll das tödliche Gerät nicht sehen. Ein dumpfer Knall. Mir wird schwarz vor Augen. Er bricht zusammen, seine Beine zucken noch, und etwas in mir stirbt. Es geht alles sehr schnell.

Einer der Männer hält das Messer bereits in der Hand. Ich erspare mir den blutigen Anblick und gehe ins Haus. Das Bild des in sich zusammensackenden Pferdekörpers jedoch hat sich bereits in meine Netzhaut eingebrannt, und ich werde es nicht vergessen. Ich glaube daran, dass der Tod an sich nichts Schreckliches ist. Nur der Übergang, das Sterben und die menschliche Phantasie machen ihn furchterregend. Dennoch muss ich zugeben, dass ich diesen Tag unglücklich, konfus und grüblerisch verbringe. Ich frage mich, was Piet mit seiner intuitiven Pferdeklugheit von allem geahnt hat. Was hat er empfunden? Für mich besteht kein Zweifel daran, dass Tiere beseelte Lebewesen sind. War Piets Seele im Augenblick seines erlöschenden Bewusstseins verwirrt oder eher befreit?

Ein Pferd von Piets Kaliber hat über fünfzig Liter Blut. Im Zentrum meines Hofes ist, als der Lastwagen des Abdeckers mit dem Kadaver davonrollt, ein runder Blutfleck zurückgeblieben. Er hält sich dort, Sonne und Regen zum Trotz, hartnäckig auf dem Kies. Täglich muss ich nun auf meinem Weg ins Haus dieses sinnreiche Mahnmal passieren. Das kostet mich anfangs Überwindung. Doch allmählich besinne ich mich darauf, dass es klüger ist, die Leihgaben des Lebens wertzuschätzen, als in Kleinmut zu verfallen.

Dieser Sommer ist für mich ein Sommer der Abschiede

und der Veränderungen. Mein Leben scheint an einem Wendepunkt angelangt. Hauke bereitet sich auf seinen Aufbruch von zu Hause vor. Als Mutter erscheint mir das allzu früh. Als er fünf war, hatte ich unser wundersames Leben in meinen Kinderbüchern beschrieben. Obwohl ich mich weitgehend an die Wirklichkeit gehalten und die Begebenheiten nur erzählerisch ein wenig zugespitzt hatte, war ich von den Rezensenten für phantasiebegabt gehalten worden. Unser Märchen würde nie zu Ende gehen, hatte ich damals wider besseres Wissen geglaubt. Nun wird Hauke sechzehn, auf der Insel Öland gibt es kein Gymnasium, und die tägliche Busreise nach Kalmar ist einfach zu weit. Er wird mir entsetzlich fehlen. Doch ich verstehe zugleich seine gespannte Erwartung auf das Abenteuer eines neuen, unabhängigeren Lebens in der Stadt und will ihm durch meine Wehmut nicht die Vorfreude verleiden. Eine ältere Bekannte hat ihm vor gar nicht langer Zeit mit der Frage danach, was er einmal werden will, wenn er groß ist, nur ein trotziges Achselzucken entlockt. Zum einen, weil er es wirklich nicht weiß, und zum anderen, weil er weder groß sein noch es jemals werden will. Kluges Kind! Diese Nostalgie nach der Kindheit habe ich ihm offenbar vererbt. Ich habe mit fünfzehn Jahren dasselbe verspürt.

Nun bin ich Anfang vierzig, und meine Antwort auf diese Frage fiele nicht viel anders aus als die meines halbwüchsigen Sohns. Was soll beruflich aus mir werden, wenn ich mich von Pferden fortan fernhalte? Denn Piet ist für mich unersetzbar. Kein anderes Pferd kann oder soll seinen Platz einnehmen.

Ich habe mich hauptsächlich mit Handel und Wandel sowie der Ausbildung und Vermittlung von Pferden über Wasser gehalten. Mit Piet habe ich die Sommer über schwedische Schlösser, historische Festivals und andere Veranstaltungen bereist und damit einen Großteil unseres Unterhalts bestritten. Zwischendurch bin ich Märchenerzählerin gewesen, habe Holzpferde entworfen, bemalt und verkauft und ab und zu stundenweise in einer Seniorentagesstätte Demenzpatienten betreut. Ohne eine abgeschlossene Berufsausbildung bin ich in allem, womit ich meinen Lebensunterhalt verdiene, Autodidakt. Ich bin bislang immer mein eigener Chef gewesen und habe nie eine feste Anstellung gehabt, daher gibt es für mich auch keinerlei finanzielle Absicherung im Falle von Arbeitsmangel oder Krankheit. Das beunruhigt mich kaum, denn ich bin es so gewohnt. Ich habe immer von der Hand in den Mund gelebt; nicht nur, was die Finanzen anbetrifft, sondern auch in puncto Liebe.

Mein öländischer Mann und ich sind nach der Scheidung gute Freunde geblieben, und es mangelt mir nicht an neuen Verehrern. Ich falle auf, gelte als selbstbewusst und lebensmutig, und man sieht mich, wenn ich einen Raum betrete. Doch als Einzelgängerin bin ich verschlossener und unnachgiebiger, als es nach außen hin den Anschein hat, und immer weniger zur Anpassung bereit.

Der Blutfleck auf meinem Hof erinnert mich indes daran, dass wer vernünftig ist, liebt, ohne Gegenliebe zu erwarten. Die Liebe zu Pferden ist eine gute Schule fürs Leben, selbst wenn sie die Liebe zu einem Menschen natürlich nie ersetzen kann. Sie ist kontemplativer, einfacher und anspruchsloser.

Selbstverständlich können auch Pferde Freundschaften eingehen. Mit anderen Pferden, auch mit anderen Tieren oder mit Menschen. Sie können starke Zuneigung oder große Anhänglichkeit entwickeln und empfinden. Unsere menschliche Liebe, all das Heimweh nach Einheit und Verbundenheit, nicht nur mit dem Geliebten, sondern letztlich mit dem Leben, mit der Welt, haben sie jedoch nicht nötig. Und auch den Gefahren von Narzissmus und Eitelkeit, die Verliebtheiten innewohnen, ist ein Tier nie ausgesetzt.

Ein aus Übermut tanzender Hengst bewegt sich mit einer die Schwerkraft verachtenden Leichtigkeit und wird eins mit der Bewegung; mit der Erde, die ihn trägt, und mit der Luft, die ihn umgibt. Mit der Erregung, die er empfindet, und mit der Lust, am Leben zu sein. Und alles hat damit zu tun, dass seine Sprache keine Worte hat; weder für die Liebe noch für den menschlichen Liebesdurst, den letztlich kein Geliebter, keine Geliebte jemals löschen kann.

Ich nehme eine Reihe von Gelegenheitsjobs an. Arbeite als Aushilfskraft in der kommunalen Altenpflege, fahre manchmal frühmorgens Zeitungen aus oder putze nachts den ICA-Supermarkt, wobei ich die Radiomusik laut aufdrehe und mit dem Schrubber durch die Gänge tanze. Ich bin allein und frei, blicke auf mein bisheriges Leben zurück und sehe all die bunten Momentaufnahmen sich im Kaleidoskop meiner Erinnerung zu wechselnden Mosaiken zusammenfügen; weine ein paar Tränen über Versäumtes und unwiederbringlich Vergangenes und spüre eine erwartungsvolle Spannung auf all das, was die Wundertüte des Lebens noch für mich bereithält, allmählich wieder überhandnehmen. So pendele ich zwischen Wehmut und Zuversicht, während Piets Blutfleck auf meinem Hof langsam an Umfang und Farbe verliert und der Sommer seinem Ende entgegengeht.

TRAUMSCHULE
FÜR
ANFÄNGER

1. März 2013

Baltischer Frost und Schnee. Von Frühling keine Spur. Die Kälte kriecht durch die Wände meines Holzhauses und nistet sich überall ein. Ich bin soeben von ein paar Wochen Urlaub in der Sonne nach Hause gekommen, und der anhaltende schwedische Winter erscheint mir noch gnadenloser als vor meiner Abreise. Doch das Licht, dessen Abwesenheit diese Jahreszeit so trostlos machte, ist zurückgekehrt. Ölands in ganz Schweden berühmtes Licht lockt seit jeher Künstler auf die Insel. Sein stimmungsvoller Schein ruft die Magie der kargen Landschaft wach, lässt ihre spröde Schönheit leuchten.

Ich sitze in Wolldecken gehüllt fröstelnd an meinem Schreibtisch hinter dem Computer und bin dennoch froh, wieder zu Hause zu sein. Nach drei pferdefreien Wochen beginnen für mich unweigerlich die Entzugserscheinungen. Das heißt: ich werde rastlos, die Arbeit mit den Pferden fehlt mir, ich träume von meinen Friesen und vermisse sie. Meine kurze »pferdelose Zeit« nach Piets Tod ist nun bald zehn Jahre her, und dank Sandström währte sie nicht lange. Ein Leben ohne Pferde ist für mich kaum vorstellbar. Selbst im Urlaub kann der Luxus sorgenfreien Müßiggangs auf die Dauer nicht mit meinem physisch oft so anstrengenden Arbeitsalltag konkurrieren.

Meinen Urlaub lege ich stets in die kalte Jahreszeit. Dann leiste ich mir, wenn irgend möglich, einen Betriebshelfer, der die Pferde in meinem Stall während meiner Abwesenheit versorgt. Im Frühjahr und Sommer habe ich zu viel zu tun. Meine Arbeitstage beginnen dann frühmorgens und dauern oft bis zum Einbruch der Nacht; zwölf oder vierzehn Arbeitsstunden sind für mich eher Regel als Ausnahme, und ein Wochenende oder Feiertage gibt es für mich nicht.

Ich bin Equitherapeutin. Das jedenfalls steht auf meinem Diplom als meine offizielle Berufsbezeichnung, dem ein zweijähriges Studium an einer Spezialhochschule im sörmländischen Katrineholm vorausgegangen ist. Die Schule gibt es inzwischen nicht mehr. Ich gehörte zum letzten Jahrgang, der mit staatlichen Fördermitteln dort studieren durfte. Das ist Schweden von einer seiner besten Seiten: selbst mit Anfang oder Mitte vierzig bekommt man noch einmal eine neue Chance, darf sich mit Hilfe des Staates nochmals auf die Schulbank setzen. Ich habe das nie als selbstverständlich angesehen, sondern bezahle die vierteljährlichen Raten meines Studiendarlehens, das ich noch gute zehn Jahre zu tilgen habe, stets mit einer gewissen Dankbarkeit zurück. Ich bin froh, damit jemand anderem die Möglichkeit zu geben, so wie ich noch einmal umzusatteln und späte berufliche Träume zu verwirklichen.

Die staatlich geförderte Hochschule HTU in Katrineholm und das dortige zweijährige Vollstudium waren zu ihrer Zeit einzigartig in Europa, die Studienplätze dort hochbegehrt. In meinem Jahrgang kamen auf dreißig Ausbildungsplätze weit über dreihundert Bewerber. Ausschlaggebend für die Annahme waren praktische Erfahrungen in der Arbeit mit Pferden. Mir hat die Ausbildung ermöglicht, endlich, nach so vielen Jahren und unterschiedlichen Jobs mit Pferden, einen Aufgabenbereich zu finden, der mir ganz und gar gemäß ist.

Ein Equitherapeut ist so etwas wie ein Physiotherapeut für Pferde und behandelt Störungen des Bewegungsapparates, die häufig vom Rücken ausgehen und muskuläre Ursachen haben; mehr oder weniger diffuse Beschwerden und Unpässlichkeiten, die von Tierärzten kaum untersucht und noch seltener behandelt werden. Zum Stellen einer Diagnose muss man über gute anatomische Kenntnisse und ein gewisses Fingerspitzengefühl beim Untersuchen der Geschmeidigkeit der Muskeln und Beweglichkeit der Gelenke verfügen. Man ist jedoch auch so etwas wie ein Seelendoktor für Pferde. Denn chronische Muskelschmerzen und Rückenbeschwerden verändern die Psyche, machen ein Pferd je nach Charakter und Temperament entweder widersetzlich und aggressiv oder auch apathisch. Als Reit-, Fahr- oder Arbeitspferde welcher Art auch immer sind solche Pferde ohne entsprechende Behandlung kaum noch zu verwenden.

Ein Equitherapeut muss neugierig, wissbegierig und kreativ sein, um im Laufe seiner Tätigkeit eigene Methoden und Behandlungsformen zu entwickeln. Es gibt bei der Behandlung von Problempferden keine Standardmethoden, und die Ausbildung an der Hochschule ist mehr ein Anstoß, sich fundierte Grundlagenkenntnisse anzueignen. Für die Praxis reicht sie bei weitem nicht aus. Um auf die Dauer Pferden erfolgreich helfen zu können, bedarf es eines breiteren Spektrums an Fertigkeiten.

Mir helfen meine langjährigen Erfahrungen in der Ausbildung zahlreicher junger Dressurpferde. Das Dressurpferd ist ja der Gymnast und der Athlet unter den Sportpferden, und wer Dressurpferde reitet, der muss zwangsläufig ein Gefühl für Rhythmus, Balance und Bewegung entwickeln. Im Laufe der Jahre habe ich Hunderte von Verkaufspferden geritten, und auch das kommt mir bei meiner therapeutischen Arbeit zugute, denn ich habe dabei gelernt, mich recht schnell auf neue, unbekannte Pferde einzustellen.

Um kreativ zu sein, benötigt man schließlich Phantasie. Was das betrifft, so kommt mir mein altes Faible für Märchen zugute. Wer Phantasie hat, denkt freier und unbehinderter von gängigen Normen und Konventionen. Das hilft oft, Lösungen zu finden, die auf den ersten Blick nicht offensichtlich sind. Die Sprache der Pferde verstehen zu wollen ist jedenfalls ein alter Menschheitstraum und ein recht anspruchsvolles Unterfangen; hilfreich, wenn nicht gar erforderlich, will man Symptome und Beschwerden eines Pferdepatienten deuten, und nicht immer einfach. Ich bin in dieser wie in den meisten anderen Lebensfragen ein unverbesserlicher Optimist, entdecke lieber Möglichkeiten, als mich von Schwierigkeiten abschrecken oder einschüchtern zu lassen. Und Optimismus ist auch oft gefragt, wenn ich zu Pferden gerufen werde, deren Beschwerden oder Verhalten von Tierärzten und Reitlehrern als unerklärlich beurteilt wurden. Die Ursache der Probleme habe sich nicht finden, die Symptome nicht recht behandeln lassen. Röntgenaufnahmen und der Monitor eines Ultraschallgerätes sagen selten alles.

Meinen Kunden bedeuten ihre Pferde in der Regel sehr viel. Leider jedoch schließt passionierte Pferdeliebe Unkenntnis nicht immer aus, und was gut gemeint war, kann dennoch Ursache der nun so schwer zu lösenden Probleme sein. Das ins rechte Lot zu rücken erfordert nicht selten Diplomatie. Als Equitherapeut bin ich auf den guten Willen und die Zusammenarbeit mit den Pferdebesitzern stets angewiesen.

Für meine Pferdepatienten hingegen steht weitaus mehr auf dem Spiel. Für sie geht es letztlich um Sein oder Nichtsein; um eine deutliche Besserung ihrer Symptome oder, wenn Hilfe unmöglich scheint, den Weg zum Schlachter.

2. *März*

Ein erster, langer Tag zu Hause. Ich lebe mich allmählich wieder ein. Nach einer Reise wieder richtig anzukommen, dauert immer seine Zeit. Die Pferde, die mich drei Wochen lang nicht gesehen haben, verhalten sich anfangs eher zurückhaltend. Natürlich erkennen sie mich wieder, denn sie verfügen über ein ausgezeichnetes Gedächtnis; doch sie warten erst einmal ab. Kontinuität ist im Leben eines Pferdes das Allerwichtigste. Pferde sind Gewohnheitstiere. An Überraschungen und plötzlichen Veränderungen, selbst zum Besseren, ist ihnen nicht gelegen. Das Bekannte, regelmäßig Wiederkehrende flößt ihnen Vertrauen ein. Ausdauer und Unbeirrbarkeit, damit kommt man bei einem Pferd am weitesten. Mir kommt in diesem Punkt mein Einzelgängertum zugute. Ich bin zäh und stur und gebe nur selten und ungern klein bei.

Sternklare Nacht. Mir schwindelt beim Blick in den Himmel. Wie stets sehe ich noch einmal im Stall nach dem Rechten. Dort kauen fünf schwarze Pferde und ein weißes nun zufrieden ihr nächtliches Heu. Für mich sind diese vertraulichen Stunden allein mit meinen Pferden magische Augenblicke, in denen ich mich in meinem Leben und auf dieser Erde vorübergehend ganz zu Hause fühle.

Im Haus ziehe ich meine Stiefel aus, stelle sie an den Kamin und lege ein paar Scheite nach. Die Flammen lodern, das Feuer hinter der Glasscheibe prasselt und braust auf. »Gute Nacht!« erscheint auf dem Display meines Handys. Hansens abendliche SMS.

DIE BÖSE ENGLÄNDERIN

Je älter ich werde, desto weniger imponiert mir das Erwachsensein. Das Kind, als das ich mich erinnere, steht mir noch immer nahe. In den ineinander verschachtelten Geschichten meines Lebens wohnt im innersten Raum, als letzte Puppe in der Puppe, ein etwa vierjähriges Kind. Manchmal tritt es mir im Spiegel entgegen und sieht mich an – nicht unfreundlich, eher ein wenig skeptisch. Sein breites Gesicht mit den hohen Wangenknochen ist mir fremd und vertraut zugleich. Wer bist du, will es von mir wissen, wer warst du, und wer bin ich? Oder bin ich es, die fragt, um dann seine Antwort zu begründen?

Ich war die kleine Schwester eines Wunderkindes, das intelligenter, begabter und ehrgeiziger war als ich; ein Kind, das man mit ins Museum nahm und das Städtebesichtigungen mit großen Augen und ernstem Interesse absolvierte, während ich gelangweilt hinterhertrödelte und mit einem Stofftier im Arm von anderen Welten träumte. So sehr meine Eltern sich auch um Gerechtigkeit bemühten, so mussten doch in einer Akademikerfamilie einem Kind wie meiner Schwester die höheren Erwartungen gelten. In ihrem Windschatten segelte es sich daher oft recht unbehelligt und bequem. Dass die Scheinwerfer die meiste Zeit über auf sie gerichtet waren, verschaffte mir Freiräume und Möglichkeiten, ganz unbemerkt in meine eigene Welt zu entkommen. Hier, in den geheimen Schlupfwinkeln meiner Phantasie, erwies sich mein Selbstvertrauen als ein zäheres Gewächs, als es nach außen hin und meiner Schüchternheit zum Trotz den Anschein hatte. Eines Tages, so lautete das Mantra meiner trotzigen Tagträume, werden alle sehen, dass auch ich besonders bin.

Meine große Schwester war der Mensch, der mir am allernächsten stand. Wir lebten in einer ungewöhnlich engen Symbiose und in unserer eigenen Welt. Sie war tonangebend, und ich folgte ihr. Unser schwesterlicher Pakt bestand aus Solidarität und unbedingter Treue. Es gab für uns wenige, dafür umso striktere Regeln und Gesetze: Geheimnisse mussten bewahrt, Ehrenworte gehalten werden. Den Erwachsenen gegenüber war Verschwiegenheit Pflicht. Verrat wurde mit dem Tode bestraft.

Unser Heimatland hing hoch oben in den Wolken. Es hieß Faticiland, und die Einreise war ausschließlich Mitbürgern gewährt. Die waren nicht sehr zahlreich. Von den Kindern, die wir kannten, war keines dabei, und eine befristete Ehrenbürgerschaft wurde nur gewissen Erwachsenen zugesprochen, die wir aus irgendeinem Grund wertschätzten; heimlich und ohne deren Wissen, wie sich verstand.

Regiert wurde unser Land von dem sogenannten Faticioberrat, der moralischen und rechtlichen Instanz, dessen Entscheidungen über jeden Zweifel erhaben waren. Es erübrigt sich wohl zu sagen, dass meine Schwester ihm stets ihre Stimme lieh. Seine Gegenspielerin war die böse Engländerin. Warum Engländerin, ist für mich heute schwer zu ergründen, das Attribut böse jedenfalls war ganz und gar missverständlich. Denn unsere böse Engländerin war eher borniert und kleinkariert und ein Ausbund an Vernunft und Mittelmäßigkeit. Man kenne, bitte schön, seine Grenzen, falle nicht auf und tue, was alle anderen tun. Die böse Engländerin stellte all das dar, was wir nie im Leben werden wollten (und glücklicherweise auch nicht geworden sind!): die abschreckende Karikatur einer angepassten Frau mittleren Alters und eine eingefleischte Fürsprecherin aller Normen und Konventionen. Eine Person, die aus dem schillernden Reich der Kindheit und der Phantasie für immer und unwiderruflich ausgewiesen worden war.

4. März

Für viele Pferde hier auf der Insel und auf dem Festland in Småland ist der Winter eine relativ ruhige Zeit. Wer keinen Zugang zu einer Reithalle hat, der stellt das Reiten in den strengsten Winterwochen ein und lässt seine Pferde ruhen. Mich hat heute der Anruf eines Trainers nach Kalmar auf die Trabrennbahn geführt. Dort stellt er mir Donny vor, einen großen fünfjährigen Braunen, der nach etlichen Siegen und guten Platzierungen nun seinen Dienst vor dem Sulky verweigert. Er führt sich äußerst ungebärdig auf, ist am Start kaum zu halten, und seine Kräfte sind aufgezehrt, noch ehe das Rennen zur Hälfte bestritten ist. Selbst im Training ist das Anspannen inzwischen zu einem Risiko geworden, da er kaum zu bändigen und noch weniger zu kontrollieren ist. In der benachbarten Pferdeklinik hat man einmal mehr Cortison in seine Huf- und Fesselgelenke gespritzt. Ohne spürbaren Erfolg.

Der Wallach ist nervös und duldet kaum, dass ich ihn berühre. Er kann nicht stillstehen, entzieht sich meinen Händen, und seine Muskeln sind hart und verspannt. Einem solchen Pferd darf man sich nicht aufdrängen. Es ist wichtig, seine Integrität zu achten und sein Vertrauen zu gewinnen, ehe man es untersucht. Ein derart verspanntes Pferd ist voll und ganz davon in Anspruch genommen, sich gegen die Außenwelt abzuschirmen, und gibt kaum von sich aus Auskunft über sein körperliches Befinden.

Im Leben eines Trabers gelten weitaus härtere und weniger sentimentale Gesetze als in dem eines Reitpferdes. Wer keine Leistung bringt, der wird mit etwas (und zudem oft zweifelhaftem) Glück billig als Reitpferd verkauft. Doch es gibt allzu viele erfolglose Traber, nicht alle können Reitpferde werden, und die Mehrzahl landet schließlich beim Abdecker.

Donny hat zwei Besitzer. Seinen Trainer Göran und einen alten Pferdemasseur namens Roi, der eine Vielzahl von Pferden gesehen und behandelt hat, doch nun hoch in den Siebzigern und körperlich für seinen anstrengenden Beruf nicht mehr recht fit ist. Er will bei meiner Untersuchung dabei sein und sieht mir anfangs recht skeptisch zu. Das macht mich etwas nervös, denn der Mann, der später meine Rechnung bezahlen soll, will nun alle meine Spezialkniffe und -griffe geboten bekommen. Doch ich verhalte mich zunächst einmal passiv. Das ist meine einzige Chance, dem aufgebrachten und von chronischen Beschwerden geplagten Pferd näherzukommen.

Innere Ruhe und eine gewisse emotionale Leere sind notwendig, um sich auf ein Pferd wirklich einstellen zu können. Allzu heftige Gefühle sind da nur im Weg und verstellen einem die Sicht. Ich versuche, bei der Begegnung mit jedem neuen, mir unbekannten Pferd innerlich wie ein unbeschriebenes Blatt zu sein, um alle Eindrücke unvoreingenommen auf mich wirken zu lassen. Ich denke nicht an einen möglichen Erfolg oder Misserfolg meiner Behandlung, und ich versuche auch, andere und ähnliche Fälle aus meinem Bewusstsein zu verdrängen. Vergangenheit und Zukunft sind für eine Weile suspendiert, für die Begegnung zählt nur das Hier und Jetzt. Ich atme tief, blicke in eine andere Richtung und schenke dem Wallach neben mir zunächst einmal kein besonderes Interesse. Und allmählich gibt er seine abweisende Haltung auf und lässt mich etwas näher kommen.

Jedes Pferd hat gewisse Körperzonen, an denen behutsame Berührung einem wie ein Zauberschlüssel die Wege zur Kommunikation öffnet. Das können bestimmte Akupunktur- oder auch Triggerpunkte sein, die auf erste Berührung schmerzhaft reagieren. Aktive Triggerpunkte sind Bereiche, in denen die Muskulatur und auch das dazugehörende Bindegewebe geschädigt sind. Erst wenn die miteinander verklebten Muskelfasern sich voneinander lösen und der Muskel sich entspannt, wird die Berührung nach und nach als angenehm und wohltuend empfunden. Was Donny betrifft, so folge ich meiner Intuition, um diese Punkte in Erfahrung zu bringen. Und allmählich lässt er mich gewähren. Schließlich lässt er zu, dass ich meine Finger behutsam zwischen Schulterblatt und Brustkorb schiebe. Seine Brustmuskulatur ist so steinhart und verspannt, dass meine flache Hand zunächst kaum Einlass findet. Doch dann gibt er den Widerstand auf, schnaubt und senkt den Hals, und ich lade ihn dazu ein, den schwerer und schwerer werdenden Kopf auf meiner Schulter ruhen zu lassen. Seine Unterlippe wird schlapp, und er verdreht bald wie in Trance die Augen.

»Donnerwetter!«, sagt Roi. »Erklär mir, wie du das hinkriegst.«

»Ein andermal«, erwidere ich. »Schick Donny für ein paar Wochen nach Öland. Dann werde ich sehen, was ich für ihn tun kann.« Er sieht den Trainer an, der ein wenig resigniert nickt und seufzt.

»Hoffentlich reicht unsere Kasse für dich aus? Na, egal. Wir haben ja sonst schon alles probiert …«

ZEHNPFENNIGTRABER

Kurz nach der ersten Auszahlung meines monatlichen Taschengeldes richteten wir auf Geheiß meiner Schwester eine gemeinsame Kasse ein. Die Zeit des Privatvermögens war für mich somit vorüber, noch ehe sie recht begonnen hatte. Unsere monatlichen Groschen und Fünfzigpfenningstücke wurden fortan unmittelbar in eine schwere, silberne Spardose eingezahlt, deren Schlüssel meine Schwester verwahrte. Dass sie als die ältere mehr Taschengeld bekam, wurde nie erwähnt, und die Fünfzigpfennigstücke, die meine gutmütige Großmutter mir zuweilen zusteckte, landeten mit ebensolcher Selbstverständlichkeit in der gemeinsamen Kasse. Nie wäre es mir in den Sinn gekommen, sie zu unterschlagen. Gemeinsam planten wir dann unsere zukünftigen Investitionen: Trabrennpferde. Komplett mit Sulky und Fahrer kosteten die in der Zehnpfennigkiste des Spielwarengeschäfts Böbs jeweils einen Groschen. Sie waren aus hartem Plastik, und es gab sie in vielen verschiedenen Farben und Modellen. Bald waren wir vielfache Pferdebesitzer, und bei den Rennen erwiesen sich aus unerfindlichem Grund meine Pferde denen meiner Schwester so gut wie immer als unterlegen, was mich jedoch weder störte noch weiter verwunderte.

Das Geschäft lag an der Strandpromenade in Niendorf, wo wir im Hause unserer Großmutter und unseres Onkels den wärmeren Teil des Jahres verbrachten. Es wurde von zwei altjüngferlichen Schwestern geführt, vor deren höhnischen Mienen und spitzen Kommentaren wir uns fürchteten, wenn wir verschämt und mit niedergeschlagenem Blick unsere abgezählten Groschen auf den Ladentresen legten. Ganz offenbar verabscheuten die beiden Schwestern Kinder. Sie sahen einander zum Verwechseln ähnlich. Es war schwer auszumachen, welche von ihnen die ältere war und also mehr zu sagen hatte.

Pünktlich um achtzehn Uhr schlossen sie jeden Abend ihr Spielzeuggeschäft und begaben sich kurz darauf in langen Bademänteln und bauschigen Badehauben an den Strand. Dann konnte man von der Strandpromenade aus die beiden bleichen, kinderhassenden Spielzeugverkäuferinnen in ihren schwarzen Altdamenbadeanzügen mit dem dunklen Wasser der Ostsee verschmelzen sehen, und einzig ihre weißen Badehauben trieben auf der Wasseroberfläche und wippten wie große Wattebäusche bei jedem Zug, den sie schwammen, kaum merklich auf und ab.

6. *März*

Heute habe ich im südlichen Teil Ölands zu tun. Südöland ist von der strengen, stillen Landschaft des großen Alvar geprägt, einer kargen, großflächigen Steppe, die in ihrer Art in Europa einmalig ist und diesem Teil der Insel den Status eines Weltnaturerbes eingebracht hat. Öland ist eine Pferdeinsel, das Weideland hier seit langem in ganz Schweden berühmt. Schon zu Gustav Vasas Zeiten wusste man, dass auf Ölands kalkreichen Weiden starke Pferde mit stabilem Knochenbau heranwachsen. Im Sommer verbringen die Pferde auf den Hunderte von Hektar großen Weideflächen ein ungestörtes Wildpferdeleben, und die Kargheit des Landes täuscht. Rund und wohlgenährt kehren die Tiere im Herbst in ihre heimatlichen Ställe zurück.

Hier im Süden der Insel sind viele Islandpferde beheimatet, und zu einem Isländer bin ich heute auch gerufen worden. Isländer sind eine archaische Pferderasse, die nach gut tausend Jahren Reinzucht noch immer in Aussehen und Temperament den Pferden der Wikinger entsprechen. Diese stämmigen Pferde haben ein großes Herz, sind stark und eigenwillig und verfügen über eine innere Glut, die einen unwillkürlich an die Geysire Islands denken lässt. Sie haben die Größe eines Ponys und sind dennoch keine kleinen Pferde; klug, ursprünglich und selbstsicher. Ein Jahrtausend lang haben sie große, kräftige Männer auf ihren Rücken getragen, und in ihrer nördlichen Heimat wird der Reitsport auch heute noch von Männern dominiert. Ich habe Respekt vor diesen zähen Tieren und bin von ihnen fasziniert, ohne dass sie meinem persönlichen Pferdeschönheitsideal entsprechen. Sie sind integere, stoische Pferde, und das macht sie zu schwierigen Patienten. Denn ein Isländer beißt, solange es geht, die Zähne zusammen und unterwirft sich, wenn nur irgend möglich, nicht dem Schmerz. Er zeigt ungern, wo es ihm wehtut, und ist daher nicht leicht zu untersuchen oder zu behandeln. Erschwerend kommt hinzu, dass ein Isländer nicht wie ein gewöhnliches Pferd über drei Grundgangarten verfügt, nämlich Schritt, Trab und Galopp, sondern oft zudem noch Pass und Tölt beherrscht. Wenn ein Isländer lahm ist, stehen ihm somit viele Gangarten zur Verfügung, um sich zwar unrein, jedoch so schonend wie irgend möglich zu bewegen, was eine Diagnose seiner Lahmheit oft zusätzlich erschwert.

Die Fuchsstute, die man mir vorstellt, lahmt jedoch deutlich auf der Hinterhand. Eine Beugeprobe, bei der ich die Sprunggelenke des jeweiligen Hinterbeines für eine Minute stark anbeuge und die Stute danach traben lasse, fällt positiv aus. Die Lahmheit der Stute wird deutlich stärker. Verdacht auf Spat. Das ist eine Verknöcherung des Sprunggelenks, die in der akuten Phase mit einer Entzündung einhergeht. Röntgen ist hier erforderlich, also ein Fall für den Tierarzt. Denn lahme Pferde darf ich nicht behandeln, bevor nicht ein Tierarzt diese untersucht hat. Die Besitzerin ist besorgt. Doch ich kann sie ein wenig beruhigen. Spat gehört zu den Berufskrankheiten des Isländers, und viele Pferde sind, nachdem die akute Phase der Krankheit überstanden ist, durchaus wieder als Reitpferde einsetzbar, wenn auch etwas weniger beweglich in dem nun verknöcherten Gelenk.

PFERDEZAUBER

Für die großartigen Geschenke, mit denen meine Schwester mich zu Weihnachten und an meinen Geburtstagen stets überraschte, konnte ich mich nie recht revanchieren; dafür war sie handwerklich und künstlerisch viel zu geschickt. Mit Hilfe meiner in solchen Dingen ebenfalls erfindungsreichen Mutter tischlerte sie mir ein Puppenhaus mit abnehmbarer Vorderfront und eine zweigeschossige Fachwerkvilla für mein Meerschweinchen mit einer Leiter, über die es durch die mit Fensterläden versehenen Einschlupföffnungen ins Innere gelangen konnte. Ein mannshohes, stabiles Kaspertheater mit handbedruckten Stoffkulissen lud ein zur Inszenierung aller uns bekannten und neuer, von mir erfundener Märchen, und von meiner Schwester bekam ich auch mein allerERSTES Reitpferd: einen Apfelschimmel. Den Kopf des Steckenpferdes hatte sie eigenhändig ausgesägt und dann bemalt und auch die Trense aus bunten Garnresten gefertigt. Wenig später baute sie mir in einem Niendorfer Sommer aus groben Baumstämmen ein Pony mit Rindenohren und Zügeln aus Bast. Sie nahm nun Reitunterricht und ich, wie stets meinem Vorbild nacheifernd, verehrte die Pferde bald so wie sie; womöglich sogar noch mehr, jedenfalls rein theoretisch. Denn im Praktischen fürchtete ich mich vor diesen allzu großen, überirdischen Geschöpfen mit ihren schwarzen, intensiven Augen, von denen ich mich zugleich so angezogen fühlte. Diese Furcht war mächtig und größer als angebracht, und erst später wurde mir klar: vermutlich war ich bereits damals mit dieser Pferdeliebe infiziert, die mein Leben bestimmen sollte, die Bezauberung hatte längst begonnen. Faszinierend, furchterregend und in aller Heimlichkeit …

9. *März*

»Lieber Sandström, den neuen Pferden geht es gut, bislang entsprechen sie ganz meinen Wünschen und Erwartungen. Ich arbeite mit ihnen diese Woche noch vom Boden aus, Longe und Doppellonge, und hoffe, dass der Schnee bald schmilzt. Dann werde ich sie alle satteln. Ajuna sollten wir zuerst verkaufen. Sie macht mir Spaß; wohl nicht das beste Dressurpferd von den dreien, aber sie hat einen starken Willen und Charakter und ist draußen mutig und energisch. Hübsch ist sie außerdem, wie Sie ja selbst auf all den Fotos gesehen haben. Habe Interessenten für alle drei Pferde, doch die müssen sich vorerst gedulden. Ich zeige ihnen die Pferde nicht, bevor sie richtig in Form sind.

Beste Grüße von Öland nach Kopenhagen, Sylvia.«

Sandströms Friesen, zwei Stuten und ein Wallach, belegen zur Zeit drei Boxen in meinem Stall. Sandström kauft oft Pferde im Herbst. Die Preise in Holland sind dann erschwinglich, denn kein Züchter oder Händler hat in der kalten Jahreszeit gern allzu viele Pferde aufgestallt. Und ich habe einen Winter lang Zeit, die neuen Pferde kennenzulernen, bevor die intensivere Ausbildung unterm Sattel und die Vorbereitung für den Verkauf dann im Frühjahr beginnt.

Sandström ist ein sonderbarer Mann, für mich stets ein wenig undurchschaubar. Ich nehme an, gerade das macht ihm Spaß. Er weiß, wie ich aussehe, denn er hat mich damals mehrfach bei meinen Vorführungen mit Piet gesehen. Und sieht mich nun ja ständig auf den Fotos seiner Pferde, die sein Cousin Hansen ihm mailt. Ich kenne ihn jedoch nur via E-Mail. Von meinen Auftraggebern und Pferdebesitzern ist er der Anspruchsvollste und zugleich auch derjenige, der am meisten auf mich setzt. An Geld und an Erwartungen.

Es ist acht Jahre her, dass Hansen und ich auf Sandströms

Auftrag hin die erste gemeinsame Reise nach Friesland unternommen haben. 2005, kurz nachdem Hauke und sein bester Freund Johan nach Kalmar gezogen waren, um dort das Gymnasium zu besuchen, hatte Sandström mir zum ersten Mal gemailt. Obwohl ich soeben den Bescheid erhalten hatte, einen der begehrten Studienplätze an der Katrineholmer Hochschule für Equitherapie bekommen zu haben, vermisste ich Hauke sehr. Und Piet, der nicht mehr lebte. Sandströms allererste Mail habe ich damals ausgedruckt und aufbewahrt, da sie für mein weiteres Leben (mit Pferden) von so entscheidender Bedeutung war.

»Liebe Sylvia Lindström, erfuhr vom Tode Ihres schönen Hengstes Piet. Bekunde mein Beileid. Sein Foto mit Reiterin im langen, roten Kleid vor dem Hintergrund von Borgholms Schlossruine (Östrans Reportage vom 17. Mai 2000) hängt in meinem Kontor hier in Kopenhagen. Sie können nicht wissen und nicht ahnen, was dieses Bild für mich bedeutet, und ich will Sie damit nicht belästigen. Die Gedanken sind frei. Keine Sorge, ich bin auf keine neuen Frauenbekanntschaften aus. Will Sie auch nicht kennenlernen. Kenne Sie auf meine Weise bereits gut genug. Bin Ihnen und Ihrem Märchenhengst bei meinen Schwedenaufenthalten mehrfach begegnet: Kalmar Schloss, Skokloster Schloss, Vittskövle Schloss, Borgholms Schloss by night, Färjestadens Ölandstage usw. Ungewollt gewollt waren Sie oft dort, wo auch ich mich befand. Zufall oder Fügung – einerlei. Das sind Fragen, mit denen man sich als Nachtclubbesitzer besser nicht befasst.

Zur Sache: Ich liebe Pferde. Und ich verstehe nichts von Pferden. (Genauso geht es mir übrigens auch mit Frauen – doch das nur nebenbei erwähnt). Habe eine Idee und benötige Expertenrat. Bescheidenheit hat mir noch nie gelegen. Groß ist gut. Nun, da man Sie und Ihr schönes Pferd nirgendwo mehr sehen wird, schwebt mir etwas noch Größeres vor: eine Formation von zwanzig schwarzen Pferden und zwanzig attraktiven Reiterinnen. So wie früher an den Fürstenhöfen: elegante Reiter und Pferde in einem Tanz zu eigens dafür komponierter Musik. Schauvorführungen zu festlichen Anlässen in Schweden. Sechs bis acht Minuten lang. Perfektion in allem angesagt. (Sie sind ja Deutsche, wie mir zu Ohren kam.) Ich weiß, um diese Vision zu verwirklichen benötigt man Geld und Zeit. Ersteres habe ich. Letzteres – nun, das wird sich erweisen.

Mein Vetter und wirtschaftlicher Ratgeber Olof Hansen, der in Stockholm wohnhaft ist, wird Sie, wenn es Ihnen recht ist und Sie Ihr okay dazu geben, anrufen. Er hält dieses Projekt für Wahnsinn, doch das ist seine Sache und mir in diesem Fall egal. Er wird auch, falls Sie mit von der Partie sind, in Zukunft Ihr Ansprechpartner sein. Keine Sorge. Er ist auf seine Art ein netter Kerl. Sie werden sehen. Ich selbst halte mich wie gehabt bei allem stets im Hintergrund.

Freundlichen Gruß aus Kopenhagen,

Ihr Sie aus der Ferne wertschätzender Sandström«.

GUT UND BÖSE

Pferde waren das bevorzugte Motiv meiner großen Schwester, wenn wir mit unseren Zeichenblöcken und Farbstiften im elterlichen Wohnzimmer vor dem Grammophon saßen und dem Märchenerzähler lauschten, dessen Stimme in Deutschland jeder kannte. Den Mann, dem die berühmte Stimme gehörte, kannte man hingegen kaum, und erst viele Jahre später erfuhr ich, dass er Hans Pätsch hieß und von seinen Fans »der Märchenprinz« genannt wurde.

Meine Schwester verbesserte und verwarf selbstkritisch und voller Eifer und Engagement ihre farbigen Pferdebildnisse, während ich nach einer Weile meine Strichmännchen und dilettantischen Landschaften auf sich beruhen ließ, mich zurücklehnte, lauschte und träumte.

Hans Christian Andersens Wehmut war schwer zu widerstehen. Kein Wunder, denn das hässliche Entlein, von dem er erzählte, das war ja ich. Anders als die anderen. Groß und einem Kalekutenei entschlüpft. Und ich ballte heimlich die Fäuste, wenn Pätschs Stimme zum gehässigen Chor der Entengeschwister anschwoll, die den hässlichen jungen Schwan verhöhnten. Seine Nachtigall rührte mich jedes Mal zu Tränen (übrigens auch heute noch!). Und die archaische und oft so rätselhafte Grausamkeit der Gebrüder Grimm verursachte mir eine Gänsehaut. Vor allem die als Magd verkannte Königstochter, die dem abgeschlagenen und an die Wand genagelten Kopf ihres treuen Pferdes ihr Leid klagte. Der arme Fallada. Mich schauderte jedes Mal.

»O Fallada, da du hangest!«

»O du Jungfer Königin, da du gangest, wenn das deine Mutter wüsste, ihr Herz tät ihr zerspringen.«

10. März

Männer und Frauen. Trotz Sandströms Extravaganzen denke ich manchmal, mein Job wäre leichter mit mehr männlichen Auftraggebern. Doch lediglich der Trabrennsport wird noch immer von Männern dominiert. Im Reitpferdebereich sind die meisten Pferdebesitzer Frauen. Das hat Vor- und Nachteile.

Ich komme in der Regel gut mit Frauen zurecht, aber Männer sind einfacher und direkter. Als Pferdebesitzer sind sie sachlicher und rationaler, reden weniger von Gefühlen als Frauen. Ihre Wünsche sind (wie im wirklichen Leben) schlichter (daher leichter zu erfüllen!), ihre Träume leichter zu verstehen. Von der Liebe reden sie nur selten. Lieben sie deshalb weniger?

Frauenträume in Sachen Pferde können heikel sein. Manchmal entspringen sie menschlichen Defiziten, die ein Pferd gar nicht ausgleichen kann, einer diffusen, ewig ungestillten Sehnsucht nach Tugenden und Werten, an denen es in ihrem Leben mit Menschen mangelt. Das können Träume von Schönheit, Treue, Loyalität, Harmonie, Einverständnis und Zusammengehörigkeit sein. Und natürlich von Liebe. Dem so oft missbrauchten Wort, aktiv angewandt und dennoch passiv gemeint: denn die Sehnsucht danach, geliebt zu werden, ist oft größer, als die Fähigkeit zu lieben.

Andersen behauptet: »Die Liebe ist Sehnsucht, und gestillte Sehnsucht vergeht.« Hat er recht?

DER BÖSE BLICK

Gut und böse. Wie einfach hätte dieser Dualismus der Märchen mein eigenes Leben gemacht. Doch meine Welt war von den unergründlichen Launen meiner großen Schwester abhängig und daher komplizierter. Sie verfügte über den bösen Blick, eine vernichtende Waffe, dank der sie nach Belieben alles untergehen ließ, was sie einst für mich erschuf. Mit morbider Neugier betrachtete sie dann die moralische Vernichtung ihres Adepten. Auf solche Dramen verstand sich kein Erwachsener. Man musste sie allein durchleben.

Ob meine große Schwester mich jemals in demselben Maße liebte, wie ich sie verehrte, weiß ich nicht. Diese Frage hatte für mich keine Bedeutung. Ich wollte nicht in Ungnade fallen. Das, was für mich auf dem Spiel stand, war entscheidender als ein Gleichgewicht von Geben und Nehmen. Es ging um alles oder nichts.

13. *März*

Der Traber Donny ist in Egby eingetroffen. Dort, an der Ostseite der Insel und gut zwanzig Minuten von meinem Haus entfernt, hat ein Traberzüchter eine Reithalle errichtet, die nur selten benutzt wird. Donny ist nun für vierzehn Tage im dortigen Stall einquartiert, so lange habe ich Zeit, um ihn zu untersuchen und zu behandeln und hoffentlich von seinen chronischen Beschwerden so weit wie möglich zu befreien.

Seine Rückenschmerzen, so viel ist mir bereits klar, haben zum Teil mit der natürlichen Schiefe oder Händigkeit zu tun, die jedem Pferd mehr oder weniger zu eigen ist. So wie die Mehrzahl der Menschen sind auch die meisten Pferde rechtshändig. Die größere Körperlast ruht bei ihnen auf dem rechten Vorder- und dem linken Hinterhuf, und diese Asymmetrie des Körpers hat für das Sportpferd eine größere Bedeutung, als viele Reiter oder Trainer es sich eingestehen.

Wer mit Dressurpferden zu tun hat, weiß, dass das sogenannte Geraderichten in der Ausbildung eines Dressurpferdes eine übergeordnete Rolle spielt. Doch auch ein Rennpferd wird von der ungleichen Belastung und der damit verbundenen asymmetrischen Bemuskelung beeinträchtigt. Eine ein- oder zweimalige chiropraktische Behandlung bringt aus diesem Grunde selten einen längeranhaltenden Erfolg, wenn man das Grundproblem außer Acht lässt. Deshalb werde ich Donny in den nächsten zwei Wochen nach entspannender Massage wie ein Dressurpferd an der Doppellonge arbeiten. Das entspricht gewissermaßen der Krankengymnastik beim Menschen und wird seinen Körper hoffentlich beweglicher und seine gesamte Muskulatur geschmeidiger machen. Für diese Nachbehandlung ist es gut, eine Reithalle zur Verfügung zu haben, denn es herrscht noch immer Winterwetter.

Sandströms und meine eigenen Pferde haben es da weniger komfortabel. Meine Reitbahn in Hörlösa ist noch immer verschneit und an einigen Stellen glatt und eisig. Ich weiche auf ein paar benachbarte Felder aus, auf denen der Untergrund weniger rutschig ist. Doch es hat durchaus auch Vorteile, keine Halle zur Verfügung zu haben. Die Pferde, die das ganze Jahr über draußen im Freien trainiert werden, sind frischer, gehfreudiger und weniger schreckhaft als jene in den Reitanlagen, deren Alltag oft recht monoton und wenig stimulierend ist.

Ein Tag hat für mich immer allzu wenige Stunden. Denn allein die Pferde hier in meinem eigenen Stall benötigen viel Zeit. Mein Stall ist hell und luftig, und alle Pferde fühlen sich hier wohl. Ich habe keine Gitter, sondern nur halbhohe Boxenwände, so dass sie einander sehen und miteinander Kontakt aufnehmen können. Tagsüber sind sie draußen, wenn nicht gerade Glatteis herrscht. Mich stimmen viele moderne Ställe, wo die Pferde isoliert und hinter Gittern stehen, immer etwas melancholisch. Selbst wenn für die Menschen jeglicher Arbeitskomfort gegeben ist, so führen die Pferde in solchen Reitsportanlagen doch eher das Dasein von Häftlingen.

So behaglich die Atmosphäre in meinem Stall auch ist, so schwer ist seine tägliche Bewirtschaftung. Denn alles ist altmodisch und ein bisschen unpraktisch. Das Wasser muss ich für die fünf Pferde eimerweise draußen vom Brunnen holen. Auf den Heuboden führt eine recht wackelige Leiter, und man muss achtgeben, dass man beim Hinaufklettern keine Sprosse verfehlt. Verglichen mit meiner Reitanlage, die ich einst in Deutschland hatte, ist alles hier sehr primitiv. Doch ich fühle mich wohl. Meinen Pferden geht es gut, und mein relativ einfacher Lebensstandard mit niedrigen monatlichen Ausgaben garantiert mir meine persönliche Freiheit, an der mir am meisten gelegen ist.

TRAUMPFERDE

Mein erstes Pferd ist schwarz und namenlos, mein allererster Ritt ein rasanter, gestreckter Galopp über ein großes, gelbes Stoppelfeld. In meinen kurzgeschnallten Steigbügeln stehe ich wie ein Jockey über mein Pferd gebeugt und schlinge meine Arme um seinen Hals. Ich bin so glücklich wie noch nie zuvor.

Mit diesem Traum und seinem Rausch von Geschwindigkeit und Freiheit nahm mein Leben mit Pferden seinen Anfang. Nach dem Erwachen kam ich erst allmählich wieder in der Wirklichkeit an, in der ich neun Jahre alt war und große Angst vor Pferden hatte. Doch diese Angst war auf einmal unbedeutend geworden, nun, da ich wusste, was in der Zukunft der Dreh- und Angelpunkt meines Lebens sein würde: Pferde.

Meine Eltern konnten meinen mit Bestimmtheit und Nachdruck vorgetragenen Wunsch, mich bei der örtlichen Reitschule zum Unterricht anzumelden, kaum verstehen.

»Und deine Angst?«, fragten sie ungläubig. »Ja, die.« Mehr gab es zu diesem Thema von meiner Seite nicht zu sagen.

Kurze Zeit später saß ich mit schlotternden Knien und hämmerndem Herzen zum ersten Mal auf einem leibhaftigen Pferd in einer Wirklichkeit, in der die Gravitationskraft keinesfalls aufgehoben war wie in meinem Traum. Jeden Dienstag, wenn nach dem Stehtag zu Beginn der Woche die Reitschulpferde nach vierundzwanzig Stunden im dunklen Stall wie elektrisch aufgeladen waren, landete ich regelmäßig unsanft in den Sägespänen des Reithallenbodens.

Anfang der siebziger Jahre herrschte in den Reitschulen noch ein anderer Ton als heute. New Age hatte noch nicht begonnen, und von »natural horsemanship« redete in Deutschland noch niemand. Ein gutes Vierteljahrhundert nach Kriegsende ging es in den Reitställen noch immer eher zu wie beim Kommiss. Die professionelle Pferdewelt war noch eine rein männliche Sphäre. Unter Reitlehrern, Bereitern, Stallpersonal, Turnierreitern, Jockeys, Pferdezüchtern oder auch Tierärzten stellten Frauen eine Minderheit dar.

Mein erster Reitlehrer, Herr Hildebrand, war bäuerlicher Herkunft und ein guter Pferdemann mit soliden Kenntnissen im Reiten und im Fahren. Als Pächter der vereinseigenen Reitanlage bildete er Dressur- und Springpferde bis zur mittelschweren Klasse aus und fuhr junge Pferde ein. Er verstand etwas von der Zucht, und als echter Holsteiner schlug sein Herz natürlich vornehmlich für Pferde mit diesem Brandzeichen. Er war eher ein Freund der Pferde als der Reiter, und das machte mir den Mann sympathisch, denn mir ging es ebenso. Aus seiner Verachtung für Großstadtsnobs und Sonntagsreiter machte er im Übrigen keinen Hehl, doch die zahlende Kundschaft nahm aus Respekt vor seiner Kompetenz seine eigensinnige Persönlichkeit und seine Launen in Kauf. Die Kinder fürchteten seinen Jähzorn. Erwies man sich in seinen Augen als dumm, ungeschickt oder – noch schlimmer! – als aufsässig, so donnerte seine Stimme das vernichtende Urteil durch die Reithalle. Er hatte jedoch auch Lieblingskinder; solche, die Talent erkennen ließen, und solche, die tapfer, ernsthaft und beharrlich waren. Ich gehörte zu den Favoriten, wenn mir auch nie ganz klar war, in welche der beiden Kategorien er mich einordnete. Doch vor seinen Augen Gnade zu finden, bedeutete mir viel. Oft ließ er mich das Schulpferd selber wählen, das ich dann reiten durfte, vielleicht, weil er zu schätzen wusste, dass ich mich mit Todesverachtung immer für dasjenige entschied, das mich mit Sicherheit abermals in den Sand setzen würde: Neva, eine ramsköpfige und mit einer schmalen, schiefen Blesse versehene Holsteiner Dunkelfuchsstute, deren gigantischem Stockmaß ich, obwohl für mein Alter lang, nichts entgegenzusetzen hatte. Ihre für mich ebenso unvorhersehbaren wie explosionsartigen Bocksprünge ließen mir einfach keine Chance, mich im Sattel zu halten. Mit verbissener Entschlossenheit erhob ich mich jedes Mal vom Hallenboden und stieg stumm wieder auf.

»Warum wählst du kein braves Pferd?«, wollte meine fassungslose Mutter wissen, und ich konnte ihr keine schlüssige Antwort geben. Was sollte man auf solche Fragen schon antworten? Ich bin nicht der Typ, der klein beigibt? Einmal muss ich es ja schließlich schaffen? Alles braucht seine Zeit?

Die Angst war während dieser ersten Zeit meine ständige Begleiterin und wurde für mich fast so etwas wie eine aufdringliche Freundin oder eine hartnäckige gute Bekannte. Alle meine Stürze, die blauen Flecken, Stauchungen und Prellungen besiegelten diese Symbiose. Einmal fiel ich bei einem Ausritt mit dem Gesicht voran auf einen Schotterweg. Der Hausarzt, der die Wunde zu reinigen versuchte, sah besorgt aus, als er sie genäht hatte. Vermutlich dachte er an meine nunmehr verminderten Chancen auf dem Heiratsmarkt, die mich jedoch wenig interessierten. Ich trug diesen Schmiss mit Würde und Stolz als Zeichen meiner Tapferkeit. Denn die einerseits so lästige Angst schlug mich niemals in die Flucht, da ich mich ihr stellte, spornte sie mich an, forderte mich heraus und erlaubte mir so, an ihr zu wachsen.

Bereits am Montagnachmittag begann sie mir regelmäßig zuzusetzen, ließ mich die Nacht zum Dienstag unruhig schlafen, während ich den kommenden Vormittag dann mit Bauchschmerzen und schweißfeuchten Händen den Unterricht in der Schule über mich ergehen ließ. Wovor fürchtete ich mich eigentlich? Vor den Schmerzen meiner Stürze kaum, denn die ertrug ich recht stoisch. Vielleicht vor meiner Machtlosigkeit. Womöglich auch vor der Demütigung durch mein eigenes Unvermögen. Oder war es die rein physische und irgendwie auch psychische Übermacht der Pferde, dieser Wesen, die ich so verehrte, doch zu deren Heiligtum meine Angst mir noch immer den Zutritt verwehrte? Diese Angst jedenfalls galt es auf die Dauer zu besiegen, sie war es, die mir den wahren Kontakt zu den Pferden vorenthielt, nach dem ich mich zugleich doch so verzehrte. Sie war der Drache, den der Prinz zu töten hatte, bevor die Prinzessin schließlich die Seine werden konnte. Doch mein Drache war mächtig, und er hatte allzu viele Köpfe. Mit List war ihm kaum beizukommen. Da halfen einzig Ausdauer, Geduld, Zähigkeit und der Glaube an mich selbst, und ich übte mich in alledem.

Die Lehrmeister meiner Kindheit, denen ich meine allerersten Erfahrungen mit Pferden verdankte, fristeten ihr Dasein zwischen den Lektionen in der Reithalle mit mehr oder weniger ungeschickten Reitschülern und ihrem angestammten Platz im halbdunklen Stall. Dort standen sie angebunden mit dem Kopf gegen die Wand, etwa zwei Meter waren es von einer seitlichen Abgrenzung zur nächsten, ohne jemals einen Tag auf der Weide oder frei in einem Paddock zu verbringen. Das damalige Tierschutzgesetz sah so etwas noch nicht vor. Wackere Pferde waren das, ich kann sie nach so vielen Jahren alle noch vor mir sehen und erinnere mich mit Dankbarkeit an sie:

Moritz, ein prächtiger, energischer kastanienbrauner Holsteiner mit geschorener Stehmähne, den sein Lebensmut noch nicht ganz verlassen hatte; Adlon, ein schlanker hannoverscher Schweißfuchs mit langem Kopf und melancholischen Augen; Fandango, ein mittelgroßer, leicht nervöser Rappe mit allzu weichem Rücken und Schwierigkeiten im Genick; Heros, Winterrappe, Modell Ritterpferd mit leicht konkaver Nasenlinie und hoher Knieaktion im Trab, einem Friesen im Typ ein wenig ähnlich und bald mein Lieblingspferd; Fangio, Holsteiner, ehemaliges Turnierpferd, bereits ein wenig betagt, lebenserfahren und klüger als die meisten seiner Gefährten im Stall; Fiona, hellbraune, nicht sehr große Holsteiner Stute mit edlem Gesicht und den großen Augen eines Vollbluts; ihre etwas gewöhnlichere Tochter Maren und schließlich Ali, Fuchs mit heller Mähne und einem guten Schuss Haflinger Blut, klein, gewitzt, frech und schlau genug, um sein Los als Anfängerpferd einigermaßen unbeschadet zu überstehen.

Auch unter den Pferden hatte Herr Hildebrand seine erklärten Lieblinge. Zum einen war das Fiona, die seiner eigenen Zucht entstammte. Und zum anderen der verständige Fangio, ein charaktervolles Pferd, trotz seiner Jahre immer noch recht muskulös und mit schönen Formen und einer wohlgerundeten Kruppe, der seine Reiter gern testete, um sich dann auf den Stand ihrer Kenntnisse einzustellen. Manchmal kommandierte Herr Hildebrand mitten in der Reitstunde Fangios Reiter ins Innere der Bahn. Dort hieß er ihn dann stillstehen, während die anderen Reiter sich auf dem Hufschlag weiter um beide herumbewegten. Den dilettantischen Zweibeiner mit völliger Nichtachtung strafend, legte Herr Hildebrand stumm und unendlich sanft seine Hand auf Fangios Stirn. Die übrigen Reitschüler erkannten aus den Augenwinkeln die behutsame Geste und den geplagten Blick des Mannes, der Menschen gegenüber derart brüsk sein konnte, und sie wagten kaum zu atmen. Bis auf den müden Hufschlag der Reitschulpferde war es nun in der Reitbahn ganz still.

Dieses Bild machte mir Eindruck. In einem solchen Augenblick begriff ich zum ersten Mal, dass die Menschenliebe zu einem Pferd unweigerlich mit etwas Weltschmerz einhergehen muss angesichts der Bedingungen, unter denen das Pferd mit uns zu leben hat. Aus Verehrung wurde für mich Empathie, und dieser entsprang die Liebe zu Pferden, die mein Leben seither und bis heute zusammenhält. Und mit der Geburt dieser Liebe verflüchtigte sich auch meine Angst und verlor sich in einer Episode meines vergangenen Lebens, an die ich mich nur noch dann und wann vage erinnere …

16. *März*

Für jeden, der mit Pferden arbeitet, ist Angst ein ständig wiederkehrendes Thema. Nicht nur, weil sie im Verhaltensrepertoire des Fluchttieres Pferd einen zentralen Stellenwert einnimmt, sondern auch, weil sie unter Reitern und Pferdebesitzern so weit verbreitet und gewöhnlicher ist, als man denken sollte, als Diskussionsthema jedoch weitgehend tabu.

Heute war ich auf dem Festland in der Nähe von Karlskrona, wo eine meiner Auftraggeberinnen ein geradezu groteskes Exempel für die Angst vor Pferden abgibt. Sie hat auf ihrem abgeschieden gelegenen Hof im Laufe der Jahre achtzehn Pferde angesammelt, und sie fürchtet sich vor jedem von ihnen. Das muss jemandem, der mit der Pferdeszene nicht vertraut ist, völlig unverständlich erscheinen. Leider aber ist es nur eine extreme Variante eines recht häufig vorkommenden Phänomens. Ich habe in meinem beruflichen Alltag immer wieder mit Pferdesammlern zu tun, in der Mehrzahl alleinstehenden, kinderlosen Frauen mittleren Alters, die sich in einem Netz abstruser Träume und Sehnsüchte verheddert haben und darin allmählich wirtschaftlich und menschlich zugrunde gehen. In vielen solcher Fälle könnte ein Psychotherapeut besser helfen als ich.

Maria, meine Kundin in Karlskrona, hat mich gebeten, zwei ihrer Stuten und einen jungen Wallach zu untersuchen. Alle drei Pferde haben ähnliche Probleme. Sie bewegen sich steif und unwillig und wollen unter dem Sattel kaum vorwärts gehen. Die Tierärztin, die zu Rate gezogen wurde, hat die Pferde untersucht und für gesund befunden.

Der ehemalige Kuhstall ist dunkel und stickig und die Deckenhöhe für einen Pferdestall zu niedrig. Es ist eng und beklemmend hier. Bei einer Kontrolle der Gesundheitsbehörde würde er als Pferdestall mit Sicherheit nicht anerkannt.

Maria züchtet schwedische Warmblüter, und ihre Stuten haben alle vornehmen Blutlinien dieses Landes auf ihren Stammtafeln vorzuweisen. Was Hengste und Stutenfamilien angeht, so ist Maria Spezialistin. Sie weiß genau über alle Körergebnisse und Turniererfolge der Zuchthengste Bescheid. Wer sie reden hört, meint, eine Pferdefachfrau vor sich zu haben. Doch ihr Wissen ist im Grunde ganz belanglos und rein theoretischer Natur. In der Praxis steht sie ihren Pferden völlig hilflos gegenüber, und ihre nervösen Reitversuche hat sie vor Jahren bereits aufgegeben.

Die Pferde werden von Ingela, einer jüngeren Pflegerin, versorgt, die sechs Tage in der Woche dort arbeitet; ein nettes Mädchen, das ich seit einigen Jahren kenne und mit dem ich nach getaner Arbeit stets über Leben, Pläne und Träume plaudere. Als Zwanzigjährige wollte und träumte sie so viel, nun ist sie achtundzwanzig, Mutter einer kleinen Tochter und, was die berufliche Zukunft angeht, ziemlich resigniert. Die Gefahr ist groß, dass sie auch die kommenden Jahre auf diesem deprimierenden Arbeitsplatz hängenbleibt, wo sie nichts lernt und wo seit langem niemand mehr einen Funken Enthusiasmus ausstrahlt. Die vielen Pferde sind sowohl für die Besitzerin als auch für ihre Pflegerin eine zunehmende Belastung. So etwas ist Pferden immer sofort anzumerken. Ein Pferd, dem der persönliche Kontakt zum Menschen fehlt, hat selten angenehme Umgangsformen, und auch die Stuten in diesem Stall sind alle recht unpersönlich, schlecht erzogen und außerdem nur mangelhaft geritten. Auch das Reiten gehört zu den Aufgaben der gestressten und desillusionierten Pflegerin, eine Aufgabe, die sie schlichtweg überfordert. Ihr fehlt eine solide reiterliche Grundausbildung. Die Pferde spüren sogleich ihre Unsicherheit und nutzen sie entsprechend aus.

Wenn drei Reitpferde im selben Stall dieselben Schwierigkeiten haben, liegt es nahe, den Reiter als Ursache ihrer Probleme zu vermuten. Und alle drei Pferde weisen nahezu identische Stresspunkte der Hals- und Nackenmuskulatur auf, vor allem aber einen charakteristischen Triggerpunkt, der sich etwas unterhalb des Auges in der Nähe des Kiefergelenks befindet. Verhärtungen der Kaumuskulatur und unbewusstes Zähneknirschen sind auch bei Menschen Symptome für Stress und Angst. Bei Pferden wird die Situation zusätzlich durch das Trensengebiss verschlimmert, ein Stück Metall, das in einer ungeschickten Reiterhand zum reinen Folterwerkzeug werden kann. In diesem Falle brauche ich mir die Pferde kaum vorreiten zu lassen, um zu ahnen, dass Angst und Unsicherheit der Reiterin als Ursache ihrer allzu festen, harten Hand wiederum Stress und Unlust der Pferde verursacht. Ein für mich langfristig kaum zu lösendes Problem.

Kurzfristig ist die Behandlung dieses Triggerpunktes für die Pferdebesitzerin und die Pflegerin ebenso spektakulär wie für die Pferde erlösend. Die drei anfangs recht unwilligen Pferde stehen im Laufe der Behandlung schließlich still und überlassen sich mit entrücktem Blick wie hypnotisiert meinen Händen, die allmählich die verhärteten Zonen der Muskulatur entspannen und sie vorübergehend von dem irritierenden Schmerz im Kiefergelenk und im Genick befreien. Ich bin davon überzeugt, dass auch Pferde unter Kopfschmerzen leiden, die, genau wie beim Menschen, Lebenslust und Energie vermindern.

Auf lange Sicht wäre diesen Pferden nur mit einem Stall- und Reiterwechsel zu helfen. Doch mit Pferdesammlern wie Maria ist schwer zu diskutieren. Sie hat die Rolle der kompetenten Gestütsbesitzerin nach außen hin zu ihrer Identität gemacht und eine Fassade aufgebaut, die mit der Wirklichkeit nichts zu tun hat und aus der sie längst keine persönlichen Vorteile mehr zieht. Doch das einzusehen ist vermutlich sehr schmerzhaft, und Menschen mit geringem Selbstvertrauen vertragen kaum Kritik.

Solchen subtilen Arten der Tierquälerei ist leider nicht leicht beizukommen. Für mich sind solche Ställe ein moralisches Dilemma. Soll ich für solche Pferdebesitzer arbeiten und mich an ihrer Pferdehaltung indirekt mitschuldig machen? Wiegt die kurzfristige Erleichterung, die ich den Pferden bieten kann, meine Mitverantwortung auf?

Die drei Pferde, denen ich heute während meiner Massage diese Frage im Vertrauen stellte, haben mir jedenfalls keine eindeutige Antwort gegeben.

L'AMOUR

Schimmel und Rappen. Im Rückblick bilden die Pferde in meinem Leben eine Art von Schachbrettmuster, Schwarz und Weiß lösen einander ab. Nach den weißen Steckenpferden und dem schwarzen Traumpferd stand nun wieder ein weißes Pferd auf dem Plan; es war ein prächtiger Schimmel, der mir die Augen für die Schönheit des Dressurreitens öffnete.

Mit vierzehn verbrachte ich jede freie Minute im Stall. Die Schule war mir leid und lästig, und mit Hausaufgaben wollte ich meine kostbare Freizeit nicht vertun; die gehörte nun den Pferden.

Neue Zeiten. Überall waren nun die Frauen auf dem Vormarsch. Auch unter den Reitschülern bildeten die Jungen bereits seit geraumer Zeit eine von den Mädchen kichernd und leicht verschämt umschwärmte Minderheit. Im Reitstall hatte sich, wie überall, eine Clique von Jugendlichen gebildet. Man flirtete und feierte, und es wurde von Partys mit Alkohol und anderem Verbotenem gemunkelt, von dem ich keine Ahnung hatte, denn ich gehörte nicht dazu.

Auch im professionellen Reitsport hatte die Ära der Frauen begonnen. Der neue Pferdeausbilder im Garstedt-Ochsenzoller Reit- und Fahrverein war eine Frau! Das war eine kleine Sensation, und Marianne, so hieß die junge Bereiterin, war all ihren männlichen Vorgängern zudem haushoch überlegen. Sie ritt viel gefühlvoller und besser, und während die männlichen Bereiter eher Allroundkenntnisse besaßen und von allem etwas konnten, war Marianne Spezialistin. Sie war Dressurreiterin und machte aus den Pferden Tänzer.

Ich war immer allein. Den Sommer über stand ich an der Reitplatzbegrenzung und im Winter an der Reithallenbande, sah Reitern und Pferden zu und vermisste nichts und niemanden. Stundenlang konnte ich dort ausharren, stumm und konzentriert, es wurde mir niemals langweilig und schon gar nicht zu viel. Von meinem Beobachterposten aus ergründete ich Charakter und Temperament der Pferde und betrachtete und bewertete im Stillen ihre Reiter; teilte sie in gute und schlechte, einfühlsame und ungeschickte, talentierte und mehr oder minder hoffnungslose Fälle ein und versuchte herauszufinden, was genau diese richtig und jene falsch machten. Ich bewunderte die Pferde, beneidete ihre Besitzer und träumte davon, eines Tages eigene Pferde zu haben, zu den geschicktesten Reitern zu gehören und in allen Pferdefragen fit und kompetent zu sein. So wie Marianne.

Sie hatte bald nach ihrem Arbeitsantritt in Garstedt täglich zahlreiche Pferde in Beritt, und ich kannte sie alle; es waren Pferde variierender Qualität und unterschiedlichen Alters, von so gut wie rohen Remonten bis zu ausgebildeten Turnierpferden. Eines jedoch hatten all diese Pferde gemein: Sie veränderten sich, sobald Marianne in den Sattel stieg. Dann bekamen sie einen anderen Ausdruck und wacheren Blick und nahmen augenblicklich Haltung an. Selbst ein eigentlich müder Klepper bewegte sich unter ihr schwungvoll und elegant, und ein Durchschnittspferd wurde nobel. Von meinem Beobachterposten aus studierte ich alles im Detail und versuchte, hinter ihre Geheimnisse zu kommen. Ihre Hilfen waren so gut wie unsichtbar, und sie saß gelassen und natürlich entspannt im Sattel. Sie war energisch, doch nie grob, und dass sie wusste, was sie wollte, schien den Pferden Vertrauen einzuflößen und sie zugleich zu animieren. Das Bemerkenswerte war, dass mit Marianne eine ähnliche Verwandlung geschah wie mit den Pferden, die sie ritt. Traf man sie auf der Stallgasse »zu Fuß«, so sah sie recht gewöhnlich aus; blond, recht kräftig, mittelgroß. Keine Frau, die besonders auffiel. Saß sie hingegen im Sattel, so wurde sie ohne jeden Zweifel zu Garstedts ungekrönter Königin.

Am schönsten aber (und darauf wartete ich die ganze Zeit) war die Stunde, zu der sie ihr Starpferd ritt, das außerhalb der Reitanlage stand und von seiner Besitzerin, einer älteren Dame, meist am frühen Nachmittag über die Straße zur Reithalle geführt wurde: ein großer, imposanter Hannoveraner Apfelschimmel mit dem sinnreichen Namen L'amour.

Was für ein herrliches Bild! Alles sah spielerisch und leicht aus und war zugleich doch hartes körperliches Training. Sie ließ den Schimmel leicht und flüssig seitwärts treten, hieß ihn seine Tritte verkürzen und dann wieder verlängern, und er wuchs förmlich unter ihr und schwebte in der Passage erhaben an mir vorbei. Konzentriert und gehorsam, gelassen und kraftvoll zugleich sprang er Galopppirouetten und Wechsel, bis seine Adern hervortraten, die Nüstern sich weiteten und der Schweiß seine Lenden dunkel färbte. Es war das Schönste, was ich jemals gesehen hatte, und für mich der Höhepunkt des Tages. Ich vergaß alles um mich herum und wurde von einem Hochgefühl erfasst, von Lust und Freude am Leben. Poesie und Musik; das tanzende Pferd brachte für mich all das auf einen Nenner, und diese Art von Kunst war mir endlich gemäß, denn sie hatte mit der gängigen Kulturauffassung der akademischen Mittelschicht, der ich entstammte, all ihrer Steifheit, Blutleere und der stets angestrebten Bodenhaftung so gar nichts zu tun.

L'amour. Die Liebe. Alles oder nichts. Seit meine große Schwester vor ein paar Jahren unserer gemeinsamen Welt ganz unsentimental den Rücken gekehrt hatte, um in einer anderen Stadt ein anderes Leben zu leben, setzte meine Anhänglichkeit, die nun niemandem mehr galt, mir zu. Sie peinigte und sie kränkte mich und war wie ein herrenloser Hund, ein Streuner, den man tunlichst an die Kette legte, damit er seine Umwelt nicht mit seinem Liebesdurst belästigte. Marianne belohnte meine Beharrlichkeit und Wissbegier bald mit kleinen Aufträgen. Ich putzte ihre Pferde, sattelte und bandagierte sie, ritt sie nach dem Training trocken und sattelte sie wieder ab, und die Pferdewelt eröffnete sich mir; zumindest einen Spaltbreit. Wenn ich mit den Pferden allein war, musste ich mich für meinen Hunger nach Berührung, nach Wärme und nach Zärtlichkeit nicht schämen. Die Pferde erlaubten mir, die zu sein, die ich war. Gutmütig ließen sie meine Verehrung über sich ergehen und betrachteten mich während unserer Gespräche ohne Worte mit freundlicher Nachsicht.

Mitte der siebziger Jahre herrschte, zumindest in meiner Umgebung, zwischen Erwachsenen und Kindern noch ein recht förmlicher Umgangston. Obwohl Marianne keine dreißig war, wäre es mir niemals eingefallen, sie zu duzen oder gar unbefangen mit ihr zu plaudern. Ich beantwortete ihre Fragen respektvoll und knapp, führte ihre Aufträge mit großer Beflissenheit aus und hoffte im Stillen auf neue. Eines Tages vertraute sie mir zum ersten Mal eines ihrer Berittpferde an, einen braunen Hannoveraner Wallach namens Akteur. Er war ein Hunter, stabil gebaut und ein starkes, ein wenig eigenwilliges Pferd. Sein Besitzer, der sich selten blicken ließ, ritt ihn im Herbst auf Jagden. Die Dressurausbildung sollte ihn gehorsamer und geschmeidiger machen. Ich hatte ihn lange genug beobachtet, um zu wissen, dass er einen energischen Reiter brauchte, der ihn vorwärtsgehen ließ, und ich versuchte, ihn so zu reiten, wie ich es bei Marianne gesehen hatte. Sie sah mir einen Augenblick lang zu, nickte dann, murmelte etwas, das sich wie »gut so« anhörte, und ging, und mein Tag war gerettet. Stolzer war ich in meinem Leben kaum jemals gewesen.

Bald ritt ich fünf, sechs Pferde täglich. Es waren zunächst Pferde, deren Besitzer keine Zeit hatten. Später dann auch solche, die als schwierig oder als verdorben galten. An die meisten von ihnen erinnere ich mich nach all den Jahren noch recht gut. In den sechziger Jahren geborene deutsche Reitpferde waren im Allgemeinen weniger elegant und rittig als ihre nachgeborenen, mit englischem Vollblut veredelten Urenkel. Ein echter Oldenburger oder Holsteiner war Mitte der siebziger Jahre oft noch ein recht bodenständiges, stabiles Pferd. Doch es gab auch Halbblüter und Trakehner, die nervöser und sensibler waren. Ich lernte von allen. Wollte man wirklich reiten lernen, so war es unabdingbar, so zahlreiche und unterschiedliche vierbeinige Lehrmeister wie irgend möglich zu haben. Die gut ausgebildeten Pferde lehrten, die richtigen Hilfen zu geben, und gaben einem das »richtige Sitzgefühl«; die verdorbenen und schwierigen machten hingegen eher kreativ und erfindungsreich in der Suche nach einer Lösung ihrer Probleme. Hier waren Geduld, Ausdauer und Intuition gefragt.

Das Allerwichtigste aber, und das sah ich beizeiten ein, war, sich von seinen Tageserfolgen nicht blenden zu lassen und jede Art von Vermessenheit zu vermeiden. Denn eines begriff ich bald: Wer von sich behauptete, dass er reiten »konnte«, der outete sich unweigerlich als Dilettant. Reiten konnte man allenfalls lernen, und das ein Leben lang. Im Laufe der Jahre und mit wachsender Erfahrung würde ich mehr und mehr einsehen, wie wenig ich wusste und konnte.

Als Marianne mich eines Tages fragte, was ich nach Beendigung der Schule werden wollte, antwortete ich leicht errötend, doch zugleich mit unverhohlenem Stolz: »Bereiterin natürlich, so wie Sie.« Für jemanden aus meinem Elternhaus damals beileibe keine gängige Berufswahl. Mein Vater war Richter, und meine Eltern gingen davon aus, dass auch ich einmal studieren würde. In meiner Familie wurde man entweder Richter, Anwalt oder Arzt.

Marianne sah mich ein wenig amüsiert an. Sie arbeitete bereits lange genug in diesem anstrengenden Beruf, um ihn nicht mehr zu romantisieren.

»Warum nicht. Talent hast du ja. Schön wär's, wenn das alles wäre, was vonnöten ist ...«

19. März

Intimität. Ursprung des Wortes: intimus. Das bedeutet: dem Rand am fernsten. Der Kern des Daseins also, ein Zustand tiefster und empfindlichster Vertrautheit, die verletzbar macht und ausliefert.

Die Hand des Reiters berührt via Trensengebiss die Zunge des Pferdes. Im besten Fall: eine Liebkosung, ein zärtliches Spiel, das einem Zungenkuss recht ähnlich ist. Ein dreigeteiltes Trensengebiss (die weichste und für das Pferdemaul freundlichste Zäumung) drückt auf die Mitte der Pferdezunge. Bei gefühlvollem Spiel und Vibrato der Reiterhand senkt das Pferd seinen Kopf, es erwidert die Kontaktaufnahme mit subtilem Gegendruck und beginnt, behaglich zu kauen. Schaum bildet sich im Maul des Pferdes. Die Erotik des Reitens. Einen intimeren Körperkontakt hat der Mensch mit keinem anderen Tier. Im Idealfall.

Die Realität in der sportlichen Reiterei sieht jedoch leider oft anders aus: Zerren und Rucken am Zügel, Anwenden von Hilfszügeln, die dem Pferd den Kopf nach unten hebeln und es in eine Demutsstellung zwingen; das Anwenden scharfer Gebisse, die die Zunge des Pferdes verletzen und blau anlaufen lassen, seine Maulwinkel wund und blutig und es stumpf und unempfindlich machen. Intimität? Eher Macht und blinde Unterwerfung. Dem Zentrum fern. Dem Rand am nächsten …

22. *März*

Erneuter Schneefall. Heute kommt meine Schülerin Emma mit ihrem Friesenhengst Isildur aus Småland. Emma ist hochschwanger, und ich habe ihr versprochen, Isildur die kommenden Wochen hier in meinem Stall zu beherbergen und ihn für sie zu reiten, damit er fit für die kommende Turniersaison ist; denn bereits kurz nach der Geburt ihres Kindes plant Emma, erneut zu starten.

Isildur habe ich vor etlichen Jahren in Sandströms Auftrag in Holland ausgewählt. Er war damals zwei Jahre alt, und seiner Abstammung nach versprach er, ein gutes Dressurpferd zu werden. Zweijährige Pferde sind äußerst selten richtige Schönheiten, eher wie pubertierende Jugendliche, und die Proportionen ihrer Körper können auf groteske Art verschoben sein. Es ist nicht immer leicht, die Zukunft eines zweijährigen Pferdes vorherzusagen, und etwas Glück gehört beim Kauf junger Pferde immer dazu. Wenn ich in Sandströms Auftrag Pferde in diesem Alter kaufe, vertraue ich zum einen Teil meiner langjährigen Erfahrung im Pferdekauf und meiner Intuition, die mich oftmals recht berät; zum anderen Teil sehe ich mir die Stammtafeln genau an, denn auch die Gene sagen ja so einiges über den künftigen Werdegang des Kandidaten aus. Unter den friesischen Zuchthengsten habe ich natürlich meine Favoriten. Das sind vor allem Hengste, die ein lebhaftes Temperament, Fleiß und einen freundlichen Charakter vererben. Ein seelenvolles Pferd ist so gut wie immer auch ein schönes Pferd. Faule oder träge Pferde lasse ich stets stehen. Ein Friese, der bereits als junges Pferd keine rechte Lust und Freude an der Bewegung hat, ist kaum mit leichten Hilfen auszubilden und in meinen Augen nie ein angenehmer Partner, was das Dressurreiten anbetrifft.

Emma hat Isildur vor vielen Jahren als junges Pferd von

Sandström erworben und ihn selber eingeritten. Sie hat Talent und Gefühl für hitzige Pferde. Inzwischen sind die beiden ein sehr erfolgreiches Team in der mittelschweren Klasse, und Emma ist so etwas wie meine Musterschülerin. Alle vierzehn Tage fahre ich nach Småland und gebe ihr und einer Reihe von anderen Reitschülern Unterricht, und es werden im Laufe der Jahre immer mehr Friesenpferdereiter. Das ist ein Teil meines Pferdejobs, der mir viel Spaß macht, da ich zu so gut wie allen meiner Schüler im Laufe der Jahre eine persönliche Verbindung aufgebaut habe. Ich kenne viele ihrer Geheimnisse, werde zu ihren Hochzeiten und Kindstaufen eingeladen, tröste bei Krisen und Scheidungen und werde oftmals um Rat beim Kauf von weiteren Pferden gebeten. In Schweden gelte ich als Friesenpferdespezialistin und habe die meisten Pferde meiner Schüler in Sandströms Auftrag in Holland selbst ausgewählt.

Sandström kauft und verkauft diese Friesenpferde nicht in erster Linie, um Geld zu verdienen. Das hat er nicht nötig, denn als Besitzer verschiedener Bars und Nachtclubs in Stockholm und in Kopenhagen ist er vermutlich recht vermögend. Er kauft die Pferde, weil er einen Traum hat: Mit meiner Hilfe will er eine schwedische Friesenquadrille auf die Beine stellen, ein einmaliges Unterfangen mit mindestens zwanzig Pferden und Reiterinnen, die künftig mit phantastischen Kostümen und zu mitreißender Musik zu besonderen Anlässen im ganzen Land ihre Auftritte haben sollen. Ein Projekt, das bis zu seiner endgültigen Verwirklichung noch ein paar Jahre in Anspruch nehmen wird. Etwas Vergleichbares hat es in Schweden nie gegeben. Die Organisation unserer zukünftigen Auftritte und die Ausbildung von Reitern und Pferden sind meine Aufgaben. Auch die Auswahl der Pferde kommt mir zu. Mindestens einmal im Jahr reise ich zu diesem Zweck seit nunmehr acht Jahren nach Holland, um in der nördlichen Provinz Friesland neue Kandidaten für Sandströms Traum auszuwählen: schöne, temperamentvolle und rittige Friesenpferde. Die Käufer stehen in der Regel bereits Schlange.

Sandströms dänischer Cousin Hansen, der in Stockholm lebt, begleitet mich stets bei diesen Reisen. Als Sandströms Stellvertreter bezahlt er die Pferde, für die ich mich entschieden habe. Sandström selbst bekomme ich auf diese Weise niemals zu Gesicht.

25. *März*

Schneesturm auf Öland. Die Pferde bleiben heute im Stall, und ich bleibe im Haus und lege einen Studientag ein. Meine Pferdefachbibliothek nimmt etliche Meter in meinen Bücherregalen ein, und sie ist mir unentbehrlich. Zu meinen Favoriten gehören die Anatomiebücher und -atlanten, in die ich mich stundenlang vertiefen kann. Gute anatomische Kenntnisse sind nicht nur eine Voraussetzung für den Beruf eines Pferdephysiotherapeuten, sondern auch hilfreich dabei, die Pferdepsyche wirklich zu verstehen.

Für das Flucht- und Lauftier Pferd ist Bewegung die Essenz des Lebens. Sein Blickwinkel beträgt fast 360 Grad, es sieht auch, was in seinem Rücken geschieht, leicht unscharf, doch ein bewegliches Objekt kann es noch in großer Entfernung ausmachen. Die Farbskala seiner Welt liegt zwischen Blau und gelblichen Tönen, und es ist stets auf dem Sprung. Es schläft einen leichten Schlaf und hat ein weitaus feineres Gehör als der Mensch. Mit Hilfe seiner in alle Richtungen drehbaren Ohren kann es Geräusche genau lokalisieren, und sein Gehör nimmt Frequenzen hoher Töne wahr, für die wir Menschen taub sind. Doch es hört nicht nur mit seinen Ohren, sondern vernimmt Geräusche mit dem gesamten Körper: das Schwingen des Bodens unter seinen Hufen, das es anspornt, und das Rauschen des Windes, vor dem es sich fürchtet. Es lebt in der Gewissheit, dass sein Leben stets bedroht ist, und wiegt sich nie in trügerischer Sicherheit vor dem Tod wie der Mensch.

Die Muskeln und ihr Zusammenspiel sind ein ausgeklügeltes System, in dem alles auf bewundernswerte Weise seinen Platz und seine Aufgabe hat. Mich fasziniert stets erneut die Ästhetik des Funktionellen. Anatomiekenntnisse gilt es, immer wieder aufzufrischen. Man vergisst leicht allzu viel. Für mich ist die Lektüre dieser Veterinärbücher spannend wie ein Krimi. Je tiefer man in eine Materie eindringt, desto interessanter wird sie ja. Ich habe aus diesem Grund lange Zeit kein größeres Interesse am Reisen in ferne Länder gehabt. Eindringen ins Herz der Dinge. Ist das nicht eigentlich das fernste Ziel, die längste aller Reisen?

28. *März*

Heute habe ich endlich damit begonnen, die Pferde in meinem Stall zu satteln und zu reiten. Der vereiste Boden machte das nicht eher möglich. Die Verletzungsgefahr war für die Pferde bislang zu groß.

Nach der längeren Winterpause beginne ich mit dem Reiten und der Belastung des empfindlichen Pferderückens stets sehr vorsichtig. Solange die Rückenmuskulatur noch untrainiert und daher schwach ist, sollten zehn Minuten Reitergewicht genügen. Ich weiß, dass viele Reiter sich über diese Zusammenhänge wenig Gedanken machen, junge Pferde von Anfang an zu lange reiten und unzureichend trainierte Pferde allzu unbesorgt mit ihrem Gewicht auf langen Ausritten belasten. Je mehr ich über Aufbau und Zusammenspiel der Muskeln weiß, desto vorsichtiger werde ich. Kein Pferd ist dazu geboren, einen Menschen auf seinem Rücken zu tragen.

Emmas Isildur, den ich hin und wieder bereits wegen seines schwachen Lendenrückens behandelt habe, bekommt vor und nach dem Reiten leichte Massage. Emma erwartet ihr zweites Kind. Ihre Tochter Erla ist drei Jahre alt und sitzt bereits völlig selbstverständlich und gelassen vor ihrer Mutter auf dem Pferd. Sie ist rothaarig und lebhaft, und mit ihren kurzen, abstehenden Zöpfen sieht sie aus wie eine Kopie von Astrid Lindgrens Pippi Langstrumpf. Auch der Hof im småländischen Toralida erinnert an Astrid Lindgrens Bullerbü. Oftmals übernachte ich dort, wenn ich in Småland arbeite, da die Fahrt nach Öland mir am späten Abend zu lang wird. Dann freue ich mich über Erlas Gesellschaft am nächsten Morgen, wenn sie neben mir auf der Küchenbank sitzt und mir aus ihrem Leben erzählt, das aus Ponys, Katzen und ihren Bilderbüchern besteht. Wir sind recht gute Freunde.

Viele meiner Kunden sind mit Pferden aufgewachsen. Besonders die jungen Pferdebesitzer, die Töchter der Stallmädchen meiner Generation, haben nicht selten das Glück gehabt, dass ihre Mütter ihnen mit eigenen Ponys all das ermöglicht haben, wovon sie selbst als Kind einst träumten. Dennoch sind ein geschmeidiger Sitz und Erfolge auf ländlichen Turnieren keine Garantie dafür, ein Pferd richtig lesen zu können und zu fühlen, was ihm fehlt und warum es manchmal seinen Dienst verweigert. Auf der anderen Seite gibt es Menschen, die, obgleich an praktischen Erfahrungen viel ärmer, dennoch ein natürliches Gespür und einen Blick für Pferde haben; so etwas wie eine angeborene Intuition, dank derer sie sich in Pferde hineinversetzen können. Ich glaube, was das betrifft, an einen genetischen Faktor, der gewissen Menschen den Zugang zu Pferden erleichtert. Was meine eigenen Pferdegene anbetrifft, so verdanke ich diese der jüngeren Schwester meiner Großmutter.

GOLDREGEN

Tante Ello war Ende siebzig, ich war vierzehn Jahre alt. Aus einem großbürgerlichen Elternhaus stammend, hatte sie in einer Reihe von Lebensfragen vermutlich andere Ansichten als ich, doch diese spielten ebenso wenig eine Rolle wie unser Altersunterschied, da unsere gemeinsame Passion uns verband: Pferde.

Einmal in der Woche half ich ihr bei der Stallarbeit, die ihr langsam beschwerlich wurde. Sie hatte zu dieser Zeit ihre letzten Reitpferde bereits verkauft und lediglich die Ponys behalten, alle aus eigener Zucht. Von Garstedt aus dauerte die Fahrt, in die ich mein Taschengeld nur allzu gerne investierte, etwa anderthalb Stunden; zuerst mit der Alsternord-, danach mit der U-Bahn und die letzte Strecke mit dem Bus.

Tante Ellos Borstel war eine ländliche Oase mitten in der Stadt. Nur wenige Minuten von der Bushaltestelle entfernt, passierte man das Gelände einer alten Schokoladenfabrik und befand sich dann auf einmal mitten in einem parkähnlichen Paradies mit ehrwürdigen alten Bäumen und grünen Rasenflächen. Ein schmaler Weg, dann die hölzerne Brücke über dem Teich mit dem alten Boot. Dort lag das flache Haus mit der breiten Fensterfront. Tante Ello saß in ihrem Ohrensessel mit Blick auf die grasenden Ponys und hieß mich willkommen. Hamburg schien nun unendlich weit entfernt, der Straßenlärm war längst verstummt und von Vogelgezwitscher ersetzt in dieser abgeschiedenen, friedlichen Welt.

Tante Ello war schlank und drahtig und stets sportlich-elegant gekleidet. Sie war gebildet, verfügte über einen trockenen Humor, und jede Art von Selbstmitleid war ihr fremd. Doch die Tatsache, dass ihre körperlichen Kräfte allmählich abnahmen, bedrückte sie. Ich mistete die Boxen im Stall aus und longierte die Ponys, so dass diese bei den Kutschfahrten, die Tante Ello noch immer ab und zu mit ihnen im Park unternahm, nicht allzu übermütig waren, und ich spielte mit ihrem jungen Hund, einem wilden Schnauzerwelpen, dem Nachfolger der ehrwürdigen und klugen Cora.

Die Ponys liebten Tante Ello. Hörten sie ihre Schritte auf dem Kiesweg zum Stall, so hoben sie wie elektrisiert die Köpfe und ihre Nüstern vibrierten, während sie ihr leise und zärtlich entgegenwieherten. Diese Liebe war gegenseitig. Stets hatte Tante Ello ein Stück Apfel oder eine Mohrrübe in der Jackentasche. Sie sparte den Ponys gegenüber nie mit freundlichen Worten, erhob kaum jemals ihre Stimme, und doch zollten die Shettys ihr stets Respekt. Wenn sie auf dem Kutschbock saß, folgten sie pflichteifrig ihren diskreten Kommandos.

Es war nicht der Briefumschlag auf dem Stallboden mit dem Fünfmarkstück und stets demselben Text in ihrer schönen, disziplinierten und noch vom Sütterlin geprägten Schreibschrift: »Für Sylvie, Dank für all die liebe Arbeit und Mühe!«; nicht der stets für mich etwas zu bittere Tee oder die leicht nach Seife schmeckenden Kekse, die vermutlich ein wenig zu lange in ihrer Blechdose gelegen hatten; und es waren noch nicht einmal die freundschaftlichen Gespräche über Pferde und Hunde, die wir nach getaner Arbeit in ihrem schönen, hellen Wohnzimmer dort am Fenster mit Blick auf die grasenden Ponys führten, sie im Ohrensessel, ich auf einem Drehstuhl vor dem gedeckten Sofatisch, sondern eher ihr Interesse an ihrem Gegenüber, das echt und ungekünstelt war. Das machte sie bei Menschen aller Generationen so beliebt. Ihre intensive Art, Fragen zu stellen und die Antworten dann auch wirklich hören zu wollen, war für mich ganz ungewohnt. Ich konnte meine jugendliche Unsicherheit in ihrer Nähe (fast) vergessen und fühlte mich von ihr gesehen und stets wertgeschätzt, was für mich in der Welt der Erwachsenen nur selten der Fall und daher so besonders war.

Als sie sich bei einem Sturz den Oberschenkelhals brach,

besuchte ich sie im Krankenhaus, und leicht wie ein Vogel hing sie bei ihren ersten, erstaunlich energischen und zähen Gehversuchen an meinem Arm. »Alt sein ist ein ganz schöner Mist«, konnte sie mit einem Seufzer sagen. Aber sie sagte auch: »Schön, dich zu sehen, schön, dass du gekommen bist!« Und ihre Worte wärmten mich, so dass ich mir in ihrer Gegenwart oft wünschte, dass alles immer so bleiben und die Zeit stillstehen mochte.

Eines Frühsommertages (ich war sechzehn, sie war achtzig) lag Tante Ello unter einem blühenden Goldregenbusch in ihrem Park. Herzschlag, hieß es, und die Zeit mit Tante Ello in ihrem Ohrensessel und den Schimmeln Libelle und Gazelle und dem Schecken Moritz draußen vorm Wohnzimmerfenster im Märchenpark, dessen Rasenflächen noch vor kurzem ganz gelb von hunderten Osterglocken waren, war für immer vorbei. Im Krematorium sah ich den ersten Sarg meines Lebens in einer Art Kellergeschoss verschwinden und hörte das Sausen der gefräßigen Flammen. Ich war wie betäubt. Mich überkam ohnmächtiger Zorn auf den mir bis dahin nur vom Hörensagen bekannten Tod, der alles ruinierte. Dann eine Wut auf das verräterische Leben, das dennoch einfach immer weiterging, so als sei gar nichts geschehen. Und auf die Trauergäste wenig später in Tante Ellos Haus, die Sherry tranken, Schnittchen aßen und Plattitüden redeten.

Das Haus und den Park hatte Tante Ellos wesentlich älterer Mann noch zu Lebzeiten auf Leibrente verkauft. Die Schokoladenfabrikbesitzer sahen daher keinen Anlass, Trauer über ihren Tod zu heucheln. Sie hatten schließlich lange genug auf diesen Tag gewartet.

Dann wurden die Ponys abgeholt, und der Lärm der Welt schändete das Paradies. Das Haus wurde abgerissen, die alten Bäume gefällt, der Park in Baugrundstücke aufgeteilt, und die Osterglocken verschwanden für immer unter Bauschutt und Beton.

Auch das Gebäude der alten Schokoladenfabrik steht inzwischen nicht mehr. Und die damaligen Neubauten fügen sich heute so nahtlos ins Hamburger Stadtbild ein, als sei alles immer so gewesen. Zumindest in einer Hinsicht hatte ich damals unrecht: der Tod, der unter dem blühenden Goldregenbusch einzig seiner Natur nach kategorisch und in diesem Falle zudem kompetent seines Amtes waltete, der hatte meinen Zorn nicht recht verdient …

30. *März*

Blick aus dem Fenster meines Arbeitszimmers: unter dem noch unbelaubten Birnbaum steht, wie ein lebendes Kunstwerk, ein Ponyhengst; nach fünfunddreißig Jahren in meinem nunmehr schwedischen Leben eine Reminiszenz an meine Großtante Ello und die Nachmittage mit ihren Ponys im Hamburger Borstel. Hobbit heißt er; ein passender Name, denn er ist ebenso furchtlos, genussfreudig und charismatisch wie Tolkiens Halblinge. Zudem Engländer. In seiner Heimat Wales führen viele seiner urwüchsigen Artgenossen noch ein halbwildes Leben.

Besucher, die sich vor Pferden fürchten, bleiben vor meinem Gartentor stehen. Trotz seines Stockmaßes von gerade einem Meter zwanzig flößt Hobbit Respekt ein. Ein imposanter Hengst in kleinem Format und ein besserer Schutz vor ungebetenen Gästen als mein gutmütiger Labrador Björne.

Hobbit ist für mich ein Fabelwesen, das man nicht besitzen kann. Er ist vielmehr hier bei mir zu Gast. Für mich verkörpert er, stets etwas unwirklich, die Urmaterie Pferd. Blendend weiß mit zwei unterschiedlich blauen Augen, jedes davon mit einem anderen Blick.

Das linke Auge ist von schimmerndem Hellblau, fast transparent und mit einer kleinen, dunklen Pupille. Selbstbewusst, hellwach und streitbar fordert es sein Gegenüber heraus. Es ist das Auge des Tages.

Im rechten, dunkleren Auge ertrinkt die Pupille in der tiefblauen Iris. Dieses Auge der Nacht ist eher sanft und verträumt. Will ich Hobbit beruhigen (etwa beim Hufschmied, dem er stets mit Misstrauen begegnet), so lege ich eine Hand über sein helles Auge und zähme damit seinen Widerspruchsgeist. Sein nächtliches Auge träumt keine Gefahren, und Hobbit lässt sich anstandslos die Hufe raspeln. »Auf so was muss man erst mal kommen!«, murmelt Hufschmied Bengt.

Mehr Einzelgänger als Herdentier, ein Einhorn ohne Horn, fühlt sich Hobbit in meinem Garten ganz zu Hause. Von hier aus kann er die anderen Pferde zwar sehen, muss sie jedoch nicht belästigen. In seinem Kopf ist er der Größte und der Stärkste. Von meinem Schreibtisch aus sehe ich ihn ernst und würdig den Garten abschreiten. Später, wenn sie reif sind, wird er von den Obstbäumen ausgewählte Früchte pflücken, nur die besten und nie zu viele auf einmal, und sie mit halbgeschlossenen Augen lange und genüsslich kauen.

Beim Frühstück auf meinem Altan kann ich mit seinem Besuch stets rechnen. Betteln ist unter seiner Würde. Er lädt sich vielmehr selber ein als Gast, erbittet einen Zwieback und einen Keks. Das ist ihm genug, und er zieht zufrieden kauend von dannen.

Seine Mimik ist für ein Pferd ganz einzigartig. Er kann schmunzeln, sanft, aufgebracht und zornig aussehen.

Warum sind Ponys klüger als große Pferde, gewitzter, frecher, unverschämter, unerschrockener und lebenstauglicher? Weil sie den Ursprüngen des Pferdes näherstehen und das Leben geradliniger begreifen. In der Entwicklungsgeschichte der Lebewesen sind Instinkte alt und Neurosen jung, eine Folge der Domestikation. Eine Morgengabe des Menschen.

4. *April*

Donny ist nun seit einer guten Woche in Egby, und er hat sich enorm verändert. Er hebt den Kopf und wiehert, wenn er meine Schritte in der Stallgasse hört, und er genießt meine Massagen und Behandlungen.

Die chiropraktische Behandlung eines Pferdes ist erheblich schwieriger als die eines Menschen und erfordert so manche List, da das Pferd zunächst einmal von den Vorteilen einer Zusammenarbeit überzeugt werden muss. Eine eingeschränkte Beweglichkeit der Wirbelsäule lässt das Pferd seine Körperhaltung verändern und Schonhaltungen einnehmen. Leicht entsteht ein Teufelskreis, bei dem eine Fehlbelastung des Körpers die nächste zur Folge hat und große Teile der Muskulatur verspannt sind und schmerzen. Bei vielen Reit- und Trabrennpferden ist vor allem die Lendenwirbelsäule betroffen. Die Gangarten des Pferdes verlieren dann an Elastizität und Schwung, werden unrein, und die Trittlänge ist verkürzt. Doch je mehr das Pferd sich aus Unwohlsein und Angst verspannt, desto schwerer sind diese Blockaden zu beheben. Um einem Pferd helfen zu können, muss ich zunächst einmal dafür sorgen, dass es mir vertraut und sich entspannt. Mit Gewalt kann ich gar nichts ausrichten.

Die meisten Pferde, zu denen ich gerufen werde, sind klug genug, ihre Gegenwehr nach relativ kurzer Zeit aufzugeben. Sie verstehen erstaunlich schnell, dass ich auf ihrer Seite stehe und ihnen helfen will, oftmals sehr zur Verwunderung ihrer Besitzer, die bereits gebissen oder getreten worden sind. Bereits bei der zweiten Behandlung erkennen mich fast alle Pferde wieder und sind dann in der Regel sehr kooperativ und binnen kurzem auch mehr oder weniger entspannt.

Donny macht da keine Ausnahme. Auch die tägliche Arbeit an der Doppellonge zeigt sehr bald Erfolg. Die Reithalle leistet mir nun gute Dienste, denn ein Pferd mit Rückenschmerzen will ich nicht gern bei der Arbeit dem scharfen, öländischen Wind aussetzen. Nur ein entsprechend aufgewärmter Muskel kann geschmeidig sein, und auf dem Paddock ist dann eine wärmende Winterdecke vonnöten.

Ich arbeite mit Donny wie mit einem jungen Dressurpferd und korrigiere auf diese Weise sanft die Art, in der er sich bewegt. Er erweist sich als erstaunlich gelehrig. Viele Traber sind sehr kluge, freundliche und liebe Pferde. Die Doppellonge hat dem Reiten gegenüber den Vorteil, dass ich die Wirbelsäule nicht durch mein eigenes Gewicht belasten muss, gleichzeitig aber dennoch die Kontrolle darüber habe, in welcher Körperhaltung und Schrittlänge das Pferd sich vor mir bewegt. Zu sehen, wie ein vormals von chronischen Schmerzen geplagtes Pferd seine Beweglichkeit und damit seine Lebenslust zurückgewinnt, ist für mich stets ein rührendes Erlebnis und der Lohn für meine Arbeit, der mir am wertvollsten erscheint. Was die materielle Bezahlung angeht, so beklage ich mich nicht. Meine Preise sind erschwinglich, denn ich lebe relativ einfach und komme daher gut zurecht. Mein Auto ist fünfundzwanzig Jahre alt, meine Kücheneinrichtung aus den sechziger Jahren, und ich würde mir kaum einen jährlichen Urlaub leisten, wenn nicht Sandström wäre. Sandströms Großzügigkeit und seine Friesenpferde sind für manchen Luxus in meinem Alltagsleben verantwortlich …

HÄSSLICHES ENTLEIN UND STEPPENWOLF

Ich war fünfzehn, und ich schrieb meiner Schwester regelmäßig nach Berlin. Ferngespräche waren teuer, daher mein seitenlanges Gekritzel, das sie treu und ausführlich in ihrer schönen, ausgewogenen Künstlerhandschrift beantwortete. Ich habe ihre Briefe kürzlich in einem staubigen Pappkarton wiedergefunden; rührende und oft mit liebevollen Skizzen und Karikaturen versehene Dokumente der damaligen Zeit, Berichte einer großen Schwester in der großen Welt an ein Kind in der Provinz. Den Inhalt meiner Briefe lassen ihre Antworten ungefähr erraten. Sie handelten meist von Pferden.

Meine große Schwester hatte nun einen festen Freund, einen Engländer (!), der nicht recht wusste, wie und wo er sein Leben leben sollte, und zwischen Berlin und London pendelte.

»Du kannst es vielleicht noch nicht verstehen, womit ich nicht sagen will, dass Du unreif oder dumm bist, aber es ist schwer, jemanden zu lieben, wenn man räumlich von ihm getrennt ist«, schrieb meine einstige Mentorin, die ich trotz unserer nun bereits Jahre währenden räumlichen Trennung noch immer vermisste.

Meine beste Schulfreundin, die weltgewandte Nora, dank deren Humor und scharfem Verstand ich bislang die mich mehr und mehr anödende Schule leidlich unbeschadet überstanden hatte, war dabei, von einer neuen Clique in der Klasse umworben und vereinnahmt zu werden. Ein paar Jahre lang waren wir in der Schule unzertrennlich gewesen, ein Paar der Gegensätze: sie blond, stabil und klein, schlagfertig und von frechem Witz, allseits beliebt und für unser Alter bereits ungewöhnlich allgemeingebildet, ich dünn und dunkel, dank meines schnellen Wachstums laufend über meine allzu langen Beine stolpernd, in mich verschlossen, ständig verlegen und meinen eigenen Welten nachhängend.

Während der Pausen verzog ich mich nun allein in eine Ecke und verschanzte mich dort hinter einem Buch. Wollte, dass man mich in Ruhe ließ, und war gleichzeitig enttäuscht darüber, dass mein Wunsch so widerspruchslos von allen erfüllt wurde und mich niemand aus der selbstgewählten Einsamkeit erlöste. Doch im Coppernicus-Gymnasium ließ sich gut und unbehindert der Lust am Lebensüberdruss frönen. Ein kleiner Flirt eines Schülers mit dem Tod – was hatte der schon zu bedeuten? Für die Lehrer war einzig das im Lehrplan festgesetzte Pensum relevant, und die Mitschüler hatten eigene Probleme.

Mit sechzehn avancierte ich so zum Meister in Sachen Einsamkeit. Als mein Leben mit den Pferden stagnierte, war der Höhepunkt meiner Weltenflucht erreicht. Marianne hatte eine andere Anstellung gefunden und war fortgezogen, enttäuscht und resigniert gab ich das Reiten auf. Ohne die Verbindung zu Pferden näherte sich mein Selbstbewusstsein sehr bald dem Nullpunkt. Die Grausamkeiten der Adoleszenz machten mich orientierungslos, und auch mein Körper verunglimpfte mich ständig aufs Neue. Die in der Pause von einem Mitschüler rasch an die Tafel im Klassenraum gekritzelte Karikatur Sylvia B.s als runder Kopf mit meterlangen, dünnen Beinen, umgeben von einer Herde undefinierbarer Tiere war eigentlich ein treffendes Portrait. Doch mein Humor ließ mich schmählich im Stich, und das wiehernde Gelächter der Klasse kränkte mich. Beim Dressurreiten waren meine langen Beine immerhin ein Vorteil gewesen. Nun waren sie ganz offenbar ein Makel. Keines der attraktiven Mädchen, die die anerkennenden Blicke der Jungen auf sich zogen, hatte ja solche Stolperstelzen wie ich. Ich wollte nicht erwachsen werden, und auf die Attribute der Weiblichkeit verzichtete ich gern. Die beste Zeit in meinem Leben war vorbei, und auf das, was nun kam, war ich wenig neugierig.

Sex und Sinnlichkeit waren in meinem wie in vielen anderen protestantischen Garstedter Elternhäusern unaussprechliche Angelegenheiten. An ein derart prekäres Sujet verschwendete man besser keine unnötigen Gedanken und tat es vermutlich gerade deshalb umso mehr. Meine Einfalt, was dieses Thema anbetraf, war jedenfalls grenzenlos. Etliche Jahre waren vergangen oder vielmehr eine halbe Ewigkeit, seit meine Schwester mir mit diabolischem Blick die abscheulichen Praktiken der Erwachsenen erläutert hatte, denen wir Kinder angeblich unsere Existenz verdankten. Es hatte ihr zuweilen Spaß gemacht, mich mit erfundenen Grässlichkeiten das Gruseln zu lehren, und ich hatte ihr damals nicht recht glauben wollen. Aber diesmal hatte sie ganz offenbar recht …

Womöglich war es ja ein Glück, dass Jungen meines Alters mich nicht sahen. Die Blicke der erwachsenen Männer auf der Straße wusste ich nicht recht zu deuten. Und auch nicht die Tatsache, dass mein verschmähter Körper zuweilen so sehr nach Berührung verlangte, dass ich bereit war, jedem, der mir ein paar Freundlichkeiten sagte, bis ans Ende der Welt zu folgen. Oder auch, wohin er sonst so mit mir wollte. Das konnte in brenzlige Situationen führen, in denen sich einzig meine Naivität als Schutzengel erwies. Männer waren sonderbar. Irgendwie geisteskrank und irgendwie auch bestrickend. Wenn sie diesen glasigen Blick bekamen und einen an sich drückten, galt es, den Atem anzuhalten und etwas schneller zu leben, ehe das Ganze dann ins Unangenehme entgleiste und ihre Hände einen gierig an unaussprechlichen Stellen befingerten. Eine Umarmung kostete eben. Alles hatte im Leben seinen Preis.

Irgendwann rappelte ich mich dann aus meiner Lethargie, riss mich zusammen und besann mich auf meinen angeborenen Eigensinn. Die äußere Welt wollte mich nicht, also wollte ich sie auch nicht. Floh lieber in die Welt der Bücher. Frischte dort alte Bekanntschaften auf und machte neue.

Andersens Nachtigall und das hässliche Entlein trieben mir noch immer Tränen in die Augen, vielleicht sogar noch mehr als damals in meiner kindlichen Unschuld. Ich erfuhr, dass auch Andersen hässlich gewesen war, noch dazu bucklig und sein Leben lang einsam und ungeliebt, und das machte mir neuen Mut. Auch ich wollte später einmal Bücher schreiben: Fabeln, Märchen und Geschichten. Und alle wollte ich sie damit zum Weinen bringen. Schon aus Rache!

Die andere Entdeckung verdankte ich eher einem zufälligen Fund im elterlichen Bücherregal. »J'adore ce qui me brûle« lautete der doppeldeutige und vielversprechende Titel eines Romans: ich liebe, was mich entflammt, oder auch: ich liebe, was mich verbrennt. Ein Frühwerk von Max Frisch. In meiner einsamen Ecke im Klassenzimmer zelebrierte ich fortan in den Pausen die heimliche Romantik meiner Rendezvous mit Max Frischs Figuren, Stiller und Gantenbein, fühlte mich dem banalen Treiben der Schule enthoben und der Verlassenheit auf wunderliche Art entrückt. Las Sätze wie: »Ich probiere Geschichten an wie Kleider.« Diese neue Freiheit gefiel mir. Wer war ich, wer wollte und wer sollte ich eigentlich in den Augen der anderen sein? All diese Fragen, auf die auch ich keine Antwort wusste.

Dann war die pferdefreie Periode meines Lebens plötzlich vorüber, ich fuhr täglich nach der Schule zwanzig Kilometer auf meinem Fahrrad zu einem anderen Stall und abends zwanzig Kilometer wieder nach Hause. Dazwischen ritt ich fünf, sechs Pferde, und der dortige Reitlehrer delegierte bald den Reitunterricht der Kinder an mich. Fünf Mark pro Kind und Pferd, ich war noch nie so vermögend gewesen wie in dieser Zeit, in der mein Lebensmut zurückkehrte und die Lebenslust in meinem Körper vibrierte, als hätte sie mich nie verlassen.

Und dann sah ich ihn, zunächst nur seinen Kopf, der über die Stalltür lugte, im heruntergekommenen Stall eines Bauern, der nebenbei mit Pferden handelte: ein junges Gesicht mit alten, weisen Augen. Er war ein Oldenburger vom alten Schlag. Kräftig und pompös wie ein Ritterpferd und nach einer Verletzung und langer Stallruhe nun so ungebärdig, dass er bereits etliche Reiter das Fürchten gelehrt hatte, was seinen Kaufpreis entsprechend senkte. Meine Eltern, vielleicht klüger als geahnt, waren gar nicht so schwer zu überreden. Und eines Tages war er mein, ich konnte es kaum fassen.

Nun hatte ich ein eigenes Pferd, das es zuzureiten und zu zähmen galt. Der Weltschmerz musste warten, für so was blieb mir fortan keine Zeit. Und an meine Melancholie erinnerte mich nun einzig sein Wiehern, das so sehnsüchtig klang, dass ich ihn, der laut Stammtafel Orlow hieß, in Orpheus umtaufte. Es erübrigt sich fast zu erwähnen, dass er schwarz war und sich in das Schachbrettmuster der Pferde meines Lebens perfekt einfügte.

7. *April*

Olof Hansen ist aus Stockholm eingetroffen, wie immer trägt er in jeder Hand eine prall mit Delikatessen gefüllte Papiertüte mit der Aufschrift »Mat är kärlek« (Essen ist Liebe), dem ehemaligen Slogan eines schwedischen Supermarktes. Die Papiertüten sind antiquiert, der Supermarkt hat seinen Slogan längst geändert. Hansen muss die Tüten damals gesammelt und nicht weggeworfen haben. Es ist sein Cousin Sandström, der diese Einkäufe verordnet und bezahlt, er will mich offenbar im Dienste seiner Pferde bei Gesundheit und bei Laune halten. Essen ist Liebe, Liebe gibt Kraft?

Olof Hansen: Sandströms Vermögensverwalter. Ein Mann der Logik und der Zahlen. Betriebswirt und Mathematiker. Zugleich vom Pferderennsport fasziniert und von Kindheit an regelmäßiger Besucher diverser Trabrennbahnen, wo er auf der Tribüne neben seinem Vater sitzend sein Taschengeld mit Pferdewetten teils aufgebessert, teils verspielt hat. Inzwischen ein, wenn so etwas denn möglich ist, rationaler Spieler mit einem bemerkenswerten Gedächtnis für Startplätze und Rennverläufe, das ihn selbst nach dreißig oder vierzig Jahren nur selten im Stich lässt. Auch die jeweiligen Quoten der Buchmacher und des Totalisators setzen sich in seinen grauen Zellen auf bewundernswerte Weise fest. Er weiß zum Beispiel, ohne nachzudenken, zu welcher Quote welches Pferd beim schwedischen Eliterennen vor achtundzwanzig Jahren gespielt worden ist. Ich glaube, er teilt dem meisten in seinem Leben eine Quote zu und erwägt, ob diese ihn zu einer Wette ermutigt: dem Wetter, seiner Gesundheit, seinen eigenen Erfolgen, der Liebe und dem Glück. Gebürtiger Däne, doch inzwischen und seit vielen Jahren Stockholmer durch und durch. Ein richtiger Großstädter. Der sich nie die Schuhe schmutzig machen will, keine Gummistiefel besitzt und kahlen Asphalt einem romantischen Kiesweg vorzieht. Ein Denker und ein Schweiger. Misstrauisch gegenüber jeder Art von Überschwang. Wählerisch und kritisch. Dennoch dann und wann begeisterungsfähig. Sein schallendes Gelächter ist ansteckend. Sein Missmut ist erdrückend und beklemmend. Wir sind in vielem reine Gegensätze: Wie sein Cousin Sandström, in dessen Bars er sich oft aufhält, ist er ein Langschläfer und Nachtmensch, der schlafen geht, wenn ich aufstehe, und der aufsteht, wenn mein Tag zur Hälfte bereits vorüber ist.

Wenn ich in Holland neue Pferde auswähle, begleitet er mich stets. Er ist auch derjenige, der die Verkaufsverhandlungen führt und der (mit Sandströms Portemonnaie) die Pferde dann bezahlt. Als wir vor acht Jahren zum ersten Mal eine solche gemeinsame Reise unternahmen, hatte er noch nie ein Friesenpferd gesehen. Inzwischen ist er, wenn auch kein Experte, so doch ein Liebhaber dieser schwarzen Perlen Frieslands geworden, die für seinen Pferdegeschmack eigentlich viel zu schwer und auch zu langsam sind.

Frankreich gilt in Europa als die Trabsportnation Nummer eins mit den allerbesten Spitzenpferden. Gleich danach kommt Schweden. Traber und Reitpferde entstammen zwei Pferdewelten, die miteinander kaum jemals in Berührung kommen. Hier in Schweden gilt der Traber als das Rennpferd des kleinen Mannes. Für mich als Equitherapeutin gäbe es in den Trabställen sehr viel zu tun; doch ich belasse es bei meinen sporadischen Ausflügen in diese mir etwas fremde Welt und halte mich meist an Reitpferde, auf die ich mich besser verstehe.

Hansens Einstellung zu Sandströms Friesenpferden hat sich im Laufe der Jahre verändert. Anfangs hat er dieses im wahrsten Sinne des Wortes Steckenpferd seines Cousins ein wenig kopfschüttelnd betrachtet und war lediglich darauf bedacht, rote Zahlen in den Büchern zu verhindern. Inzwischen kann er sich dem Charme der Friesen längst nicht mehr entziehen. Unter den Pferden, die wir kaufen, hat er stets seine Favoriten. Zur Zeit ist das Andries, ein Wallach mit einer besonderen Geschichte.

Andries haben wir im Stall eines friesischen Hengsthalters vor fünf Jahren zum ersten Mal gesehen; ein Fohlen, das auf den ersten Blick gefiel: frech und selbstbewusst und bereits im Alter von drei Wochen ein kleines Muskelpaket mit der unmissverständlichen Botschaft: »Hier komme ich!« Fohlen sind laut einer alten Regel im Alter von drei Tagen, drei Wochen oder drei Monaten am besten zu beurteilen. Selbst wenn sie in der Zwischenzeit ihrer Entwicklung zum erwachsenen Pferd oft recht hässliche Phasen durchlaufen, erkennt man meist mit vier oder fünf Jahren das junge, hübsche Fohlen wieder. Für Andries sprach außerdem seine Abstammung: Als Sohn des berühmten Hengstes Rypke, eines meiner Favoriten, stand er unverzüglich auf meiner Einkaufsliste. Und das Rypke-Blut, darüber waren Hansen und ich uns einig, sah man dem Fohlen bereits an. Groß und imposant ist er inzwischen auch geworden, ein auffallendes Pferd mit allen Voraussetzungen dafür, ein herausragendes Dressurpferd zu werden. Nur einen Fehler hat er: Die Stammtafel, mit der wir ihn einst kauften, stimmt nicht. Andries' Vater ist nicht Rypke, sondern ein Hengst mit unbekannter Abstammung. Und Andries somit Teil eines Skandals, der in der friesischen Pferdezucht einzigartig ist und den eine routinemäßige DNA-Probe eines angeblichen Rypke-Fohlens vor einigen Jahren ans Licht der Öffentlichkeit brachte: Nach 2007 hat der Zuchthengst Rypke kein einziges Fohlen mehr gezeugt.

Zu der Geschichte gehört, dass Rypke einen Unfall hatte, der ihn im Laufe weniger Jahre unfruchtbar machte. Sein Besitzer, ein älterer Bauer, konnte sich mit dieser Tatsache nicht abfinden. Der Hengst war sein Lebensmittelpunkt, und er verheimlichte fortan seinen Zustand. Anstatt des immer hinfälligeren Rypke ließ er die Stuten, die zu ihm gebracht wurden, von einem namenlosen, doch fertilen Junghengst decken; im Laufe der Jahre wurden auf diese Weise etliche falsche Rypke-Nachkommen geboren, keine schlechten Pferde, nur eben keine Rypke-Kinder, und viele davon wurden mit ihren falschen Papieren auf Zuchtschauen hoch prämiert. Der alte Mann betrog nicht nur die Stutenbesitzer, sondern in Andries' Fall sogar sich selbst: Denn er steht als Züchter auf dem Abstammungsnachweis dieses unechten Rypke-Sohns. Ein Psychologe hätte zu dieser Art von Verdrängung wohl einiges anzumerken.

Inzwischen haben Hunderte von Schadenersatzforderungen den alten Mann sein Vermögen gekostet. Auf Zuchtschauen kann er, in dessen Leben alles um Friesenpferde kreiste, sich verständlicherweise nicht mehr sehen lassen. Wir haben die Sache auf sich beruhen lassen. Für einen Wallach spielt das Papier keine so entscheidende Rolle. Andries wird so oder so, wenn es dafür an der Zeit ist, einen neuen Besitzer finden, und ich habe bereits eine Reiterin für ihn im Sinn: Karin aus Halland, die seit einiger Zeit nach einem Friesenwallach Ausschau hält und der ich versprochen habe, dass sie die Erste sein wird, die Andries probereiten darf, wenn die Zeit dafür gekommen ist.

Wir annoncieren Sandströms Pferde nie. Wenn in meinem Stall ein oder zwei Pferde zum Verkauf stehen, lassen die Interessenten nie lange auf sich warten. Ich treffe sie bei meinen Jobs mit Problempferden oder auch unter meinen Reitschülern. Das ist ein großer Vorteil, und nur auf diese Weise wird Sandströms Traum von der schwedischen Friesenquadrille eines Tages zu realisieren sein: zwanzig schöne Pferde, zwanzig bemerkenswerte Frauen. Nicht nur die Pferde, sondern auch ihre Reiterinnen müssen bei der Auswahl unseren strengen Kriterien genügen.

ZERSCHLAGENE TRÄUME

Wenn man nicht weiß wohin, spielt es auch keine Rolle, wie schnell oder langsam man sich fortbewegt. Nach einer Weile stieg ich daher ab und ging neben meinem Fahrrad her. Seit ein paar Wochen war das hier mein erster freier Tag, und ich hatte keine Ahnung, was ich mit ihm anfangen sollte. Hier. Am Ort meiner Träume.

Die Mietshäuser, an denen ich vorbeibummelte, waren von graugrünen Rasenflächen umgeben. Ein Sandkasten, ein rostiges Gestell mit Plastikschaukeln, an denen ein paar rotznäsige Jungen bammelten. Zwei Kinderfahrräder flitzten an mir vorbei, ein Dreirad taumelte hinterher mit seinem unkonzentrierten Fahrer, der mich aus misstrauischen Augenschlitzen musterte und für eine überflüssige Figur befand.

Mitten in dieser Wohnwüste dann völlig unerwartet eine offene Tür und Stahlrohrmöbel, die in der bleichen Sonne glänzten: Eiscafé Adria. Drinnen war es kühl. Eine schwarzhaarige, kleine Frau in weißem Kittel saß auf einem Hocker und wartete auf niemanden.

Ich bestellte ein gemischtes Eis, und sie legte eine Zeitung vor mich auf den Tisch. Elvis Presleys Todestag werde ich aus diesem Grunde nie vergessen. Das da. Ob ich ihr das übersetzen könnte. Auf Englisch.

»Dead? Really?«, fragte sie mit tränenerstickter Stimme, und bald weinten wir im Chor. Elvis Presley war mir völlig gleichgültig. Unser spontanes, kollektives Schluchzen hatte dennoch einen gemeinsamen Grund. Es war der Abgesang auf unsere zerschlagenen Träume. Ich ließ den Eisbecher unberührt auf dem Verkaufstresen stehen, wandte mich um und ging.

Ich war Lehrling in einem Dressurstall mit Spitzenpferden, einem der erfolgreichsten Deutschlands. Das war mein langgehegter Traum, und er war nicht so leicht zu realisieren gewesen. Denn Ende der siebziger Jahre nahmen nur wenige der anerkannten Ausbildungsbetriebe weibliche Lehrlinge an. Achtundneunzig Mal hatte ich meinen Lebenslauf kopiert und meine Bewerbung während meines letzten halben Schuljahres an Ställe in ganz Deutschland verschickt. Meinte man es ernst, so war diese Anzahl der Bewerbungen durchaus realistisch. In den meisten Fällen bekam man ohnehin nur ein vorgedrucktes bedauerndes Absageschreiben zurück. »Vielen Dank für Ihre Anfrage, leider haben wir keine Möglichkeit, weibliche Lehrlinge unterzubringen«, lautete die Standardantwort. Einige Stallbesitzer schrieben mir persönlich, offenbar gerührt, vielleicht auch ein bisschen beeindruckt von meinem Lebenslauf, der meine Entschlossenheit und meinen ganzen Enthusiasmus widerspiegelte. »Ich rate Ihnen, überdenken Sie Ihren Entschluss. Der Beruf der Bereiterin ist für eine Frau nicht nur körperlich hart. Sie scheinen ja auch intellektuelle Fähigkeiten zu haben. Behalten Sie die Pferde als ein schönes Hobby, bei dem Sie sich entspannen können«, schrieb ein älterer Gestütsbesitzer. Meine Eltern stimmten seinem väterlichen Rat aus vollem Herzen zu. Ich war ihnen seit langem in manchem ein Rätsel, und ihre Lebensauffassung war eine andere. Aber sie kannten meinen Eigensinn und wussten, dass es sinnlos war, mir meine Pläne auszureden. Also unterstützten sie mich, was ich ihnen hoch anrechne und wofür ich ihnen noch heute dankbar bin.

Außer achtundachtzig solcher Absagen kamen dann auch zehn Zusagen. Man wollte, dass ich zum Vorstellungsgespräch und zum Vorreiten kam. Ich wählte den Betrieb aus, der mir zweifelsfrei als der beste erschien, ein Stall von internationalem Ruf. Er lag im Herzen Deutschlands. Die Zugfahrt in südlicher Richtung dorthin dauerte mehrere Stunden. Bleich und nervös und dennoch hoffnungsvoll trat ich eines Sonntags zum Vorreiten an. Man teilte mir einen recht lethargischen braunen Wallach zu, den ich innerhalb der folgenden guten halben Stunde tunlichst zum Leben zu erwecken hatte, wenn ich diese einmalige Chance im Leben nicht vermasseln wollte. Der prominente Chef, dessen Bild ich aus allen einschlägigen Magazinen und Pferdezeitschriften kannte, gab mir ein paar Anweisungen und Korrekturen. Als die Lektion zu Ende war und der Braune sich im Schritt am langen Zügel entspannte, fühlte ich, dass ich die Feuerprobe leidlich bestanden hatte. Und richtig, in einem fünfminütigen Gespräch im Stehen an der Reithallenbande erklärte der freundlich-distanzierte Dressurstar mir, ich sei in seinem Stall willkommen. Nach absolvierter Schule sollte ich mich hier einfinden, und mein eigenes Pferd durfte ich mitbringen. Ob ich sonst noch Fragen hätte? Fragen? Nein! Euphorisch bedankte ich mich. Das hier war der Höhepunkt meines fast achtzehnjährigen Lebens. Endlich wusste ich, was ich mit meinem Leben anfangen sollte und wo ich hingehörte!

Es war ein großer Betrieb im Außenbereich der Stadt, bestehend aus einem Pensions- und einem Schulstall und dem in einem Trakt für sich gelegenen Turnierstall des Chefs, der neben den Pferden noch andere Geschäfte betrieb und daher nicht ganztägig anwesend war. Das Personal bestand aus drei Lehrlingen, einer Pflegerin, die die Turnierpferde betreute, zwei Pflegern für die übrigen Pferde und einem fertig ausgebildeten Bereiter. Wie mir bald aufging, eine wenig homogene Gruppe von Menschen, die sich in zahlreiche Fraktionen aufteilte. Animositäten und Antipathie bildeten die alle vereinenden Gemeinsamkeiten. Entsprechend war das Arbeitsklima. Meinem Leben als kleine Schwester verdankte ich eine gewisse Geschmeidigkeit und einschlägige Kenntnisse im Beschwichtigen. Die kamen mir zunächst zugute. Solange es ging, hielt ich mich mit allen auf einigermaßen freundschaftlichem Fuß. Doch dieses Modell erforderte diplomatische Fähigkeiten, die die meinen bei weitem überstiegen, und war auf die Dauer zum Scheitern verurteilt. Zu groß die Missgunst und die Frustrationen. Der Bereiter witterte meine Herkunft aus einer Akademikerfamilie, fühlte sich mir intellektuell unterlegen und ließ mich dafür büßen. Einer der anderen Lehrlinge war freundlich und bekochte mich zuweilen abends; ein junger Italiener, der sich im letzten Lehrjahr befand und als Naturtalent bereits besser als der angestellte Bereiter ritt. Was natürlich seinen Teil zu den allgemeinen Spannungen beitrug. Einer der Pfleger war Spanier und kam ganz offenbar aus reichem Hause. Er war hauptsächlich hier, um Deutsch zu lernen und mit betuchten Pferdebesitzerinnen zu flirten. Die Arbeit war für ihn eine eher unwichtige Nebensache, doch da seine Familie in irgendeiner Form geschäftlich mit dem Chef verbandelt war, ließ man ihn mit einem Achselzucken gewähren. Die anderen mussten eben seinen Teil der Arbeit miterledigen. Der andere Pfleger kam aus Irland, ein hagerer, älterer Mann mit zerfurchtem Gesicht und hoher Denkerstirn, der vermutlich einmal bessere Tage gesehen hatte. Er sprach kaum Deutsch und freute sich zunächst über mein Schulenglisch. Nach ein paar Tagen zitierte er Sonette von Shakespeare, sobald ich ihm über den Weg lief. Dann wollte er mit mir ausgehen. Als ich (hauptsächlich aus Schüchternheit) ablehnte, war es mit der Freundlichkeit vorbei. Fortan starrte er mich schweigend an und schikanierte mein Pferd, indem er es beim Füttern absichtlich überging und sich dann an seinen hilflosen Protesten weidete. Die Pflegerin der Turnierpferde hatte eine Sonderstellung, sie war freundlich, liebte die Pferde, ging ganz in ihrer Arbeit auf und wurde entsprechend ausgenutzt. Oft kam der Chef oder seine Frau in ihrer Mittagsstunde, und dass sie dann ihr Essen stehen ließ, wurde als selbstverständlich erachtet. Ihre Arbeitstage nahmen kein Ende, am Wochenende war sie auf den Turnieren unentbehrlich. Sie murrte, doch sie blieb. Der Pferde wegen, an denen sie hing und für die sie sich verantwortlich fühlte.

Die Pferde. Ja. Die waren schön. Sie waren muskulös und hatten glänzendes Fell. Bereits die sechsjährigen oder siebenjährigen Turnierpferde beherrschten oft alle Lektionen des Grand Prix. Sie wirkten stolz, wenn sie ihre Piaffen und Passagen absolvierten, waren fachmännisch und ohne unzulässige Hilfsmittel oder Hilfszügel ausgebildet worden und spulten die Lektionen der Hohen Schule auf Bedarf fehlerfrei ab. Aber Korrektheit und Perfektion sind ein schlechtes Substitut für Lebenslust, ihrem Tanz fehlte es an Glut, und ihre Reiter sah man niemals lächeln. Das entsprach nicht der hier herrschenden Lebensphilosophie, das Lebenselixier des Stallbesitzers war Ehrgeiz, sein Ansporn bestand aus immer neuen Titeln, neuen Siegen. Koste es, was es wolle. Dressurreiten war für ihn ein Sport und keine Kunst, die Pferde waren allen offiziellen Statements zum Trotz in seinem Sportlerleben letztendlich nur Statisten, die der Stärkung seines Egos dienten. Und entsprechend traurig, seelenlos und unpersönlich nahmen sich die vierbeinigen Athleten im Stall dann aus. Ich überlegte manchmal, welches Bild sie von uns Menschen haben mochten, die unablässig und geschäftig auf der Stallgasse hinter den Gittern ihrer klimatisierten Boxen vorbeizogen, während sie dort dreiundzwanzig Stunden des Tages reglos verbrachten und sich langweilten.

Kontakt zu anderen Pferden war ihnen untersagt, die Gefahr der Verletzung bei einer Auseinandersetzung mit einem Artgenossen schien viel zu riskant. Aus demselben Grund sahen sie auch niemals eine Weide oder einen Paddock. Niemals ritt jemand sie ins Gelände. Die Reithalle, das Außenviereck und der jeweilige Turnierplatz – das war ihre ganze Welt. Diese Pferde waren fünf- oder sechsstellige Summen wert und wurden daher in Watte gepackt. Einmal am Tag wurden sie geritten, meist hatte das Stallpersonal sie bereits aufgewärmt, ehe der Chef dann in den Sattel stieg. Nach dem Training ritt dasselbe Personal sie trocken, duschte sie ab und stellte sie wieder in die Box. Wo sie dann erneut standen und warteten.

Ein brauner Wallach webte, das heißt, er bewegte wie ein Heimkind Kopf und Hals hin und her, hin und her. Irgendetwas Tröstendes musste offenbar in diesem Schaukeln liegen. Ein anderer koppte, eine andere Unart und Folge von Frustration und Überdruss; unaufhörlich hörte man dieses Mensch wie Pferd irritierende, rülpsende Geräusch, das beim manischen Schlucken von Luft entsteht. Ein dritter vierbeiniger Turnierstar schlug regelmäßig mit einem Hinterbein gegen die hölzerne Boxenwand und fletschte die Zähne, wenn jemand sich ihm von der Stallgasse aus näherte.

Der Chef war – technisch gesehen – ein brillanter Reiter. Er hatte das perfekte Feingefühl für Balance und Bewegung, das notwendig ist, um die richtigen Hilfen zum exakt richtigen Zeitpunkt zu geben. Ein Pferd war für ihn wie ein Instrument, auf dem er meisterhaft zu spielen verstand. Und genau dort lag die Entgleisung all seiner Kunstfertigkeit. Sie degradierte die Pferde zu Geräten. Sie waren nur noch Mittel zum Zweck, um den ehrgeizigen Zweibeiner glänzen zu lassen.

Ab und zu kamen Besucher aus dem Ausland, um dem Chef beim Training zuzusehen. Dann sprach er in einem anderen Ton mit seinen Pferden, lobte sie ausgiebig und gab sich den Anschein von Güte und Nachgiebigkeit. Doch diese Fassade war dünn. Wenn er allein war, fiel das Training härter aus, und die Tonlage war barscher. Er mochte seine Pferde, das beteuerte er. Zumindest der Presse gegenüber. Mit uns, dem Personal, redete er über solche Dinge nicht. Ab und zu, wenn auch nicht sehr oft, gab er den Pferden nach dem Reiten sogar eine Mohrrübe oder ein Stück Zucker. Die Pferde bedeuteten ihm viel, solange sie erfolgreich waren. Jene, die Verschleißerscheinungen und Lahmheit zeigten, verschwanden diskret und über Nacht. Besser, man fragte nicht, wo sie geblieben waren. Reiten als Hochleistungssport fordert eben seine Opfer.

In den Lehrlingsstunden durfte ich einige der guten Pferde reiten. Nicht die Toppferde. Aber eine Klasse darunter. Ich konnte es nicht recht genießen. Eine Weile ritt ich einen wunderschönen, großen Trakehnerhengst. Ein richtiges Traumpferd, objektiv gesehen viel schöner als mein treuer, seelenvoller Orpheus, der sich in der exklusiven Reitanlage und ohne seinen gewohnten Weidegang immer weniger wohl fühlte. Mich selbst beschlichen indes mehr und mehr Schuldbewusstsein und moralische Skrupel. Ich schämte mich all diesen schönen Pferden gegenüber zusehends meines Menschseins. Wo war das Hochgefühl, das mich stets beim Anblick von Marianne und L'amour überkommen hatte? Wo die Freude, wenn ich sah, wie Tante Ello und die Ponys einander liebevoll begrüßten?

Der Hochmut und der Dünkel, die dem Dressursport anhaften und zu denen dessen betuchte Klientel sich so oft berechtigt glaubt, sind im Grunde sein Verderb. Die verbissenen Mienen vieler Turnierreiter sprechen ihre eigene Sprache. Für mich ist die Ästhetik des Dressurreitens so untrennbar verknüpft mit Euphorie und einer Liebe zum Leben, die die Liebe zu allem Lebendigen mit einschließt. Ein guter Pferdemensch ist ein Liebender und muss auch ein Freund der Menschen sein; der Tanz mit dem Pferd, der anderen Motiven entspringt, wird allzu leicht zur Nötigung. Meine Enttäuschung war groß, und meine wachsenden Zweifel ließen mir keine Ruhe. Jedenfalls wusste ich nun, was ich in meinem Leben mit Pferden nicht wollte. Doch was wollte ich?

Lediglich eines war mir klar: In Zukunft wollte ich kompromisslos auf der Seite der Pferde stehen.

10. April

Göran, Donnys Trainer, steht an der Reithallenbande und sieht mir beim Training seines braunen Wallachs zu. »Und wo ist Donny?«, fragt er. Dass er sein eigenes, einst so ungebärdiges Pferd nicht wiedererkennt, nehme ich als Kompliment. Für Donny ist es an der Zeit, in seinen heimatlichen Stall zurückzukehren. Es geht ihm inzwischen gut. Er hat keine Beschwerden mehr, ist nun voll beweglich und mir gegenüber äußerst anhänglich. Auch Göran ist dankbar. Wir vereinbaren, dass ich in Zukunft einmal wöchentlich nach Kalmar komme, um das Training an der Doppellonge fortzusetzen und den Wallach zu massieren. Ich entlasse meinen Patienten mit gemischten Gefühlen. Das Leben eines Trabers ist so hart wie das eines menschlichen Hochleistungssportlers. Verletzungsgefahr ist immer gegeben.

Zu den meisten meiner vierbeinigen Patienten habe ich schnell ein recht persönliches Verhältnis. Das muss auch so sein, denn das Vertrauen eines Pferdes ist die Grundvoraussetzung für seine Mitarbeit an meiner Therapie. Das Befinden dieser Pferde lässt mich niemals unberührt. Mein Enthusiasmus ist zugleich so etwas wie mein Lebenselixier; er lässt mich auch an langen Arbeitstagen nicht ermüden. Mitleid ist gut, solange man sich davon nicht lähmen lässt; laut Schopenhauer ja die einzige reine Form der Liebe. Ohne Engagement und Mitgefühl für meine Patienten und Sympathie für deren Besitzer jedenfalls könnte ich in meiner Tätigkeit auf die Dauer kaum erfolgreich sein. Sollte das Befinden meiner Patienten mich eines Tages weniger berühren, so wäre es an der Zeit, mich nach einem anderen Beruf umzusehen.

BÜCHER, FLÜGEL

10. April

»Friesische Pferde, schwedische Frauen. Glauben Sie mir, liebe Sylvia, ich habe in all den Jahren und in all meinen Clubs so viele leichtbekleidete Damen aus nächster Nähe studiert, dass mir diese fernen, fremden Reiterinnen meiner schönen, schwarzen Pferde weitaus spannender und viel bezaubernder erscheinen. Luftschlösser bauen liegt mir eigentlich nicht. Aber die Ferne hat der Nähe einiges voraus. Das werden Sie verstehen, wenn Sie erst in meinem Alter sind. Lassen wir es dabei bewenden. Sandström.«

11. April

Noch immer ist die Landschaft weiß und winterlich. Das ist für Öland im April eher ungewöhnlich. Doch auf einem benachbarten Feld gibt es ein paar schneefreie Stellen, und dort reite ich nun die Pferde. Um mein Pensum zu schaffen, muss ich mir meine Tage gut einteilen. Frühmorgens, noch bevor es hell ist, sitze ich am Schreibtisch, um dann am späten Vormittag mit dem Reiten zu beginnen. Der Nachmittag und die Abende sind für Reitschüler und Problempferde reserviert.

Nero heißt mein neuester Fall; ein schöner, schwarzer, vierjähriger schwedischer Halbblutwallach, dessen Besitzerin mich völlig resigniert angerufen hat. »Du bist meine letzte Hoffnung. Meine Tierärztin und der Hufschmied haben dich empfohlen«, sagt sie. »Ich habe mit diesem Pferd alles versucht und bin nun mit meinem Latein am Ende.«

Elisabeth, Neros Besitzerin, hat ihr Leben lang Pferde gehabt, geritten und gezüchtet. In ihrem gemütlichen, etwas älteren Stall ist Platz für vier Boxen. Dort steht auch Neros inzwischen zwanzigjährige Mutter. Nero ist hier auf dem Hof geboren. Das macht die Sache nur noch sonderbarer. Denn er hat niemals schlechte Erfahrungen mit Menschen gemacht und ist mit Elisabeth vom ersten Tag seines Lebens an vertraut. Dennoch benimmt er sich, um es auf einen Nenner zu bringen, ungeheuer rüpelhaft. Elisabeth hat überall am Körper blaue Flecken. Nero beißt, wenn er die Gelegenheit dazu hat, und er schlägt wie ein Hengst mit den Vorderhufen. Den Schmied lässt er nur nach Verabreichung von Beruhigungsmitteln näher kommen. Das Führen ist äußerst unbehaglich, da man ihn dann im Rücken hat und nie weiß, ob und wann er attackiert, und beim Longieren hat er Elisabeth erst kürzlich angegriffen, in eine Ecke gedrängt und bedroht. Elisabeth ist klein und zierlich, Nero hingegen ein großes, zwar edles, jedoch starkes und kräftiges Pferd; sie wiegt fünfzig Kilo, Nero gute fünfhundertfünfzig. Ein ungleiches Match.

Ich höre mir zunächst einmal alles an und lasse mir dann Nero zeigen. Er steht in einer recht geräumigen Box und beobachtet uns. Sein Blick ist interessiert und wach und keineswegs unfreundlich. Als Elisabeth die Box betritt, um ihm ein Halfter aufzulegen, wird das schon anders. Er wirft unwillig den Kopf hoch und schlägt mit einem Vorderbein nach seiner Besitzerin, die ihn nervös ermahnt und, so gut es geht, seinen Vorderhufen ausweicht. Ein Anbinden im Stallgang ist unmöglich, denn so viel Freiheitsentzug toleriert Nero nicht. Auch eine Untersuchung ist schwer durchzuführen, denn er steht kaum einen Augenblick lang still, und ständig muss man vor seinen gebleckten Zähnen auf der Hut sein. Von einer Inspektion in der Bewegung gar nicht erst zu reden. Ich will alle Pferde, die ich untersuche, stets auch in der Bewegung sehen; doch Nero im Schritt und Trab auf dem Hof vorzuführen, ist ganz unmöglich. Selbst eine Hengstkette hilft nicht, Kontrolle über das Pferd zu erlangen. Was tun?

Ich sehe mir alles erst einmal an. Ich bin kein Pferdeflüsterer, so wie man sie in Filmen sieht, und ich glaube auch nicht recht an deren Methoden. Die Wirklichkeit meines Berufes ist wesentlich weniger spektakulär. Zur Rehabilitation von Pferden wie Nero gibt es keine Wunderkuren, man braucht vielmehr Zeit und Geduld. Anfangs mache ich den Pferdebesitzern nie große Versprechungen, sondern versuche erst einmal, alle Eindrücke aufzunehmen und sie dann später zu analysieren. In einem Fall wie Neros kommen viele Faktoren zusammen, und es gibt unterschiedliche Ansätze, eine Behandlung zu beginnen.

Von Elisabeths vier Pferden ist es das einzige, das Probleme macht. Die drei Zuchtstuten sind gut erzogen und gut geritten und ihre Fohlen stets leicht zu verkaufen. Doch von all ihren Pferden liebt Elisabeth Nero am meisten. Das versichert sie mir viele Male, und ich glaube es ihr.

Elisabeth ist eine erfolgreiche Anwältin, sie ist verheiratet und hat zwei halbwüchsige Kinder. Sie ist keine Pferdesammlerin, und sie vermenschlicht ihre Pferde nicht. Dennoch sind Nero und sie in einer unguten und nicht zuletzt auch für sie gefährlichen Art und Weise aneinander gebunden. Sie hängt an ihrem Sorgenkind, und auch Nero ist auf seine Art auf sie fixiert. Sie ist der Mensch, dem er trotz aller Respektlosigkeit dennoch am meisten vertraut. Doch das Maß ist voll. Sollte sich sein Verhalten nicht grundsätzlich bessern, so sieht Elisabeth keinen anderen Ausweg als eine Scheidung; im Klartext bedeutet die für Nero den Tod. Denn so, wie er sich beträgt, ist er an eine Privatperson nicht zu verkaufen, und Elisabeth will nicht, dass er von einem Händler an den nächsten weitergereicht wird. So liegt die Verantwortung für Neros Leben oder seinen Tod auf einmal in meinen Händen, und ich verspreche, in ein paar Tagen wiederzukommen, wenn ich über den Fall nachgedacht habe.

13. April

Tierarztbesuch. Impfung aller Pferde. Meine Tierärztin Inga behandelt Großtiere aller Art und ist nicht auf Pferde spezialisiert. Doch sie hat ein gutes Auge für Pferde, und ich habe volles Vertrauen zu ihr. Vor allem kennt sie ihre eigenen Grenzen und hat keine Schwierigkeiten damit zu bekennen, wenn sie einmal nicht weiter weiß und Spezialkenntnisse gefragt sind.

Inga strahlt eine ruhige und gelassene Selbstsicherheit aus, die den Pferden angenehm ist. Von allen menschlichen Eigenschaften sind wohl Bangigkeit und Verzagtheit diejenigen, die einem Pferd am wenigsten Vertrauen einflößen. Kein Pferd respektiert einen menschlichen Feigling. Beim Kaffee nach getaner Arbeit tauschen wir wie stets Erfahrungen aus und reden über das Leben im Allgemeinen. Ich schätze diese Stunden und Gespräche sehr. Inga ist als Tierärztin überall gut angesehen, sie liebt ihren Beruf, und ich frage mich im Stillen, wie mein Leben als Tierärztin wohl ausgesehen hätte.

FROSCHKÖNIG WIRD ENTHAUPTET

Berlin. Ich hatte auf einmal viele Kameraden, die nun Kommilitonen hießen, was ja zudem viel besser klang. Vielleicht war alles auch viel leichter als in der Schule, weil uns gemeinsame Interessen verbanden und ähnliche Zukunftspläne, zumindest, was das Berufliche anbelangte. Zuweilen lernten wir bis spät in die Nacht hinein gemeinsam für die laufenden Zwischenexamen, und in unserer kleinen Arbeitsgruppe halfen die Stärkeren ganz selbstverständlich und geduldig den Schwächeren. Da war die ebenso kluge wie bescheidene Marion, die ihr Abitur mit besten Noten auf dem zweiten Bildungsweg gemacht hatte, während sie gleichzeitig tagsüber als Sekretärin arbeitete. Die amüsante Ursula, modebewusst und chic und stets ebenso gut frisiert wie ihre vornehmen afghanischen Windhunde. Der liebenswerte Horst, ständig mit irgendeinem neuen Mischlingswelpen im Arm, den er irgendwo gerettet hatte und nun zärtlich umsorgte. Und natürlich Wolfgang aus Saarbrücken, verschmitzt, stets gutgelaunt und voller Energie, mit dem ich eine Weile lang fast alles gemeinsam unternahm. Es lebte sich leicht in seiner Gesellschaft und auch mit seinem gutmütigen Spott über meine Affinität zu diesen »dicken und so schrecklich langsamen Pferden«, wie es ihm als Besitzertrainer einer Anzahl englischer Vollblüter ja erscheinen musste. Im Nachhinein habe ich mich manchmal gefragt, warum wir eigentlich »nur« Kameraden waren? Wie wäre mein Leben verlaufen, wenn …?

Auch der gute und inzwischen sehr disziplinierte Orpheus war mit umgezogen, er wohnte in einem eher provisorischen Stall in der Nähe der Pferdeklinik in Düppel. Allerdings fand ich bald, dass diese Großstädter nicht viel von Pferden verstanden und ganz allgemein ein eher unnatürliches Verhältnis zu Tieren hatten. Für Menschen hingegen war die geteilte Stadt, die sich mit keiner anderen deutschen Großstadt vergleichen ließ, aufregend und mitreißend und geradezu perfekt, besonders, wenn man zwanzig war und solange der Reiz des Neuen noch anhielt.

Ich wohnte in Kreuzberg, hatte dort eine schöne, helle, wenn auch wenig komfortable Altbauwohnung ergattert, zwei Zimmer mit Ofenheizung und dem in dieser Gegend durchaus nicht selbstverständlichen Luxus eines Innenklos. Hundertsechsundfünfzig Mark kostete die Miete im Monat, das war fast billiger als ein Zimmer im Studentenwohnheim und mir zudem gemäßer, da ein Platz für mich allein.

Die ausschlaggebende Veränderung aber war meine eigene, fast märchenhafte Metamorphose. Irgendetwas war offenbar wie über Nacht mit mir geschehen, wenn auch nur in den Augen der anderen. Männer sahen mich auf einmal an und drehten sich nach mir um. Wie sonderbar, denn ich war ja dieselbe wie zuvor, lediglich ein bisschen freier. »So viel Glück habe ich mir nicht träumen lassen!«, sagt Andersens junger Schwan, als er endlich begreift, wer er ist, und mir erging es ähnlich. Auch ich war nun kein hässliches Entlein mehr, und diese neue, mir ganz ungewohnte Macht über Männer betörte mich.

Zum Beispiel in meinem neuen Job, der meinen studentischen Monatsetat beträchtlich aufstockte. Ich verkaufte Rosen in Nachtclubs, Restaurants und Diskotheken, rote und gelbe. Baccara und Ilona hießen sie, und ich war bald eine der erfolgreichsten Verkäuferinnen meiner cleveren Chefin, die mit zahlreichen Diskos, Nachtclubs und Restaurants von Rang in der Berliner Innenstadt ausgehandelt hatte, dass nur ihre Mädchen dort verkaufen durften. Meine Trinkgelder verdoppelten leicht meinen Lohn, und die roten Rosen, die man mir erst abkaufte, um sie mir dann zu verehren, veräußerte ich in der nächsten Bar sogleich an den nächsten Kunden, der sie mir hoffentlich abermals schenkte und bezahlte, so dass ich sie dann womöglich ein drittes Mal in derselben Nacht an den Mann bringen konnte. Oder auch an die Frau. Denn auch mit einer lesbischen Disko, der ersten ihrer Art in Berlin, hatte die Chefin eine gute Hand, und die Frauen dort waren ob der neuen Freiheiten aufgekratzt, tanzten die Nächte hindurch und erwiesen sich als sehr spendabel.

Das Leben war gut. Morgens trank ich meine Wiener Melange, soweit mein Stundenplan mir das erlaubte, im noblen Café Einstein in der Kurfürstenstraße und genoss die dortige Atmosphäre mit Kronleuchtern und Spiegeln, den distinguierten Kellnern in weißem Hemd und Weste und klassischer Musik im Hintergrund.

Aber nicht deshalb war ich in Berlin, sondern um Tierärztin zu werden. Mein Notenschnitt im Abitur reichte gerade für einen der begehrten Plätze an der FU aus, und nun war ich Studentin der Veterinärmedizin mit dem Ziel, Fachärztin für Pferde zu werden. Was schon sonst?

Im Anatomieunterricht sezierten wir Hunde, Kühe und Pferde, und Wolfgang, als Tierarztsohn uns anderen im Praktischen bei weitem überlegen, war stets der Erste, der mit selbstironischen und witzigen Kommentaren sein Skalpell zückte, um uns zu zeigen, wie Muskeln, Blutgefäße und Nerven freizulegen und zu präparieren waren, wie es in der Fachsprache hieß.

Es gab natürlich auch weniger fesselnde Fächer wie etwa Biochemie mit endlosen Versuchen, die in der Regel danebengingen, weil das exakte milliliterweise Pipettieren mysteriöser Flüssigkeiten sich als eine frustrierende und irgendwie auch wenig lohnende Aufgabe erwies. Und dann Physiologie. Eigentlich ja ein äußerst interessantes Fach. Wenn da nur nicht die Frösche gewesen wären.

Die kamen aus Rumänien. Sie waren ungewöhnlich langgliedrig und groß, richtige Froschschönheiten. In ihren gläsernen Behältern in einem Kühlschrank der Universität harrten sie in relativer Regungslosigkeit ihres unerfreulichen Schicksals als Versuchstiere. In den Versuchen ging es darum, den Studenten medizinische Grundlagenkenntnisse, die man in jedem Lehrbuch nachlesen konnte, am sogenannten »lebenden Material« anschaulich zu demonstrieren.

»Dekapitation« lautete die wissenschaftliche Bezeichnung für die Enthauptung der Frösche. Narkotisiert wurden die bedauernswerten Tiere hierfür nicht. Sie erlebten vielmehr ihre Hinrichtung bei vollem Bewusstsein. Ich wusste nicht, was mich mehr erschütterte. Die, wenn auch zögerliche, Bereitschaft der Kommilitonen, in der ersten Stunde bereits gehorsam und laut Anweisung einen »Probefrosch« zu dekapitieren, oder der Todesschrei der Frösche, den diese ausstießen, nachdem die spitze Schere, in ihren Maulwinkel eingeführt, ihnen den Kopf in zwei Hälften spaltete. Nachdem sie ihre Funktion als Übungsmaterial erfüllt hatten, landeten die Frösche im mit »Froschabfall« beschrifteten Mülleimer. War ich die Einzige, die das Echo ihrer Todesschreie bis in ihre Träume verfolgte?

Ob Frösche oder Pferde. Erneut die Frage nach der Rolle des Menschen, nach Respekt vor dem Leben und der Integrität eines Tieres. Und ganz zuletzt auch nach Zivilcourage. Retrospektiv könnte ich behaupten, mein Leben als zukünftige Tierärztin scheiterte an diesem moralischen Dilemma, also an einem Frosch. Das wäre zumindest erzählerisch eine gute Pointe. Aber meine Weigerung, am Froschgemetzel teilzuhaben, war nicht der wahre Grund, der mich zum Abbruch meines Studiums verleitete, einer Dummheit, die ich zuweilen noch heute bereue.

14. April

In meiner Mailbox:

»Liebe Sylvia, eines möchte ich von Ihnen wissen: warum haben wir eigentlich im vergangenen Jahr so viele Stuten gekauft? Sie waren doch bislang kein großer Freund von Stuten. Ihre Argumente: a) launisch (ja, ich weiß!), b) unscheinbarer, kleiner, weniger ins Auge fallend. Für meine Branche gilt zum Glück ja nur Punkt a. Und für Sie? Haben Sie Ihre Meinung geändert? Sandström.«

»Lieber Sandström! Ja. Das habe ich. Jedenfalls teilweise. Grund 1: die Preise. In Holland kriseln die Finanzen, also auch die Pferdezucht. Nur noch die allerbesten Zuchtstuten werden nun zum Hengst gebracht. Die anderen, oftmals zum Reiten sogar besser geeigneten, überschwemmen plötzlich den Markt. Die Preise für gute Stuten waren in Friesland seit zwanzig Jahren nicht so niedrig wie jetzt. Grund 2: ich habe mich tatsächlich (ein bisschen) geirrt. Nicht alle Stuten sind launisch und haben mit hormonellen Schwankungen zu tun. Und es gibt durchaus auch stattliche und große Friesenstuten. Und richtige Schönheiten unter ihnen. Niemals ganz so imposant wie ein Hengst, aber dafür oft charaktervoller. Wenn auch komplizierter. In der Ausbildung erfordern sie jedenfalls mehr Fingerspitzengefühl. Eine Stute kommandiert man nicht. Man muss Diplomat sein und sie stets im Glauben lassen, dass sie es ist, die die Tonart angibt und die Melodie bestimmt. Beste Grüße nach Dänemark! Sylvia.«

»Ganz meine Melodie! Und: irren ist menschlich. Wem sagen Sie das, liebe Sylvia??? Sandström.«

17. April

Auf dem Weg zu Nero lege ich einen Zwischenstopp in Mellösa ein. Dort habe ich einen Langzeitpatienten, den ich seit zwei Jahren regelmäßig behandele. Ein Springpferd, das eigentlich No Limit heißt, jedoch von seiner Besitzerin aus gegebenem Anlass Limit gerufen wird. Limit hat sich vor Jahren im Springparcours bei einem Sturz überschlagen und einen inzwischen chronischen Schaden der langen und kurzen Wirbelsäulenligamente zugezogen. Die Folgen dieser alten Verletzung machen sich vor allem in der kalten Jahreszeit bemerkbar. Dann wird Limit widersetzlich und das Reiten zur Gefahr. Den Rat des Reitlehrers, Sporen und Peitsche einzusetzen, hat Limits Besitzerin Jenny glücklicherweise verworfen. Als Krankenschwester hat sie ein Gespür dafür, dass das Verhalten ihres Pferdes, sein unberechenbares Steigen und seine Versuche, sich des Reitergewichts zu entledigen, mit Angst und Rückenschmerzen zusammenhängen.

Noch vor etwa zwanzig Jahren hat kaum jemand von Rückenproblemen bei Pferden gesprochen oder sie gar zu behandeln versucht. Ungehorsame Pferde sollten damals diszipliniert werden, Peitsche und Sporen galten als die beste Medizin. Dass sich die Sichtweise geändert hat, ist zum großen Teil eine Folge der Tatsache, dass die Pferdewelt heute von Frauen dominiert wird und statt Disziplin Kommunikation gefragt ist.

Massage und Mobilisierungsübungen im Stall und in der Bewegung. Daraus besteht meine Therapie. Im Stall lasse ich meinen Patienten zunächst passiv gewisse Bewegungen ausführen, die seinem Rücken guttun und ihn beweglicher machen. Da der Körper Bewegungseinschränkungen kompensiert, wandern die Schmerzen und Verspannungen stets auch in ursprünglich gesunde Regionen. Verspannungen in Hals und Nacken gehören zu den Begleiterscheinungen der meisten anderen Beschwerden, denn das Pferd benutzt seinen langen und beweglichen Hals als Balancierstange, wenn es sich bewegt. Limit hat seinen anfänglichen Widerstand gegen meine Hände längst aufgegeben. Er scheint inzwischen die Behandlung vielmehr zu genießen. Eine Heilung ist in seinem Fall nicht möglich, sehr wohl aber eine Linderung. Er muss mit seinen lädierten Ligamenten leben.

Am langen Zügel und ohne Reitergewicht im Rücken lasse ich ihn anschließend an meiner Hand ihm inzwischen bekannte gymnastische Übungen ausführen. Er widersetzt sich dem nicht mehr, er hat Spaß an den Übungen gefunden und ist nach einer kurzen Zeit des Aufwärmens erstaunlich beweglich geworden. Die als Reitbahn fungierende Koppel ist ein wunderschöner Platz, ganz in der Nähe des Meeres. Dort weht immer eine leichte Brise.

Ich höre Limits Schnauben. Er lässt den Hals fallen, das bedeutet: er entspannt sich, lauscht aufmerksam meinen Signalen, lässt sich von mir führen und vertraut sich mir ganz an. Das sind schöne Stunden. Die Stille der Natur, das ferne Rauschen des Meeres. Und sehr bald, im Mai, der kaum jemals abbrechende Gesang nicht nur einer, sondern zahlreicher Nachtigallen; aus allen Himmelsrichtungen.

Die Arbeit mit den Pferden ist für mich am besten, wenn sie sich so wenig wie möglich an Leistungsdenken orientiert und die daraus resultierenden Erwartungen und Verspannungen vermeidet. Sensationelle Resultate bei Turnieren imponieren mir aus diesem Grund seit langem nicht mehr. Das Herz der Reiterei ist für mich Harmonie und Balance in der Bewegung; Reiten eine kontemplative Übung, mehr Meditation als Sport und, in gelungenen Augenblicken, fast so etwas wie ein kleines Wunder: die Einheit zweier Wesen, die doch so grundverschieden leben und empfinden, deren Seelen aber dennoch magische Berührungspunkte finden können.

Nach getaner Arbeit lädt Jenny, wie stets, in ihre Sattelkammer zu Kaffee und belegten Broten ein. Zwanzig Minuten Pause. Wir reden über meine Arbeit mit Pferden und ihre Arbeit mit kranken und hinfälligen Menschen. Sie fährt im Auftrag der Kommune als Krankenschwester von Dorf zu Dorf zu schwererkrankten Patienten und Sterbenden, die ihr Heim nicht verlassen wollen. Diese ständige Nähe zum Tod hat sie mit einer Nähe zum Leben begabt, die ihr auch den Kontakt zu ihren Pferden leichtmacht. Empathie ist der Begriff, der unsere beiden Berufe miteinander verbindet. Ich habe großen Respekt vor dieser Frau und ihrer tatkräftigen Energie und kann mir vorstellen, wie wichtig ihre Besuche und wie wertvoll ihre tröstenden Worte für ihre Patienten sind.

20. *April*

Nero. Ich habe ein paar Tage Zeit zum Nachdenken gehabt und nach allem, was ich bisher weiß, ein Resümee gezogen:

Nero verhält sich Menschen gegenüber wie ein Hengst. Am Testosteron kann sein Verhalten jedoch nicht liegen, denn er ist als Einjähriger ohne Komplikationen kastriert worden. Pferden gegenüber ist er keineswegs dominant, sondern steht niedrig im Rang und wird von den anderen Pferden auf der Weide weggejagt und schikaniert. Er widersetzt sich seit jeher dem Auftrensen, und er lässt sich nur von der Besitzerin die Hufe heben. Auf der Weide bewegt er sich wenig, im Paddock oder an der Longe ist er ohne Energie, obgleich er einem Vollblut ähnelt und dem Typ nach ein Pferd mit Galoppiervermögen und einer großen Lunge ist. Im Stall hingegen macht er einen rastlosen Eindruck, und er hat allerhand Ticks, beißt in alles, was ihm vor die Nase kommt, und scharrt oft völlig unmotiviert mit den Hufen. Vor Menschen fehlt ihm jeglicher Respekt, und er kommt innerlich nie recht zur Ruhe. Massage oder eine Behandlung der Triggerpunkte wirken bei ihm kaum. Berührung steigert eher seine Reizbarkeit, sie macht ihn noch nervöser.

Ich bin davon überzeugt, dass es bei Pferden ebenso wie bei Menschen psychische Störungen gibt. Beim Pferd sind diese bislang jedoch kaum erforscht; sie sind vermutlich eine Folge der Domestikation, genauso wie sie beim Menschen mit dem Wohlleben häufiger auftreten. ADHS lautet aller Wahrscheinlichkeit nach die Diagnose, die man Nero in der Humanmedizin stellen würde: Aufmerksamkeitsdefizit-und-Hyperaktivitäts-Syndrom. Das ist eine angeborene Störung mit Symptomen wie motorischer Unruhe, Übellaunigkeit, plan- und rastloser Aktivität, Ablehnung von Körperkontakt und unpassender Mimik oder Körpersprache. Eine Erklärung auch dafür, warum Nero von seinen Artgenossen abgelehnt wird: Pferde sind konservativ, und wer allzu weit von der Norm abweicht, den meiden sie.

»Ich sehe so viel Elend in meinem Beruf«, sagt Elisabeth. »Aber ich weine nur um Nero. Das ist doch eigentlich nicht klug!«

Ich gebe ihr recht und kann sie dennoch verstehen. Pferdeliebe, die nicht auf Vermenschlichung beruht, hat ja außer mit Verantwortung und Mitleid auch mit jenem unwägbaren, rätselhaften Funken zu tun, der das innerste Wesen der Liebe ausmacht; unerklärlich und niemals zu erzwingen.

Für Neros Therapie gilt es nun, einen Plan auszuarbeiten. Sie wird einige Zeit in Anspruch nehmen. Seine Zähne müssen überprüft werden. Zahnschmerzen sind bei Pferden gar nicht ungewöhnlich; vor allem durch scharfe Kanten der Backenzähne entzündete Schleimhäute können dazu führen, dass das Trensengebiss dem Pferd zusätzliche Schmerzen verursacht. Auch Neros Hufe sollten von einem anderen Hufschmied ausgeschnitten werden, der sich auf sein Handwerk besser versteht. Man sieht deutlich, dass er empfindliche Hufsohlen hat. Eisen würden für Entlastung sorgen. Wem die Füße weh tun, der kann kaum Gehfreude entwickeln. Körper und Seele sind eine Einheit. Nach Zahnarzt und Hufschmied kann dann meine Therapie beginnen.

»Was die Kosten angeht, so mache dir keine Sorgen«, sagt Elisabeth. »Du weißt wohl selbst, wie das mit unvernünftigen Liebesgeschichten so ist? Für Nero ist mir nichts zu teuer.«

BERLINER NÄCHTE

Die achtziger Jahre in der geteilten Stadt sind inzwischen legendär. Westberlin war eine in allen Regenbogenfarben schillernde Insel in der grauen und ebenso nahen wie fernen DDR. Es wimmelte hier von merkwürdigen Gestalten und verlockenden Möglichkeiten. Die Stadt schien nie richtig zu schlafen, und voller Neugier und recht unerschrocken erforschte ich das meiste, was mir über den Weg lief. Die Variationsbreite aller bislang ungelebten Leben im Berliner Multiversum war unendlich.

Das Leben in der Großstadt war ein alle Sinne stimulierendes Abenteuer. Mein einst so verschmähter und nun plötzlich so begehrter Körper erwachte aus seinem Dornröschenschlaf. Zugleich fühlte ich mich stets ein bisschen fremd, doch Auswärtige waren ja hier die meisten. Wer nicht Berliner war, der kam aus »Westdeutschland«, und das lag weit entfernt. Auf der Fahrt dorthin passierte man zwei Grenzen mit Todesstreifen, Wachtürmen und bewaffneten Grenzsoldaten, in deren Gesichtsausdruck und Ton sich die jeweilige weltpolitische Wetterlage widerspiegelte.

In Kreuzberg hatte die Schultheissbrauerei noch ihre belgischen Kaltblüter, mit denen traditionell das Bier in die Kneipen ausgeliefert wurde, und ich freute mich stets, wenn ich den imposanten Dicken und ihren nicht minder beleibten Kutschern begegnete. Ansonsten war die Pferdewelt zeitweilig eher eine Insel in meinem Kopf; ein Refugium zum gedanklichen Atemholen in dieser neuen und oft verwirrenden Welt des »wilden Westens« mit seinen bundeswehrflüchtigen jungen Männern, die in Westberlin dem Wehrdienst entgingen, und all den Alternativlern in lila Latzhosen und mit hennarot gefärbtem Haar; allen abstrakten oder konkreten Möchtegern- oder Lebenskünstlern, die in ihrem Aufstand gegen das Spießertum neue Normen postulierten, oft nicht weniger rigide als jene, gegen die sie protestierten.

Da gab es Wohngemeinschaften, in denen die Privatsphäre als abgeschafft galt, große Wohnungen und Fabriketagen, wo man alle Türen als Symbole reaktionären Individualismus herausgerissen hatte, selbst die zum Klo. Dort gab es keine privaten Betten und auch keine exklusiven Bettgefährten mehr, sondern jeder schlief mit jedem, ganz nach spontaner Lust und Laune. Ulrich, Bewohner eines solchen Kollektivs, hielt seine Rendezvous mit mir geheim. Wenn wir in einer der altmodischen Konditoreien Kaffee tranken, hielt er stets Ausschau nach einem möglichst abgeschiedenen Platz; nicht der Romantik wegen, sondern aus Vorsicht, um nicht von den Genossen entdeckt zu werden und in den Ruf zu kommen, heimlichen Sehnsüchten nach einer »Zweierbeziehung« zu frönen; dem spießigsten, was sich denken ließ.

Von meinem bewährten Beobachterposten aus fand ich vieles zumindest bedenkenswert und manchmal auch, zumindest theoretisch, gar nicht so dumm. Konnte Liebe denn verwerflich sein?

Nach einer Vernissage, auf der ich zufällig zu Gast war, luden der Künstler und sein Galerist mich zu dem, was sie eine private Nachfeier nannten, ein. Bald saßen wir in einem lichtdurchfluteten Nebenraum des Ateliers zu dritt auf einem breiten Bett, hörten Jazz und tranken Champagner. An den weißgekalkten Wänden lehnten mannshohe abstrakte Gemälde in Grau- und Terracottatönen. Der Künstler war ein schweigsamer Mann mit dunklen, hungrigen Augen, der an den Grundbedingungen des Lebens zu leiden schien, während sein Galerist in hellem Sommeranzug und mit blutrotem Einstecktuch in der Westentasche eher wie ein Lebemann aussah. Er sprach kein Deutsch, jedenfalls nicht mit mir, sondern eine dunkle und geheimnisvolle Sprache. Vielleicht eine Phantasiesprache, die er soeben als Hintergrundmusik des geplanten erotischen Abenteuers erfand, denn nun bettete er meinen Kopf in seinen Schoß und massierte mit beiden Händen meine Schläfen, während er seinem Freund, dem Künstler, ein Zeichen gab, mich langsam auszuziehen. Und während dieser ebenso gehorsam wie behutsam seiner Weisung folgte, strich sein Mentor und Galerist mir zärtlich und beschwichtigend wie einer unheilbar Kranken das Haar aus der Stirn und redete mit gedämpfter Stimme auf mich ein in seiner fremden, und nun unerwartet klangvollen Sprache. Eine Liebeserklärung an die Liebe. Noch heute, nach so vielen Jahren, rätsele ich zuweilen über den Inhalt dieser dunklen Worte ...

22. *April*

Zeit für Isildur, Emmas Friesenhengst, nach Småland zurückzukehren. Emma samt Mann und nun zwei Wochen altem Sohn Tage kommen, um ihn abzuholen. Die Frauen in Småland sind in ganz Schweden für ihren Fleiß und ihre Zähigkeit bekannt. Emma macht da keine Ausnahme. Neben ihrem Beruf als Kindergärtnerin betreibt sie ein eigenes Unternehmen und bietet Halbtages- und Tagesritte auf Isländern durch Smålands Wälder an, züchtet Pferde und bestreitet an den Wochenenden etliche Dressurturniere. Isildur habe ich seit seiner Ankunft hier täglich geritten, und er ist fit für sein erstes Turnier in zehn Tagen. Obwohl er als Zweijähriger nur einen Sommer und Herbst hier in Hörlösa verbracht hat, war ihm deutlich anzumerken, dass er alles wiedererkannte. Vor allem ein Pferd in meinem Stall, das damals sein Weidekamerad war und das noch immer bei mir lebt: Gabe.

Gabe ist eine außergewöhnliche Pferdepersönlichkeit und von Sandströms Friesenpferden, die in meinem Stall seit Piets Tod ständig kommen und gehen, unangefochten mein Favorit. Dass er, ursprünglich Verkaufspferd, seit acht Jahren hier steht und nicht verkauft wurde, hat außer mit meiner besonderen Zuneigung damit zu tun, dass er seit seinem ersten Sommer als Dreijähriger treu und fleißig für uns arbeitet und für Sandströms friesische Dressurpferde so glaubwürdig Reklame macht. Wenn ich Gabe vorreite, sind die meisten Skeptiker bald überzeugt und wollen auch so ein Pferd wie Gabe besitzen: temperamentvoll, fleißig und zuverlässig und von einer Klugheit, die viele einem Pferd kaum zutrauen.

Gabe ist auf den ersten Blick keine Schönheit, so wie Piet es war, dessen bloßer Anblick Menschen zu Tränen rühren konnte. Mit seinem enormen Hengsthals, der langen, leicht gelockten Mähne und den großen, stets ein wenig fernen Augen erinnerte Piet an ein Märchenpferd und ließ kaum jemanden unberührt. Gabes Reiz ist ein anderer. Als Sohn des legendären Rypke (er ist, da 2002 geboren, tatsächlich noch ein »echter« Rypke!) ist er groß und imposant, aber nicht sehr edel. Sein Gesicht ist ein wenig herb, doch seine Augen strahlen eine ungeheure Klugheit, Aufgewecktheit und zugleich auch Milde aus; ganz so, als kenne er den Menschen, durchschaue ihn und sei großmütig bereit, ihm alles zu vergeben. Als junges Pferd war Gabe eifrig und beflissen und konnte manchmal unsicher und etwas ängstlich sein. Heute ist er die Gelassenheit selbst und kennt ohne jeden Zweifel seinen eigenen Wert. Stets hellwach, entgeht ihm nichts, was in seiner Umgebung geschieht. Er sieht alles, doch er fürchtet sich nicht.

Auch Pferde sind von Gabe und seiner Ausstrahlung fasziniert. Schwierige Hengste werden in Gabes Gesellschaft nach nur kurzer Zeit umgänglich und zahm und fügen sich seiner freundlichen, doch unnachgiebigen Autorität; anfangs launische Stuten folgen ihm alsbald auf Schritt und Tritt. Aggressionen anderer Pferde beantwortet er mit stoischer Nichtbeachtung. Er lässt sich niemals provozieren. Wenn er eine Zurechtweisung für angebracht hält, so deutet er ein Ausschlagen nur an, gerät niemals in Rage, lässt sich von nichts beeindrucken und verliert nie die Contenance, und ich habe viel von ihm gelernt. Einen kühlen Kopf zu bewahren, das ist oftmals die einzige Methode, um zu Problempferden eine Beziehung aufzubauen.

Gabe ist mein Mitarbeiter, mein Arbeitskollege. Seine Hilfe, sowohl beim Verkauf der jungen Pferde als auch bei ihrer Erziehung, ist für mich von unschätzbarem Wert. Und sein Lohn?

»Essen ist Liebe, das weißt du ja«, sagt Hansen und bringt bei jedem Besuch in Hörlösa kiloweise Mohrrüben mit. Den Slogan findet Gabe vermutlich gar nicht so dumm …

MUSE GESUCHT

Berlin war eine Stadt der schönen Künste. Auch die Literatur lebte hier. Im Berliner Buchhändlerkeller in der Carmerstraße 1 lasen jeden Donnerstagabend mehr oder minder bekannte Autoren. Programmgestalter KP Herbach, hauptberuflich Pressereferent der Akademie der Künste, war ein Mann wie aus einem vergangenen Jahrhundert mit weitem Mantel, üppig gewelltem rotem Haar und Schnurrbart und nicht minder voluminösem Körper. In seinen Moderationen brillierte er mit Witz und Wissen, doch mir entging trotz all seiner munteren und gebildeten Unterhaltsamkeit nicht die Aura der Einsamkeit, die ihn umgab; auch nicht, dass seine Blicke mich öfter als rein zufällig streiften. Ich kam meist zu spät und musste mir dann im so gut wie immer vollbesetzten Lokal einen Platz in der hinteren Reihe suchen, manchmal musste ich stehen.

Literatur und Pferde. Diese beiden Welten hatten kaum Berührungspunkte. Literaten waren selten Tierfreunde. Warum das so war, wusste ich nicht. Die menschliche Sprache war ein mächtiges Instrument, das im Extremfall töten oder zum Leben erwecken konnte. Doch auch die nonverbale Kommunikation konnte differenzierte Botschaften vermitteln. Mich faszinierten beide.

An irgendeinem Donnerstagabend fragte KP mich nach meiner Telefonnummer, und fortan führten wir dann und wann Telefongespräche, die von seiner Seite aus charmant, verwirrt und leicht verworren, von meiner eher ein wenig verlegen waren. Immerhin war der Mann ja so etwas wie eine literarische Legende. In meinem türkisfarbenen Renault 4 unternahmen wir ein paar nächtliche Irrfahrten durch Berlin, und er lud mich ein, nach der nächsten Lesung mit in den Zwiebelfisch zu kommen. So traf ich S., dessen literarisches Werk mich zunächst gar nicht sonderlich interessierte, zumal er zu unseren Schulbuchautoren gehörte und ich einst im Deutschunterricht eine seiner Fabeln auswendig aufsagen musste und eine schlechte Note bekam, da ich die Hälfte vergessen hatte.

Aber nun, am 13. Dezember, saß ich bei Zwiebelsuppe im Zwiebelfisch neben ihm und konnte ihm meine Fragen über die Schriftstellerei und das Schriftstellerleben kaum stellen, da er mich stattdessen so intensiv nach meinem Leben fragte. Tierärztin? Pferde? Das hörte sich für ihn exotisch an, doch es gefiel ihm. Er sagte »fabelhaft« und »hinreißend«, Vokabeln, die in meiner Generation so gut wie ausgestorben waren, und betonte, dass er zu den wenigen Autoren gehörte, in deren literarischen Werk Tiere eine Rolle spielten. Von Pferden, sagte er, wusste er bislang wenig und würde gern mehr erfahren.

Draußen schneite es. Ich sah ihn an der Taxisäule am Savignyplatz stehen, jetzt ein anonymer, magerer, älterer Mann, der den Blick senkte und fröstelnd seinen Mantelkragen hochklappte. Kein Wagen war in Sicht, und er nahm mein Angebot, ihn in meinem Renault nach Hause zu fahren, dankend an. Wir setzten unser Gespräch aus dem Zwiebelfisch fort, fuhren langsam den wenig belebten Kurfürstendamm entlang, und als wir uns der Avus näherten, fragte er mich nach meinem Namen.

»Sylvia. Lassen Sie uns einfach weiterreden, weiterfahren. Wenn wir die Transitstrecke nach Helmstedt nehmen, sind wir irgendwann morgen früh in Hannover. Dort sehen wir dann weiter. Jetzt wollen wir fahren und reden.«

»Warum nicht?«, sagte ich. Der Gedanke gefiel mir. Auch, dass er so viel für mich riskieren wollte. Denn dass er verheiratet war und zu Hause erwartet wurde, war für mich kein Geheimnis.

Er zuckte auf meine Frage nur die Schultern.

Am Grenzübergang stellten wir fest, dass sein Pass zu

Hause lag. Ohne gültigen Pass durfte man die innerdeutsche Grenze nicht passieren.

»Dann muss ich Sie bitten, mich nach Hause zu fahren«, sagte er enttäuscht.

In seiner Straße in Zehlendorf ließ er mich in gebührendem Abstand vor dem Bungalow, in dem er lebte, halten, und als in der Küche seines Hauses das Licht anging, küsste er mich auf den Mund; nicht zärtlich, sondern hart und abrupt, fast panisch; so wie einer, der ertrinkt.

25. April

Nero. Der Pferdezahnarzt hat meinen Verdacht bestätigt: Haken und scharfe Kanten an den Backenzähnen. Diese entstehen beim Mahlen, da der Unterkiefer des Pferdes ein wenig schmaler als sein Oberkiefer ist und die Backenzähne sich daher leicht ungleich abreiben. Diese spitzen Kanten haben die Backenschleimhaut und Zunge verletzt, und solche Wunden und Entzündungen können ein Pferd sehr irritieren. Außerdem hat Nero zwei sogenannte Wolfszähne. Das sind kleine, spitze und völlig unnötige Zähnchen, die bei einigen Pferden vor den ersten Backenzähnen wachsen und bei Berührung mit dem Trensengebiss Schmerzen verursachen können. Diese Zähne müssen gezogen werden, was oftmals, auch in Neros Fall, bei örtlicher Betäubung und im Stall geschehen kann. Da sie bei Nero – wie in den meisten Fällen – keine Wurzeln haben, genügen Zange und Meißel als Werkzeuge.

Ein Teil seiner schlechten Laune ging vermutlich auf die Zahnschmerzen zurück; wenn auch sein Hauptproblem ein anderes ist. Doch bei Pferden wie Nero gilt es, die ganze Spannweite seiner Probleme zu erfassen, um eine grundlegende und dauerhafte Besserung des Verhaltens zu erreichen. Die Arbeit mit solchen Pferden gleicht einem detektivischen Puzzle. Am Ende hat man hoffentlich die Ursachen aller Symptome aufgedeckt.

Chronische Schmerzen verändern Lebensmut und Charakter, können zu Angst und Depressionen führen; das gilt für Mensch und Tier. Wie unterscheidet sich das Schmerzempfinden eines Pferdes von dem des Menschen? Über diese Frage, die mich oft beschäftigt, hat man sich noch gar nicht so lange den Kopf zerbrochen. Noch in den achtziger Jahren vertraten viele Tierärzte die Ansicht, dass Tieren kein dem

Menschen ähnliches Schmerzempfinden zu eigen sei; eine Einstellung, die ja auch meine Physiologieprofessoren an der Berliner FU teilten. Das ist eine Arroganz, die mich empört.

Schmerz ist eine subjektive Wahrnehmung, und die Schmerzempfindlichkeit in jedem Falle individuell. Wissenschaftliche Untersuchungen haben bewiesen, dass weibliche Wesen grundsätzlich schmerzempfindlicher als männliche sind und also Testosteron in gewissem Sinne betäubt. Auch das Schmerzgedächtnis des Körpers spielt bei der Intensität seiner Empfindung eine Rolle. Langanhaltende, chronische Schmerzen lassen die Schmerzempfindlichkeit zunehmen, da die Schmerzschwelle dann sinkt; je länger sie dauern, als desto unerträglicher werden permanente Schmerzen von Mensch wie Pferd empfunden.

Ein Pferd leidet stumm. Es teilt sich niemandem mit, und es erwartet keinen Trost. Schmerz umnebelt, schränkt das Sichtfeld ein. Schmerz macht unnahbar. Beim Pferd liest man ihn in seiner Mimik und am Ohrenspiel, vor allem aber in den Augen. Akuter Schmerz lässt ein Pferdeauge glasig werden und verleiht ihm einen leeren Blick. Chronische Schmerzen machen es apathisch. Pferde, die lange unter Schmerzen leiden, haben fast immer etwas Abweisendes im Blick. Sie ziehen sich in sich selbst zurück und lassen andere Lebewesen ungern nahe kommen. Ein Tier bezeugt stets unverhohlen die Einsamkeit von Schmerz und Tod.

Im Laufe meiner Jahre als Equitherapeutin kann ich immer deutlicher den Schmerz eines Pferdes in meinem eigenen Körper empfinden; wie ein Echo dessen, was das Pferd gerade erleidet. Wenn ich morgens meinen Stall betrete und es einem meiner Pferde nicht gutgeht, spüre ich unmittelbar ein beklemmendes Unbehagen im eigenen Körper. Leider ist geteilter Schmerz in Sachen Pferde niemals halber Schmerz …

27. *April*

Heute wurde ich gerufen, um zwei nordschwedische Kaltblüter zu massieren. »Rückenschmerzen«, vermutete deren Besitzerin Annelie, »man ist ja Tierfreund und will für seine Pferde nur das Beste.« Als ich mich näher erkundigte, berichtete sie von einem »wunderbaren Vierstundenausritt gestern Nachmittag«. Ob die Pferde darauf vorbereitet waren, will ich wissen. »Vorbereitet?« Sie sieht mich groß und fragend an. »Sie haben sich den ganzen Winter lang ausruhen können. Das war der allererste Ritt in diesem Jahr.«

Ich bin im Grunde ein friedfertiger Mensch. Aber bei so viel rücksichtslosem Unverstand platzt mir dennoch manchmal der Kragen, und ich muss mir auf die Zunge beißen. Mit einem Streit ist niemandem geholfen, am allerwenigsten den Pferden.

Ich sehe mir die beiden Kaltblüter näher an. Sie stehen teilnahmslos mit hängenden Köpfen und angelegten Ohren da und entlasten wechselweise mal das eine, mal das andere Hinterbein. Einen Stall hat Annelie nicht, nicht einmal den gesetzlich vorgeschriebenen Windschutz, unter dem die Pferde vor Wind und Nässe Zuflucht finden können. Sie ist, wie sie mir erklärt, eine Fürsprecherin der robusten Pferdehaltung. »Zurück zur Natur«, sagte sie, die ursprünglich aus Stockholm kommt und hier auf dem Lande alles so idyllisch findet.

Wir führen die Pferde für meine Untersuchung und Behandlung zu einer benachbarten Scheune, und bereits nach wenigen Schritten wird mir klar, wie empfindlich sie auf alle Unebenheiten im Boden reagieren. Als wir den Schotterweg erreichen, gehen beide Pferde wie auf rohen Eiern. Für die Besitzerin ganz offenbar ein gewohnter Anblick, den sie für nichts Besonderes hält.

»Deine Pferde sind lahm«, sage ich. »Davon habe ich aber gestern auf dem langen Ritt gar nichts gemerkt«, sagt sie, und ich frage mich, ob ein Mensch, der täglich mit Pferden umgeht, wirklich derart ahnungslos sein kann. »Wo denn?« – »Auf allen vier Beinen.« – »Wie ist das möglich?«, fragt sie. »Woher willst du das denn wissen?«

Ein wiederkehrendes und empfindliches Thema in meinem Job: der Hufschmied. Neuerdings gibt es in diesem anspruchsvollen Lehrberuf eine ganze Reihe von Amateuren, die glauben, nach Belegung eines Wochenendkurses über genügend Kenntnisse zu verfügen, um die Hufe ihrer eigenen und anderer Pferde auszuschneiden. Das geht in den seltensten Fällen gut. Die Pferdebesitzer sparen Geld, und die Pferde müssen leiden.

Auch Hufeisen sind auf einmal zu einem weltanschaulichen Problem geworden. Man glaubt, sich am Wildpferdehuf orientieren zu können, und beruft sich auf die Natur, die schließlich für die Hufe des Wildpferds auch keine Eisen vorgesehen habe. Doch unsere Reitpferde haben mit dem Wildpferd noch weniger gemein als wir mit den Neandertalern; das domestizierte Pferd ist wesentlich größer, langbeiniger und schwerer als sein wilder Vorfahre, hat eine andere Hufbeschaffenheit und einen anderen Körperbau und als Reitpferd außerdem zusätzlich zu seinem eigenen Körpergewicht noch zwischen einem halben und einem Zentner Reitergewicht auf dem Rücken zu tragen. Wie sehr einen da schmerzende Fußsohlen verdrießen und entmutigen, kann sich jeder ausrechnen.

Annelies Hufschmied hat die Hufe aller Pferde derart gekürzt und hart ausgeschnitten, dass die bedauernswerten Kaltblüter nun anstatt mit dem äußeren Tragrand mit der gesamten und äußerst empfindlichen Hufsohle auffußen. Das führt zu blauen Flecken und zu Hufgeschwüren und tut bei jedem Tritt weh. Die Pferde wissen nach einer Weile nicht mehr, welche Entlastungshaltung sie einnehmen sollen. Ein schützendes Hufeisen ist bei beiden Pferden angebracht.

»Hufbeschlag? Niemals!«, bekomme ich zur Antwort.

»Das ist doch Tierquälerei und völlig gegen die Natur.« Es ist sinnlos, mit dieser Frau zu diskutieren. Sie will, dass ich nun endlich mit der Massage der Pferde beginne, denn dafür sei ich ja schließlich hier, doch ich sehe davon ab. Ich will mich an dieser Pferdehaltung nicht mitschuldig machen. Doch schuldig fühle ich mich so oder so.

Den Pferden ist damit nicht geholfen. Deren Besitzerin wird auf niemanden hören, der ihre Ansichten nicht teilt. »In Stockholm«, sagt sie, »hatte ich solche Diskussionen nie. Wir waren dort ein reiner Frauenstall und uns in allen Pferdefragen einig. Dort in der Großstadt ist die Pferdehaltung viel natürlicher als hier auf dem Land.«

LIEBEN HEISST LOSLASSEN KÖNNEN

S. war bei weitem kein Casanova. Er hatte durchaus gewisse asketische Züge. Er war groß und schlank, fast hager, und die Arbeit, das Schreiben, ging ihm über alles. Er plante, endlich »den großen Roman« zu schreiben, das war sein dringlichstes Anliegen, das, wofür er wirklich lebte, und dafür brauchte er eine Muse. Er war klug genug, nicht schlecht über die amtierende Ehefrau zu sprechen. Es war seine dritte Ehe, und die war wohl nicht wesentlich besser oder schlechter als die vieler anderer Männer seiner Generation; eine kameradschaftliche Gemeinschaft, ein Bündnis, dazu gemacht, den Alltag besser zu bestehen. Doch er war eben nicht wie alle anderen, das war der wesentliche Unterschied.

Er war sechzig, ich war zwanzig. Doch als Vaterfigur, die ich mir vielleicht in ihm erhoffte, war er denkbar ungeeignet. Als kleines Kind von seiner Mutter verlassen, als Soldat im Krieg um die Jugend und ihre Illusionen und Hoffnungen betrogen, trieb ihn ein Liebesdurst, den nichts und niemand jemals löschen konnte und der ihn ein Leben lang am Erwachsenwerden hindern sollte.

Nach unserem zweiten Treffen und einer halben Nacht in Kreuzberg nannte er mich »mein Herz«, und sein Besitzrecht proklamierte er tags darauf in seinem ersten von vielen hundert Briefen, der nur aus einem einzigen Satz bestand: »Ich liebe Dich!«

Nur wenige Wochen später war er zu mir gezogen. Wir lebten in meiner studentisch kargen Wohnung in Kreuzberg mit Matratzen auf dem Fußboden und Flohmarktmöbeln in der Küche, und S. schien sein komfortables Zehlendorfer

Heim mit wertvoller Kunst an den Wänden und bibliophilen Kostbarkeiten im Bücherregal nicht im Geringsten zu vermissen. Er hatte dort alles zurückgelassen. Besitz sagte ihm nichts, und er hatte kein Verhältnis zum Geld. »Dich sehe ich in Farbe, alle anderen in Schwarzweiß«, sagte er. Die rechten Worte, um auch als unsichere Zwanzigjährige angesichts solcher Huldigung den Altersunterschied von vierzig Jahren als eine Bagatelle abzutun, an der sich einzig die Spießbürger störten.

Wir lebten in unserer eigenen, hermetischen Welt, und unser gemeinsames Leben umgab ein schillernder Glanz. Es gab für uns keinen grauen Alltag. Er stellte mich Künstlern, Verlegern und berühmten Schriftstellerkollegen vor; schrieb mir Gedichte und schenkte mir alles, worauf ich nicht einmal zu zeigen brauchte: Bücher, Schmuck, Stofftiere und einen Bobtailwelpen, der mir Gesellschaft leisten sollte, wenn er einmal nicht bei mir war. Zugleich isolierte er mich zunehmend von meinem eigenen Leben, und meine gleichaltrigen Freunde an der Universität hatte ich bald aus den Augen verloren.

Bald drängte er mich, die Tiermedizin an den Nagel zu hängen, um, wie er es ausdrückte, »eine berühmte Schriftstellerin« zu werden. Wie er sich das vorstellte, war mir nicht ganz klar. Ihm vermutlich auch nicht. Doch die jungen, angehenden Tierärzte an der Universität waren lästige und unnötige Konkurrenten, mit denen er nichts zu tun haben wollte. Vermutlich erinnerten sie ihn an sein Alter, das er nur mit mir allein vergessen konnte, und er wollte mich mit niemandem teilen. »Die Veterinärmedizin ernährt die Trichinenbeschauer. In der Literatur atmet das Leben«, sagte er, als ich zögerte.

In seiner privaten und nicht ganz uneigennützigen Schriftstellerschule unterrichtete er mich nun im Drehbuchschreiben, brachte mir bei, wie man Dialoge verfasste und eine gute Story konstruierte. »Eine gut erzählte Geschichte ist das A und O«, sagte er, »und Erzählen ein menschliches Grundbedürfnis, während das Experimentieren mit Sprache als Moderichtung kommt und wieder gehen wird.« Er sparte weder an Lob und Kritik noch an pädagogischem Eros, und wenn er aus seinem Leben erzählte, war es, als spräche die deutsche Nachkriegsliteratur persönlich zu mir. Doch so sehr er als Literat den großen Worten misstraute, kannte er im Leben kaum dieselbe Scheu. Als Veteran und Deserteur des letzten von drei Ehekriegen zeigte er sich schwach und wankelmütig, sobald man an sein Gewissen appellierte, und er verließ mich ebenso übereilt, wie er sich in meinem Leben ausgebreitet hatte. Als er, untröstlich über seine eigene Entscheidung, dann im Taxi nach Zehlendorf saß, hatte ich längst begriffen, dass S. in Sachen praktischer Alltag eher mein kleiner Bruder war, der übers Haar gestreichelt und an die Hand genommen, vorm Leben und vor sich selbst in Schutz genommen werden musste.

Doch während mich die neue Freiheit lockte, hielt er die alte Gebundenheit kaum vierundzwanzig Stunden aus. Dann rief er an. Als er mich nicht erreichte, schickte er Telegramme. Wo bist Du? Wo warst Du und mit wem? Es dauerte nicht lange, und er stand wieder in Kreuzberg vor meiner Tür, und das Theater vom Verlassen und Vereinen begann von vorn.

Leicht verheddert man sich in einer Liebesgeschichte, und schwer bruddelt man sich aus all den Schlingen wieder frei, und ich war auf einmal in die Eheprobleme eines grauhaarigen Paares verwickelt, mit denen ich nichts zu tun haben wollte. Ich vermisste mein Leben mit Pferden, das mir so viel unkomplizierter erschien, und ich vermisste Norddeutschland und seine Menschen, auf deren kühlen Humor ich mich besser verstand als auf die gehässige Schlagfertigkeit der bereits allzu lange eingesperrten Berliner. Diese Straßen hier waren sein Revier; er war hier aufgewachsen und hatte über die Stadt geschrieben und einst bei seinen erbitterten Protesten gegen den Bau der Mauer sein Leben riskiert und seine Gesundheit ruiniert. Für mich war die geteilte Stadt nur die Kulisse einer Episode meines Lebens, und da nun ohnehin kein Veterinär mehr aus mir werden sollte, konnte ich genauso gut wieder westwärts ziehen. Berlin war kein Platz für Pferde und auf die Dauer auch kein Platz für mich …

29. April

Neros Wunden nach dem Ziehen der Wolfszähne heilen nun allmählich aus. Mein Hufschmied Bengt hat seine Hufform so gut wie irgend möglich korrigiert und ihn beschlagen. Bengt ist hier auf der Insel der einzige Hufschmied mit über fünfunddreißigjähriger Arbeitserfahrung, und er beschlägt seit zwanzig Jahren meine Pferde. Die meisten halten in diesem anstrengenden und den Körper verschleißenden Beruf nicht so lange durch. Bengt ist von kompaktem Körperbau, muskulös, nicht sehr groß und stark wie ein Bär. Lange Menschen bekommen in diesem Beruf allzu leicht Rückenbeschwerden. (Ich wäre mit meinen 1,82 Metern ein denkbar ungeeigneter Kandidat.) Ein Hufschmied muss handwerklich geschickt sein, ein gutes Auge für Pferde und ihre Bewegungen haben und auch mit schwierigen und ängstlichen Pferden hantieren können. Eine Kombination von Eigenschaften, die gar nicht so häufig zusammenkommen. Als Equitherapeutin bin ich auf eine gute Zusammenarbeit mit Tierarzt und Hufschmied angewiesen, denn oftmals überlappen sich unsere Aufgabenbereiche.

Neros körperliche Schwierigkeiten und Beschwerden sind behoben. Nun steht also mein Beitrag in Sachen psychische Rehabilitation aus, und ich bin optimistisch. Das bin ich meistens, denn es entspricht meiner grundsätzlichen Lebenseinstellung. Neros Besitzerin ist froh darüber, denn bislang hat sie von sogenannten Experten nur vernichtende Kommentare über ihr Pferd zu hören bekommen. »Wir gehen davon aus, dass wir Erfolg haben«, lautet meiner. »Sollte Nero uns schließlich das Gegenteil beweisen, haben wir uns zumindest nicht im Voraus gegrämt.«

Die Tage sind nun lang, das Licht hellt auch die Stimmung der Menschen auf, und der Sommer ist noch ein uneingelöstes Versprechen. Der bevorstehende Mai mit seinem hellen, jungen Grün und seinen hoffnungsvollen Knospen ist mir der liebste Monat im Jahr, vor allem auf Öland, der Insel der Nachtigallen. Es gibt in ganz Schweden keinen Ort, wo sie so zahlreich vorkommen. Bald wird sich in so gut wie jedem Busch einer dieser wunderbaren und magischen Sänger verstecken. Die Nachtigall. Vielleicht fühle ich mich ihretwegen seit nunmehr zwanzig Jahren hier auf Öland so zu Hause …

3. *Mai*

Weltreise nach Toralida, dem Dorf, in dem Emma mit ihren Pferden und ihrer Familie wohnt. Es besteht aus drei Höfen und liegt mitten im Småländischen Hochland. Dort ist es verwunschen und ein bisschen verzaubert. Die dunklen, einsamen Wälder sind von Elchen, Rehen, Hasen und vermutlich dem einen oder anderen Troll bewohnt, und es ist dort immer ein paar Grad kälter als auf Öland.

Meine Autofahrt dorthin dauert etwa drei Stunden. Auf den Straßen herrscht so gut wie kein Verkehr, und ich genieße die Fahrt durch die zögerlich frühlingshafte Landschaft. Auf dem Weg sind mehrere Stopps bei Pferdebesitzern eingeplant, die regelmäßig meine Hilfe in Anspruch nehmen. In der Mehrzahl handelt es sich inzwischen um Friesenpferde; meist ehemals Sandströms Pferde, so wie Emmas Hengst, über deren Wohl und Wehe ich vor allem auch in Hinblick auf die geplante Friesenquadrille seit jeher ein wachendes Auge werfe.

Auf einem Hof kurz vor Växjö treffe ich Aitse wieder, einen inzwischen sechsjährigen Wallach, und seine beiden Besitzerinnen Marie und Caroline; Mutter und Tochter. Ich bin jedes Mal gerührt über diese Wiedersehen; teils des herzlichen Empfanges wegen mit Kaffee aus der Thermoskanne und selbstgebackenem Hefekuchen (mein Faible für eine Kaffeestunde ist bei so gut wie allen Pferdebesitzern inzwischen bekannt!); teils Aitses wegen, der eine so außergewöhnliche Pferdepersönlichkeit ist und dessen Abschied von Hörlösa ich niemals vergessen werde: Er ist das einzige Pferd, um das Hansen jemals Tränen vergossen hat.

Er war es auch, der Aitse in einem friesischen Züchter- und Händlerstall einst entdeckte. Wir waren eigentlich auf der Suche nach zwei Hengstfohlen. Doch ich hatte Hansen auf dem Weg zum Laufstall der Junghengste irgendwo verloren. Ich fand ihn nach einer Weile im Stall der Handelspferde wieder. Er stand vor einer Box und unterhielt sich stumm mit einem Pferd. Für mich ein ungewohntes Bild des sonst so sachlichen Finanzexperten. Es dauerte eine Weile, bis er bemerkte, dass ich ihn beobachtete.

»Den hier nehmen wir auch mit«, sagte er kurz. Das war noch nie vorgekommen. Bislang hatte immer ich über die zu kaufenden Pferde entschieden, Hansen hatte einzig in Sachen Preisverhandlungen Einwände oder das letzte Wort gehabt. »Warum ausgerechnet dieses Pferd?«, fragte ich erstaunt. »Er will hier raus«, bekam ich zur Antwort. Ich fragte nicht weiter. Irgendwie freute mich diese für Hansen so ungewöhnliche Irrationalität. Ein Teil seiner Persönlichkeit, den er so selten zu Wort kommen lässt.

Wir nahmen Aitse mit; das einzige Pferd, das ich vor dem Kauf nicht unter dem Sattel ausprobiert habe. Der einzige Pferdekauf, den Hansen ganz allein beschlossen hat, ohne mein Urteil einzuholen. Ob er diese Tatsache Sandström gegenüber jemals erwähnt hat, weiß ich nicht. Es war jedenfalls ein guter Kauf.

Aitse erwies sich als vielversprechendes, junges Reitpferd. Er hat gute Grundgangarten, lernt schnell und ist ein hübsches, liebenswertes Pferd. Vor allem aber ist er ein großer Menschenfreund, und kein anderer Friese in meinem Stall hat ihn jemals an philanthropischer Gesinnung übertroffen. Unmöglich, an seiner Box vorbeizugehen, ohne ihm den Hals zu klopfen und von seinem freundlichen Blick unberührt zu bleiben.

Was damals in Friesland beide einander in ihrem vertraulichen Gespräch zu sagen hatten, das haben mir weder Hansen noch Aitse jemals verraten.

6. Mai

Nero steht in der Stallgasse und scharrt rastlos mit den Hufen. Doch sein Blick ist erwartungsvoll und nicht unfreundlich. Ich habe ihm meinen Longiergurt aufgelegt und bin dabei, ihn aufzutrensen. Sein Widerstand gegen das Trensengebiss hat sich mit der Behandlung der Zähne selbstverständlich nicht von einem Tag auf den anderen gelegt. Der Körper hat ein gutes Schmerzgedächtnis, und neurotisches Verhalten, selbst wenn der auslösende Anlass in der Vergangenheit einmal konkret war, folgt ja eher irrationalen Regeln.

Zwischen Nero und Elisabeth haben sich zudem Verhaltensmuster eingespielt, die einer Partnerschaft kaum förderlich sind. Sie sind ein bisschen so wie ein altes Ehepaar, das sich streitet und doch aufeinander angewiesen ist. Oft ist es Nero, der den dominanten Part in ihrer Beziehung spielt. Das ist eine Position, die im Grunde keinem Pferd im Kontakt mit einem Menschen behagt. Ein mental unterlegener Mensch bietet keinen Schutz und keine Sicherheit vor den Gefahren der Umwelt, die für das Fluchttier Pferd überall lauern. Für Nero, der zudem in Gesellschaft anderer Pferde in der Rangfolge ganz unten steht, ist ein Mensch, der selbst ihm noch unterlegen ist, ein völlig unzuverlässiges Geschöpf und in keiner Weise vertrauenswürdig. Seine Respektlosigkeit Elisabeth gegenüber ist daher aus der Perspektive des Überlebensinstinktes durchaus logisch und vernünftig.

Nero ist kein dummes Pferd. Intuitiv hat er sofort begriffen, dass mein Selbstvertrauen größer ist als seines. Er hat meine Körperhaltung registriert und auch die Art, in der ich mich bewege. Allzu große Forschheit ist meiner Erfahrung nach bei Problempferden wie Nero jedoch nicht angebracht. Gabe ist mir stets in diesem Punkt ein Vorbild. Seine Haltung anderen Pferden gegenüber ist sehr viel konstruktiver als ein aggressives Bevormunden; seine Abgeklärtheit und sein unerschütterlicher Gleichmut beruhigen jede Pferdeseele, die aus dem Gleichgewicht geraten ist. »Ja, ja!«, lautete vermutlich sein Standardkommentar zu absonderlichem Verhalten, wäre er ein Mensch. Kein Unmut, keine Irritation, keine Enttäuschung und kein Groll. Aber auch kein Ehrgeiz und keine allzu großen Erwartungen; eher Beharrlichkeit und Gleichmut öffnen bei schwierigen Pferden wie Nero oft Wege zur Veränderung.

Wieder einmal leistet mir meine bewährte Doppellonge gute Dienste. Mit zwei Leinen habe ich eine bessere Kontrolle über Nero als mit nur einer und kann zudem verhindern, dass er auf mich zukommt und mich bedroht, so wie er es sich bei Elisabeth an der einfachen Longe angewöhnt hat. Wenn Nero sich an die Doppellonge gewöhnt hat und die lange Peitsche als meinen verlängerten Arm respektiert (und nicht als Instrument, um ihn zu schlagen oder zu bestrafen!), werde ich mit ihm nach draußen ins Gelände gehen. Bewegung ist ein Allheilmittel für vielerlei Neurosen. Dabei handelt es sich in Neros Fall zunächst einmal um ein kontinuierliches vorwärtsgehen und Vorwärtsdenken. Ein fleißiger Schritt ist die Gangart, Vorwärts das Zauberwort. Wir werden sehen, ob es langsam hilft, die bösen Geister zu vertreiben.

9. *Mai*

Für morgen hat sich eine Interessentin für Sandströms Stute Ajuna angemeldet. Sie kommt auf Empfehlung meiner Schülerin Elina aus Småland. Elina hatte im vergangenen Herbst bei der Suche nach einem jungen Dressurpferd vor allem zwei Kriterien: Sie wollte keine Stute und sie wollte keinen Friesen haben. Fleur, die junge Friesenstute, die sie in meinem Stall dann fand, ist nun dennoch das beste Pferd, das sie sich nur denken kann. Das versichert sie mir jedes Mal, wenn wir uns sehen, und es überrascht mich nicht. Als wir Fleur in Friesland kauften, hatte ich sie im Stillen bereits für Elina vorgesehen: eine große, muskulöse Stute mit einer wunderbar ausgleichenden und ruhigen Ausstrahlung; ein Pferd, dem Elina, die zuvor einen nervösen Halbblüter geritten hatte, endlich vertrauen konnte. Sie ist bereits seit ein paar Jahren meine Reitschülerin, ich habe sie recht gut kennengelernt und bildete mir daher ein, besser zu wissen, was für ein Pferd sie eigentlich wollte und brauchte. Nun schickt sie mir also ihre beste Freundin.

Mund-zu-Mund-Propaganda ist meine und somit auch Sandströms einzige Reklame. Ich habe keine Homepage, und ich annonciere nie. Man findet die Pferde und mich auch so. Obwohl Schweden flächenmäßig ein großes Land ist, erscheint die Pferdewelt doch eher klein. Jeder kennt hier jeden, was Vor- und Nachteile hat, denn Fehltritte darf man sich kaum erlauben. Alles spricht sich blitzschnell herum, das Schlechte immer schneller als das Gute. Aus diesem Grunde bin ich extra streng bei der Auswahl der Pferde, und das hat sich im Laufe der Jahre bezahlt gemacht.

Meinen Ruf als Friesenspezialistin habe ich mir während der vergangenen zwanzig Jahre nach und nach erworben. Als ich 1992 mit meinen Hengsten Piet und Español nach

Schweden zog, wusste hier kaum jemand, was ein Friesenpferd ist. Man hielt Piet oft für ein größeres und edleres Exemplar der einzigen einheimischen Pferderasse, des Nordschwedischen Gebrauchspferdes. Dreizehn Friesenpferde gab es im ganzen Land. Heute sind es an die achthundert.

Der Friese gehört zu Europas ältesten Pferderassen. Er ist ein kraftstrotzendes, majestätisches Warmblutpferd, das bereits im Mittelalter als Ritterpferd beliebt war und Aufsehen erregte. Der hoch aufgesetzte Hals mit der dicken, langen Mähne und dem edlen Kopf, der muskulöse Körper und der Trab mit hoher Beinaktion, bei dem der üppige Hufbehang seine Fesseln fast wie gefiedert aussehen lässt, geben ihm sein charakteristisches Aussehen. Ein Friese ist ein schönes, energisches und selbstbewusstes Pferd; klug, mild und dem Menschen zugewandt. Es ist gutmütig, freundlich und empfindlich. In seinem prächtigen Körper wohnt eine zarte und leicht verletzliche Seele.

Für Ajuna bedeutet der morgige Besuch ein ausgiebiges Duschbad mit Shampoo und Balsam. Sandströms Pferde werden von mir nur auf Hochglanz geputzt vorgeführt. Das ist der einzige Punkt in meinem Leben, in dem ich ein Pedant bin; ein ungepflegter Friese bietet einen allzu traurigen Anblick …

10. *Mai*

»Strahlendes Wetter auf Öland, lieber Sandström. Ajuna zeigte sich heute von ihrer besten Seite. Interessentin angetan, wird sich bald bei Ihnen melden. Sie suchte: ein Pferd, das im Gelände unerschrocken ist, vorwärtsgeht und, in der Zukunft, ein paar kleinere Dressurturniere meistert. Und hat eingesehen, dass sie nirgendwo in Schweden ein besseres als Ajuna findet. Es war so etwas wie Liebe auf den ersten Blick. Und wird hoffentlich eine glückliche und haltbare Verbindung werden … Hört sich das nicht eigentlich wie Ehevermittlung an? Pferde verkaufen ist ja im Grunde ganz ähnlich. Und Scheidungen kosten im Allgemeinen nur Tränen und Geld. Freundliche Grüße von Sylvia.«

»Wem erzählen Sie das, Sylvia? In meinen Nightclubs und Discotheken habe ich, auf einen Nenner gebracht, im Grunde nur eines verkauft: günstige Gelegenheiten zum Geschlechtsverkehr. Habe demnach alles weiße Geld, das nun (ganz offiziell) in meine schwarzen Pferde fließt, mehr oder weniger mit Kuppelei verdient (=voreheliche Unzucht durch Förderung Dritter … strafbar seit dem Mittelalter!!). Nunmehr Ehen zu stiften, muss ja, moralisch gesehen, als richtiger Aufstieg gelten. Werde jedoch den Eindruck nicht los, rein statistisch gesehen verlieben sich Frauen öfter in Pferde als in Männer?? Schade! Ihr alter Sandström.«

11. Mai

Ajuna wird also Småländerin. Der Kaufvertrag ist unterschrieben. Sie wird noch eine Woche lang in meiner Obhut bleiben. Mit den Verkaufsverhandlungen habe ich nie etwas zu tun. Die regelt Sandström mit den Käufern telefonisch aus Kopenhagen, wo er seinen ersten Wohnsitz hat. »Sie haben Pferdekenntnis, und ich habe Geld, und beides ist für die Erfüllung meines Traums vonnöten«, hat er zu Beginn unserer Zusammenarbeit die Lage der Dinge zusammengefasst.

Sandströms Traum wird allmählich auch zu meinem: zwanzig exklusive, schwarze Pferde. Zwanzig gut zu Pferde sitzende Reiterinnen. Wir kommen dem Ziel schrittweise näher:

Eine Kür zu unterschiedlicher Musik, je nach Anlass der Vorführung, mal klassisch, mal Pop. Schöne, gutgeschnittene Kostüme für die Reiterinnen, aus Samt und Brokat. Passende Schabracken für die Pferde. Gold und Glanz. Glitter und Gloria. Dafür habe ich schon immer eine Schwäche gehabt. Für unsere Auftritte hat Sandström unter anderem Stockholm und Kopenhagen vorgesehen. Und den vierzigsten Geburtstag der Kronprinzessin, den diese aller Voraussicht nach wie stets auf Öland feiern wird. Bis dahin ist es noch vier Jahre hin, und wir werden diese Zeit vermutlich brauchen, um alle Pferde und Reiterinnen zu finden und dann mit den Proben zu beginnen. Die Arbeit mit den Pferden beunruhigt mich nicht. All die Frauen unter einen Hut zu bringen erscheint mir da schon schwieriger. Wird mir das gelingen? Und wird Sandström, sollte er als Zuschauer erscheinen, sich mir endlich zu erkennen geben?

Inzwischen und nach all den Jahren habe ich mich an seine heimliche Identität gewöhnt. Da unser Kontakt nur schriftlich oder auch via seinen Cousin Hansen geschieht, kenne ich, anders als unsere Pferdekäufer, nicht einmal seine Stimme. Dass er die Pferde nie in natura sieht, scheint ihn nicht zu stören; er erhält ja laufend Fotos. Das ist in unserem Abkommen einbegriffen und dank der digitalen Technik auch kein weiteres Problem. Ich habe zwei Pferdefotografen; der eine ist Olof Hansen, der andere eine Pferdekundin namens Helen. Ihr junger Wallach Vincent wird in der kommenden Woche, sobald Ajuna zu ihrer neuen Besitzerin nach Småland reist, in die frei werdende Box einziehen. Ich habe ihn im vergangenen Jahr leicht eingeritten und soll ihn nun weiter ausbilden. Er wird voraussichtlich zwei Monate in meinem Stall in Hörlösa zu Gast sein.

Morgen ist mein Geburtstag. Da nehme und gebe ich mir für meinen traditionellen Ausritt frei. Ich habe keine Altersängste. Im Gegenteil, mir erscheint das Leben von Jahr zu Jahr leichter. Ich denke oft an den Tod und genieße die Augenblicke, aus denen das Leben besteht, je älter ich werde, desto sorgloser und entspannter.

DIE ERSTE NACHTIGALL

Nachts, wenn alle anderen Vögel schlafen, singt die Nachtigall. Kein Vogel ist ihr ebenbürtig. Die Nachtigall kennt hunderte von Strophen. Sie beherrscht eine ganze Oktave. Ich bin im Mai geboren, und wenn sie an meinem Geburtstag für mich singt, erzählt ihr Lied von meinem Leben. Und von meinen Pferden.

Meine Kindergeburtstage mit ihrem Glanz, all den Überraschungen und der ungeteilten Aufmerksamkeit meiner Eltern und meiner Schwester waren zu wunderbar, um in irgendeiner Form in meinem späteren, erwachsenen Leben eine Entsprechung zu finden. Herzklopfen und Hochstimmung hielten den ganzen Tag lang an und wurden erst gegen Abend von Melancholie überschattet, da alles Wundersame, lang Ersehnte sich nun seinem Ende näherte.

Als junge Erwachsene auf mich selbst gestellt, musste deshalb der zwölfte Mai stets in einer Enttäuschung münden. Keine Kerzen und kein Ständchen mehr am frühen Morgen, kein Duft von frischgebackenem Puffer (mit Schokoladenplätzchen oder Rosinen – man durfte wählen, und niemand backt bessere Puffer als meine Mutter!). Stattdessen kostete es jetzt Anstrengung, sich die Enttäuschung nicht anmerken zu lassen; es war ja nun ein ganz normaler Tag, an dem nichts anderes geschah, als dass ein weiteres Jahr aus dem Rucksack meiner Lebenszeit aufgezehrt war.

Meinen einundzwanzigsten Geburtstag verbrachte ich in der Gesellschaft von S. in einem Gartenlokal an der kurvigen Havelchaussee. Im fortschreitenden Frühjahr herrschte hier lebhafter Verkehr; die wintermüden Berliner darbten und sehnten sich nach Wasser und Wald.

Die Stimmung war gedrückt. S. befand sich seit geraumer Zeit in den Schützengräben eines für alle Beteiligten zermürbenden Beziehungsdramas, für das keine Genfer Konvention galt. Hin- und hergerissen zwischen Schuldgefühl und Überdruss, zwischen Pflichtbewusstsein und wachsendem Liebeswahn, saß er vergrämt und mutlos vor mir und war an meinem Ehrentag recht wortkarg. Die Ehe schien mir ein Käfig, vor dem man sich im kommenden erwachsenen Leben besser in Acht nahm.

Als wir endlich aufbrachen, blieb S. auf dem Parkplatz vor dem Restaurant plötzlich wie angewurzelt stehen und griff nach meinem Arm. Da hörte auch ich sie. Sie saß, für unsere noch vom Licht geblendeten Augen unsichtbar, in einem der schüchtern belaubten Büsche am Straßenrand und sang ihre wunderbarste Strophe. Die bestand nur aus einem einzigen Ton. Sie wiederholte ihn nicht; sie erfand ihn vielmehr immer wieder neu, und er schmolz in ihrer Kehle und kristallisierte in der Luft. Er klagte und er spottete, jubelte und schluchzte. Die Nachtigall sang nicht von seinem Alter und von meiner Jugend, denn die Vermessenheit unseres kleinen Bühnenstückes menschlicher Unzulänglichkeiten ließ sie unberührt. Dieser sperlingsgroße, unscheinbare Vogel dort im Gebüsch hatte eine mächtigere Stimme. Man sagte ihr nach, sie könne Schmerzen lindern und Sterbende sanft und klaglos aus diesem Leben gleiten lassen. Für uns sang sie von dieser Nacht im Mai; von der bleichen Sichel des Mondes und von dem aus Dunkelheit und Kälte wieder erwachenden Leben; ganz einfach von diesem Augenblick, der für mein Leben so entscheidend war.

Von da an hoffte ich am zwölften Mai stets auf die erste Nachtigall; das einzige, was für mich fortan an meinem Geburtstag wirklich zählte.

Um genau zu sein, war S. keinesfalls der Erste, mit dem ich dieses Erlebnis teilte. Die allererste erste Nachtigall bescherte mir zu meinem achten Geburtstag meine Schwester.

Wir befanden uns in Niendorf, dem Haus meiner Großmutter und meines Onkels. Meine große Schwester hatte sich gerade mit der ihr eigenen Gründlichkeit der Ornithologie verschrieben. Vor allem den einheimischen Singvögeln gehörte nun ihr Herz. Zeit, endlich auch mich in ihrem neuen Lieblingsfach zu unterrichten. Für Singdrossel und Buchfink mochten Bestimmungsbücher im Unterricht taugen. Die Nachtigall jedoch, entschied meine strenge Lehrerin, war in vivo oder gar nicht zu erleben. Aus ihren Bestimmungsbüchern wusste sie, wo wir mit etwas Glück fündig werden konnten: am Brodtener Steilufer auf dem Weg von Niendorf nach Travemünde. Man musste dazu Frühaufsteher sein.

Um halb vier klingelte der Wecker unter ihrem Kopfkissen. Unsere Stiefel und Jacken hatten wir bereits am Abend zuvor ins Kinderzimmer geschmuggelt, und um niemanden im Hause zu wecken, öffneten wir das große Fenster und kletterten über den Schreibtisch hinaus. Das war ein Geburtstagsabenteuer ganz in ihrem Stil, eine Überraschung, die, sollte sie ihr gelingen, all ihren wunderbaren, handgefertigten Geschenken, die den Reichtum meiner Kindheit ausmachten, die Krone aufsetzen würde. Es war noch dunkel, und sie nahm mich bei der Hand. So gingen wir durch das schlafende Ferienhausgebiet und flüsterten, um die feierliche Stimmung nicht zu zerstören.

Die Luft war frisch, und als wir uns dem Strand näherten, wurde es noch kühler. Doch es war fast windstill. Wir passierten die Niendorfer Strandpromenade mit dem noch jungfräulich leeren Sandstrand. Bald würden hier in Erwartung erster Sommergäste die zahlreichen Strandkörbe aufgestellt werden. Nun mussten wir unsere Kapuzen abnehmen, damit wir besser hörten. Das Meer rauschte zuverlässig und unaufhörlich, und die Welt gehörte uns.

Wir flüsterten nicht mehr, sondern stiegen still und unverdrossen den schmalen Pfad zum Uferweg an der Steilküste empor, der alle paar Jahre landeinwärts verlegt werden musste, da während der Herbststürme das aufgewühlte Meer seinen jährlichen Tribut verlangte. Nach weiteren zwanzig Minuten erreichten wir das verlassene Dorf. Von den Häusern standen nur noch Rudimente ihrer Grundmauern. Ihre Besitzer waren vor vielen Jahren landeinwärts geflohen. Die Stille des verlassenen Dorfes war streng und so anziehend wie ein Abgrund, vor dem es einen schwindelt.

Plötzlich blieb meine Schwester stehen und verharrte reglos. Ich tat ihr, wie immer, alles nach, und da hörte auch ich sie. Irgendwo im Gebüsch von Sanddorn und Hasel saß sie für uns unsichtbar und sang, und wir standen mit angehaltenem Atem da und lauschten. Ganz fraglos sang sie nur für uns, die wir ihr die gebührende Ehrfurcht erwiesen. Und sie sang auch für mich, da dieser Tag mein echter Geburtstag war und meine große Schwester alles so bestimmt hatte.

Die Dämmerung hatte eingesetzt, und auf dem Rückweg waren die Schritte meiner Schwester entschlossener und ihre Haltung eine andere. Die Überraschung aller Überraschungen war ihr gelungen. Mich frappierte das keineswegs. Ich hatte nichts anderes von ihr erwartet.

Als wir, von den Erwachsenen im Hause unbemerkt, wieder in unseren Betten lagen, hörte ich sie mit ihrer streng-gütigen Lehrerinnenstimme das Fazit der heutigen Lektion meiner Lebensschule ziehen: »Eines sollst du wissen, Bibo (so nannte sie mich): Das hier ist nur ganz wenigen auserwählten Menschen vergönnt!« Und ich murmelte etwas wie »ich weiß«, während ich glücklich den Geburtstagsfeierlichkeiten entgegenschlummerte.

Pferd und Nachtigall war eine Kombination, auf die ich erst ab Geburtstag Nummer dreiundzwanzig verfiel. Geburtstag Nummer zweiundzwanzig war der letzte ohne Pferd, also noch nicht ganz perfekt. Wie sollte er das auch sein, denn S. und ich befanden uns in Norditalien in der Nähe von Luino, allzu weit entfernt von meiner nördlichen Welt.

Dieser Süden, von dem alle Kulturbeflissenen so schwärmten, erschien mir grässlich mit seinen umherschwänzelnden Männchen, die mir kaum bis zur Achselhöhle reichten und deren unpersönliches Interesse an allem Weiblichen geil und schamlos war wie das der Straßenköter an läufigen Hündinnen. Und der Lago Maggiore mochte sich zwar auf Postkarten ganz gut machen; in Wirklichkeit aber waren seine Ufer steinig, von Müll übersät, und der Lärm der vielbefahrenen Uferstraße dröhnte einem in den Ohren.

Auch S.'s Ferienhaus lag nicht, wie Zeitungsinterviews und seinen literarischen Tagebüchern zu entnehmen, idyllisch irgendwo mitten auf dem italienischen Land, sondern eingequetscht in einer deutschen Feriensiedlung mit Nachbarn aus Recklinghausen und Bottrop. Er schrieb nun an seinem »großen Roman«, und er hatte seine Muse bei sich, die alle Bedürfnisse abdeckte, die für die Entstehung großer Literatur so abzudecken waren.

Allen Verklärungen zum Trotz nimmt sich das Leben als Muse für den, der eigene Welten in seinem Kopf bewegt, recht trist aus; ich kann es niemandem empfehlen. S. hatte nun alle seine liebenswerten und humorvollen Seiten suspendiert. Dass er als Schriftsteller Moralist war und sich von seinen Schuldgefühlen inspirieren ließ, gab ihm im Alltag das Recht, sich als Tyrann aufzuführen; jedenfalls ging er davon aus, denn Schreiben war nun alles für ihn. Die Literatur kam vor dem Leben. Das Thema des Romans jedenfalls, meinte er, war ernst genug, um ihn dazu zu berechtigen. Es ging um das dritte Reich, ein Teil seines Lebens, für mich hingegen eher leidiger Stoff, den wir im gymnasialen Geschichtsunterricht wieder und wiedergekäut hatten.

In seinem schmalen Schlauch von Arbeitszimmer lag ich seinem Wunsch entsprechend auf Kissen und Decken hinter seinem Schreibtischsessel auf dem Fußboden mit einem Stapel von Büchern, die er für lesenswert hielt: Kafka, Faulkner, Bloch und eine Reihe von Dokumentationen über die Judenpogrome in der Hitlerzeit. Abends las er mir vor, was er tagsüber geschrieben hatte, und nun musste die Muse sich in einen Kritiker verwandeln. Dabei galt es, auf der Hut zu sein; leidlich intelligente Statements vorzubringen, zum Beweis, dass man aufmerksam lauschte, jedoch in der Kritik nie zu weit zu gehen.

Wenn Besuch kam, wurde ich im Arbeitszimmer weggeschlossen, damit mich niemand sah. Das war sein Tribut an die Konvention. Nach außen hin sollte der Schein gewahrt und die Gattin offiziell die Gattin bleiben.

An diesem Abend und zur Feier meines Tages hatte er tatsächlich seine Arbeit am Roman unterbrochen, und nun saßen wir bei einem Glas Rotwein auf der Terrasse mit Seeblick. Mir hatte vor diesem Geburtstag gegraut; mit zweiundzwanzig, so glaubte ich, war die Jugend endgültig vorbei, und was dann kam, schien mir wenig erstrebenswert. Den Lago verschluckte bald die laue Nacht, nur ein paar Lichter schaukelten noch irgendwo in der Ferne. Dann war es dunkel genug, dass meine Tränen der Enttäuschung mich nicht mehr verraten konnten. Es hätte sonst Ärger gegeben. Denn Munterkeit und gute Laune waren Musentugend Nummer eins; war die Muse matt, konnte der Dichter nicht schreiben, und die Welt ging unter.

Und in diesem Augenblick ertönte sie. Der vogelmordende Süden hatte sie nicht abgeschreckt. Sie hatte mich gefunden, saß ganz nahe in einem kleinen Olivenbaum und sang aus voller Kehle. S. hatte aufgehört, von seinen Romanfiguren zu reden, und auch er lauschte entzückt.

»Herzlichen Glückwunsch, mein Herz«, murmelte er leicht beschämt. Doch ich hörte ihn kaum. Denn die Nachtigall sang einzig für mich. Aus welchem unerfindlichen Grund sie mich beschenkte, spielte keine Rolle. Die unverdienten Geschenke gehören schließlich zu den besten, die das Leben für einen bereithält. Und die Botschaft ihres Liedes, mit der sie mir nun Trost zusprach, war ja zudem, je nach Lebenslage, durchaus ambivalent: »Auch das geht vorbei.«

Ab Geburtstag Nummer dreiundzwanzig wollte ich die erste Nachtigall nur noch allein hören; oder vielmehr ohne einen Menschen in meiner Nähe. Ich verbat mir fortan an diesem Ego-Tag Besuche aller Art, sattelte ein Pferd und ritt aus, um die Nachtigall zu finden oder auch von ihr gefunden zu werden. Ihr Lied und ein schönes Pferd machen für mich seither die Essenz des Lebens aus, dessen begrenzte Dauer dieser Tag im Mai für mich versinnbildlicht.

Das Älterwerden ist für mich seitdem nicht mehr mit einer Jahreszahl, sondern mit einem Pferdenamen und einer friedvollen Landschaft verknüpft: den überschwemmten Elbwiesen bei Barförde, der vertrauten Tielenhemmer Feldmark im Herzen Schleswig-Hosteins, dem dunklen, elchreichen Wald von Tegelvik im schwedischen Västergötland und dem kargen Gillberga Alvar im Norden Ölands mit seinen verkrüppelten Wacholderbüschen und dem salzigen Atem des Kalmarsunds. Die Pferde, ganz dem hippologischen Schachbrettmuster meines Lebens entsprechend, waren mit wenigen Ausnahmen entweder schwarz oder weiß: mein treuer Oldenburger Rappe Orpheus; der edle Trakehner Schimmel Aureliano, der lackschwarze und liebenswürdige hannoversche Doktor Doolittle, gefolgt von den barocken Pferden, die schließlich in meinem Stall und meinem Leben an die Stelle der Sportpferde traten. Der feurige Spanier Español und mein Friesenhengst Piet, das Pferd aller Pferde. Und nach diesem dann zahlreiche friesische Rappen: Frits, Hilbrant, Gerben, Gabe, Tomas, Ulrig.

Jahr für Jahr hoffte ich auf die Gunst der geburtstäglichen Nachtigall, in manchen Jahren eher kleinmütig und ängstlich, in anderen optimistisch und erwartungsvoll, und sie enttäuschte mich nie. Sie konnte sich meiner Tränen sicher sein, wenn sie ihr nie gegebenes Versprechen hielt. An glücklichen Geburtstagen gemahnte sie mich an den Tod und an freudloseren an das Leben. Das war, ganz wie meine große Schwester mich einst belehrte, tatsächlich nur wenigen, privilegierten Menschen vergönnt.

Dann blieb sie aus. Jenes Frühjahr auf Öland war besonders kalt und streng, und in den Nächten herrschte Frost. Am zwölften Mai ging ein eisiger Wind über die Steppe des Gillberga Alvar. Mein Pferd Gabe schien froh zu sein, als wir nach mehrstündigem und in Sachen Nachtigall erfolglosem Ritt wieder den heimatlichen Stall erreichten.

Es dauerte ein paar Tage. Dann legte sich der Sturm. Es wurde milder. Ich schlief nun wieder bei offenem Fenster, und kurz nach Mitternacht drang ihr Lied in meinen Traum.

Augenblicklich war ich hellwach. Dort draußen in der Dunkelheit hatte sie sich im Flieder eingefunden und sang aus voller Kehle, ganz so, als sei gar nichts geschehen. Ich stellte mich ans Fenster, erleichtert und gerührt, und hörte ihr lange zu. Schließlich und bevor es mir dort zu kalt wurde, verbeugte ich mich vor ihr und vor der Dunkelheit. Ich weiß inzwischen, dass meine Dankbarkeit für sie ganz unmaßgeblich ist und dass sie sie dennoch wertschätzt.

Man sollte alles Wichtige im Leben einmal besessen haben, zu dem einzigen Zweck, dass man es schließlich nicht mehr braucht. Womöglich ist das alles, was es für uns hier zu lernen gibt …

13. Mai

Sich verlieben. In ein Pferd. In einen Mann. Das ist ein angenehmer Zeitvertreib und ein beflügelndes Gefühl. Und dennoch, glaube ich, in unserem Kulturkreis ein grenzenlos überschätztes Phänomen; so etwas wie die triviale Ausgabe von Liebe, die doch so viel mehr erfordert. Solange dieser Kitzel anhält, sieht man Hoffnungen und Möglichkeiten. Das Stresshormon Adrenalin steigert Herzfrequenz und Blutdruck, mobilisiert Energiereserven, erweitert die Pupillen und gibt einen glänzenden Blick. Sandström mag recht haben. Vielleicht verlieben sich Frauen, die mit Pferden umgehen, tatsächlich leichter oder häufiger in ein Pferd als in einen Mann. Doch was haben all diese biochemischen Reaktionen letztendlich mit dem Objekt, das sie auslöst, zu tun?

Ich freue mich dennoch über diese erste Euphorie der Pferdekäufer. Und hoffe stets, dass sie eine strapazierfähige Grundlage für eine gute Beziehung bilden wird. Der Rest ist Ausdauer, Beharrlichkeit, Geduld und Beherrschtheit. Ohne die mündet die anfängliche Begeisterung leicht in Frust und Enttäuschung.

Das Pferd hat es in dieser Hinsicht leichter. Es stellt letztlich die Bedingungen. Es hat einzig Pferd zu sein.

14. Mai

Erster Job für Ulrig, mein neues eigenes Pferd, das ich seit einem halben Jahr besitze. Ich habe ihn zu einem Kursus mitgenommen und will mit ihm die Prinzipien meiner Pferdeausbildung demonstrieren: Reiten mit leichten Hilfen und ohne jeden Zwang.

Ulrig fan de Keningswej: ein sehr großer, sechsjähriger Friesenwallach von 1,72 Meter Stockmaß, nobel, langbeinig und athletisch. In seinem Vorleben in Friesland hat er auf Fahrturnieren im Einspänner und im Tandem Titel und Championate errungen. Bei mir wird er Dressurpferd werden; das beste und begabteste Pferd, das ich je besessen habe. Seine Bewegungen sind geschmeidig und schwungvoll, er ist elektrisch und empfindlich und sein Körper so elastisch und voller Beweglichkeit, wie ich es noch nie bei einem friesischen Pferd erlebt habe. Sein Galopp ist geradezu spektakulär. Nie in meinem Leben habe ich ein derartiges Pferd geritten, und ich werde vermutlich niemals wieder ein vergleichbares besitzen.

Pferde und Literatur, diese Verbindung, von der ich seit jeher phantasiere, verkörpert ausgerechnet Ulrig für mich. Auf welche Weise? Das Literaturarchiv der Berliner Akademie der Künste hat ihn finanziert, S. ihn posthum gesponsert. Doch das ist eine andere Geschichte, die ich erst später erzählen will …

16. Mai

Wer kümmert sich um hundert Kronen? Ich habe sie heute auf der Trabrennbahn verloren und bin selten so zufrieden über einen Verlust gewesen. Donnys erster Start seit langem. Er benahm sich einwandfrei, hatte lange die Führung inne und endete schließlich als Vierter. Ich hatte auf Anraten seines Trainers auf Sieg gesetzt, und ein Sieg war diese Platzierung ja in jedem Fall, zumindest für mich. Für Donny hingegen war sie vermutlich lebensrettend. Ob er sich dessen bewusst war?

Der Tod ängstigt kein Tier. In diesem Punkt sind Pferde klüger als Menschen. Einzig das Sterben ist beunruhigend wie jeder Übergang vom Vertrauten ins Unbekannte. Durchlebt nicht jeder Säugling, der zur Welt kommt, ein vergleichbares Trauma? Dennoch ist das Schreien eines Neugeborenen allgemein ein Anlass zu Hoffnung und Heiterkeit und nicht zu Tränen. Sonderbare Vorstellung: eine Krankenschwester mit einem Neugeborenen im Arm, in solidarische Tränen des Mitleids aufgelöst …

UNTERWEGS

Ich hatte meinen türkisgrünen Renault 4 gegen einen alten, ausgebauten Bedford mit Schlafkoje und Herd getauscht. Nun besaß ich ein Haus auf Rädern und war frei, wünschte S. Glück und alles Gute für sein altes Leben in Zehlendorf und brach in mein unbekanntes, neues auf.

Orpheus hatte ich zeitweilig in einem Trabergestüt in der Nähe meiner Eltern untergebracht. Es lag am Waldrand, hatte große Weiden und schöne, helle Boxen. Den Trabern im Schleswig-Holsteiner Pfeilshof ging es gut. Das Training der Pferde fand auf sandigen Waldwegen und stets in der freien Natur statt. Die Pferdepflegerinnen, zwei einfache und freundliche Mädchen, verbrachten dort auf dem Gestüt recht einsame und eher kontemplative Tage. Würde ich so leben können?

Die Welt der Traber war bei weitem nicht so nobel und vornehm wie die der Dressurpferde. Sowohl Pferde als auch Menschen dieser beiden unterschiedlichen Pferdeszenen hatten kaum Berührungspunkte. Während die Dressurszene eher ein Tummelplatz der Gutbetuchten war, waren in der Traberszene Arroganz und Dünkel selten.

Es gab in der Pferdewelt so viele Winkel und Nischen: Reitpferde, Galopper, Traber, Isländer, Araber, Freizeit- und Turnierpferde, Dressur- und Springpferde, Barockpferde, Kaltblüter, Gangpferde, Distanzpferde, Ponys, Westernhorses. Zu jeder Gruppierung gehörte ein anderer Besitzer- und Menschentyp und eine andere Szene. Gute Pferdehaltung und gutes Reiten folgten jedoch immer denselben grundsätzlichen Prinzipien.

Ich half kurzfristig auf einem Fahrturnier als Groom und

Pferdepfleger aus, und auch das war für mich eine völlig neue Erfahrung. Fahrer sind ein ganz besonderer Menschenschlag, der mit beiden Füßen auf der Erde steht. Auf dem Kutschbock zu sitzen und zwei oder gar vier Pferdestärken vor sich zu haben und zu dirigieren, ist ein mächtiges Gefühl; so viel Kraft und Power zu verwalten fraglos eine Herausforderung.

Ein Fahrpferd muss diszipliniert und unbedingt gehorsam sein und zugleich Vertrauen zu seinem menschlichen Partner haben; ansonsten wird das Fahren gefährlich. Auf dem großen Turnier herrschte zwischen den Konkurrenten eine kameradschaftliche Stimmung, wie ich sie von Dressurwettbewerben nicht kannte. Jeder half jedem, wenn Not am Mann war. Ich bekam eine Kaufofferte für Orpheus, den ein Fahrer in sein Vierergespann mit Oldenburger Rappen integrieren wollte. Doch natürlich war der für kein Geld der Welt zu verkaufen; die einzige Konstante in meinem Leben, in dem sich ansonsten nichts mehr recht an seinem Platz befand.

18. *Mai*

Die Nachtigall im Fliederbusch vor meinem Schlafzimmerfenster hat mich gestern in den Schlaf gesungen und früh am Morgen wieder geweckt. Bevor ich die Pferde füttere, setze ich mich mit einem Becher Kaffee auf die Veranda und bewundere das Morgenrot. Über dem grauen Blechdach des Pferdestalles glüht eine rötlich-violett-orange Farbpalette. Hobbit liegt im Gras unter dem blühenden Birnbaum, den Kopf leicht auf den Boden abgestützt, die Augen halb geschlossen. Wovon träumt ein Pony?

Ich schätze diese frühen Morgenstunden, in denen der neue Tag noch unverbraucht und so erstaunlich vielversprechend vor mir liegt. Von diesem Leben habe ich als Kind geträumt: mit Pferden arbeiten und Bücher schreiben. Damit tatsächlich heute meinen Lebensunterhalt bestreiten zu können, erscheint mir als ein großes Privileg.

Heute ist »kosläpp« auf dem Hof von Hanna in Dödevi. Kosläpp, das bedeutet: Zum ersten Mal in diesem Jahr werden die Jungtiere aus dem winterlichen Aufenthalt im Laufstall auf die Weide entlassen. Die Jungbullen und Färsen, oft zunächst einmal geblendet vom Sonnenlicht, nehmen dann mit übermütigen Bocksprüngen von den üppigen Weideflächen Besitz, auf denen sie Sommer und Herbst in relativer Freiheit verbringen werden. Auf dem Hof lädt man zu Kaffee und Kuchen ein, Hunderte von Zuschauern werden erwartet, und mich hat Hanna gebeten, anlässlich des Festtages eines meiner Friesenpferde vorzureiten und meine Methoden der Ausbildung junger Pferde zu demonstrieren. »Das ist zugleich Reklame für deine Arbeit und für Sandströms Pferde«, mailte sie mir. Natürlich habe ich zugesagt, zumal auch Hanna eine von Sandströms Pferdekundinnen ist. Seit zwei Jahren besitzt sie Wilco, einen großen, gutartigen Friesenwallach, mit dem sie nach ihren langen und anstrengenden Tagen in der Landwirtschaft oft abends ans Meer reitet. In diesen Stunden kann sie alle Verpflichtungen und Verantwortung, die der große landwirtschaftliche Betrieb mit gut hundertzwanzig Milchkühen mit sich führt, einmal vergessen. Der Hof ist einer der modernsten in der Gegend. Doch die Milchpreise sind gesunken, und selbst für Betriebe wie Hannas, die viel investiert haben und nun ganz von der europäischen Landwirtschaftspolitik und deren Zuschüssen abhängig sind, ist die Rentabilität heute keine Selbstverständlichkeit mehr. Wenn ich daran denke, kommt mir die Freiheit meines relativ einfachen Lebens umso wertvoller vor.

Soll ich Gabe oder Ulrig mitnehmen? Ich entscheide mich dieses Mal für Gabe. Als er auf Hannas Hof den Pferdehänger verlässt, scheint er genau zu wissen, worauf es ankommt: Sein Arbeitstag hat begonnen. Die ersten Besucher sind bereits eingetroffen, und ein älteres Paar will Fotos von meinem stolzen Rappen machen. Eine junge Frau im Rollstuhl fragt, ob sie ihn streicheln dürfe. Gabe ist immer professionell, wenn es gilt, Reklame für das Friesenpferd zu machen. Er stellt sich in Positur für die Kamera und senkt, als die Bilder im Kasten sind, den Kopf, um mit seinen Nüstern sehr sanft die geröteten Wangen der Rollstuhlfahrerin zu berühren. »Was für ein Fabelwesen!«, sagt sie und streichelt ihm gerührt die Stirn.

Ich führe Gabe zuerst an der Doppellonge vor und erkläre dem Publikum, warum ich meinen Pferden nicht nur die Grundlagen, sondern auch die schwierigeren Dressurlektionen zunächst vom Boden aus und ohne Reiter auf dem Rücken beibringe. Diese Methode hat sich für mich während der vergangenen Jahre sehr bewährt und auch das Risiko beim Anreiten junger Pferde ungeheuer vermindert. Geschmeidige Übergänge von einer Gangart in die andere, Seitengänge, Rückwärtsrichten, Tempowechsel innerhalb einer Gangart; all das können meine eigenen Pferde, noch bevor ich das erste Mal in den Sattel steige. Diese Ausbildung vom Boden aus fördert körperliche Balance und Beweglichkeit und gibt dem jungen Pferd ein besseres Selbstvertrauen. Im Gelände lasse ich die jungen Pferde im Schritt und Trab vorangehen. Das macht sie mutig. Meine Stimme, meine Hände und meine Körpersprache sind meinen Pferden bereits so vertraut, dass das erste Aufsitzen und Anreiten in der Regel dann völlig unproblematisch verläuft. Ich brauche niemanden, der das junge Pferd festhält, bitte lediglich Hansen oder einen anderen Helfer, mit einer Schaufel Hafer bereitzustehen. Ein Pferd, das genüsslich kaut, muss sich dabei körperlich entspannen. Wenn ich dann im Sattel sitze, beuge ich mich langsam und sehr vorsichtig vor und biete dem Pferd in meiner ausgestreckten Hand ein Stück Zucker oder einen anderen Leckerbissen an. Dadurch nehme ich ihm die Furcht, die leicht entsteht, wenn der ungewohnte Reiter sich auf seinem Rücken bewegt. »Das sieht ja alles so einfach aus«, sagt Hansen stets, und es klingt fast ein wenig enttäuscht.

Meine körperlichen Reiterhilfen setze ich zunächst sehr sparsam ein, um das junge Pferd nicht zu verängstigen. Da es meine Stimme und deren Kommandos bereits so gut kennt, brauche ich kaum andere Hilfen. Fram bedeutet vorwärts. Ho bedeutet halt. Sid bedeutet seitwärts, back rückwärts. Allmählich verbinde ich dann die stimmlichen Kommandos mit den Schenkel-, Gewichts- und Zügelhilfen und bringe dem jungen Pferd so völlig stress- und angstfrei die Grundlagen der Reiterei bei.

Nach der Demonstration an der Doppellonge führe ich Gabe schließlich unter dem Sattel vor. Ich reite meine eigenen Pferde stets ohne Gerte und Sporen. Mir ist sehr wichtig, dass sie freiwillig und freudig vorwärtsgehen und so empfindlich auf meine Schenkel- und Gewichtshilfen reagieren, dass Sporen oder eine Gerte überflüssig sind. Die Gehfreude erhält man am besten, wenn man viel draußen und auf großen, freien Flächen reitet. In einer Reithalle verlieren die meisten Pferde auf die Dauer an Lebenslust und Vorwärtsdrang. Manchmal benötigt man eine seitliche Begrenzung, um den Pferden gewisse Dressurlektionen begreiflich zu machen. Doch ein Weidezaun, ein Knick oder eine Hecke können die Reithallenbande oder Reitplatzbegrenzung sehr gut ersetzen.

Ich fordere von meinen Pferden Respekt. Sie müssen mich als tonangebend und als ihren Leiter akzeptieren. Doch auch ich bringe ihnen Respekt entgegen. Ich lobe sie oft und weise sie nur selten zurecht. Das ausbleibende Lob ist für ein empfindsames Pferd Strafe genug. Zwang und Härte haben in meiner Ausbildungsphilosophie keinen Platz. Was ihnen Konsequenz, Geduld, Ausdauer, Liebe und Lob nicht beibringen können, das brauchen meine Pferde nicht zu lernen.

21. *Mai*

Heute rief mich eine Frau aus Löttorp an. Sie hatte Gabe in Dödevi beim »kosläpp« gesehen und gehört, dass ich seit einem halben Jahr ein neues, eigenes Pferd in meinem Stall stehen habe: Ulrig. Ob Gabe nun zum Verkauf steht, will sie wissen.

»Nein«, gebe ich ihr eigenmächtig und ohne Sandström zu fragen zur Antwort. »Gabe ist unbezahlbar und unverkäuflich.« Was Sandström als Gabes Besitzer zu dieser Frage zu sagen hat, weiß ich nicht. Er weiß, Gabe ist unser Reklamepferd, und Gabes Verkauf haben wir bislang nie diskutiert. Wer nicht fragt, denke ich mir, bekommt auch keine unerwünschten Antworten.

VON BERZONA NACH BARFÖRDE

S. war in Berlin, ich zurück in Schleswig-Holstein. Er war in Gesellschaft einsam, ich war auf mich selbst gestellt und frei. Ohne festen Wohnsitz, ohne festgelegte Lebenspläne. Was sollte aus mir werden? Mit Pferden arbeiten und schreiben. Konnte man beides wirklich miteinander kombinieren?

Meine ersten Artikel, die ich ganz naiv an »Die Zeit« geschickt hatte, waren tatsächlich dort erschienen. Meine Reportage über die Versuchstiere in der Physiologie der Veterinärmedizin hatte einen Sturm von Leserbriefen und lebhafte Diskussionen ausgelöst. (Inzwischen finden solche Versuche an den Universitäten nicht mehr statt.) Ich hatte ein Kinderhörspiel für den RIAS Berlin geschrieben und war dort freie Mitarbeiterin eines Büchermagazins für Kinder und Jugendliche.

Durch Zufall kam ich auf einem Fest ins Gespräch mit der älteren Chefredakteurin einer Schweizer Frauenzeitschrift, die sich in meiner Entschlusslosigkeit wiedererkannte. »Wenn du Journalistin werden willst, versuch doch, ein Interview mit dem berühmtesten Mann der Schweiz zu bekommen. Das wird nicht einfach und vielleicht sogar unmöglich sein. Aber sollte es dir gelingen, so drucken wir es, das garantiere ich«, sagte sie und gab mir eine Telefonnummer: die von Max Frisch.

Meine erste Begegnung mit Frischs Romanen als Fünfzehnjährige war inzwischen sieben Jahre und etliche Leben her. Der berühmte Schriftsteller lebte, wenn er sich nicht in New York oder Zürich aufhielt, zurückgezogen im Bergdorf Berzona im Tessin. Warum sollte ich es nicht versuchen?

Ich rollte also in meinem Wohnmobil auf gut Glück gen Süden und rief von einer Telefonzelle an der Autobahn aus mit entsprechendem Herzklopfen die Schweizer Nummer an; erstaunt darüber, dass sich am anderen Ende der Leitung tatsächlich eine menschliche Stimme meldete. Die klang schweizerisch-freundlich und etwas reserviert. Nein. An Journalisten und an Interviews hatte er keinen Bedarf. Doch bevor ich enttäuscht auflegte, sagte er: »Sie hören sich sehr jung an. Wie alt sind Sie eigentlich?«

Er sei zurzeit recht müde, sagte der Siebzigjährige, doch ich könne es ja irgendwann noch mal versuchen. Er gab mir den väterlichen Rat: »Manchmal hilft einem ja im Leben etwas Hartnäckigkeit.«

Beim zweiten Anruf sagte er wieder nein. Dann: »Vielleicht ein andermal.« Dann: »Ich gewöhne mich an Ihre Stimme und Ihre Anrufe!« Beim vierten Mal dann: »Geben Sie nie auf? Ich sitze gerade einsam bei einem Glas Wein. Wenn Sie in der Nähe wären, könnten Sie mir ein Stündchen Gesellschaft leisten.« Ich war noch zweihundertfünfzig Kilometer von Berzona entfernt; doch immerhin auf dem Weg.

»Sie scheinen hartnäckig zu sein«, stellte er fest, was ich bejahte. Und schließlich hatte ich meinen Termin.

Das Bergdorf Berzona befand sich etwa vierzig Autominuten von Locarno entfernt (wieder der Lago Maggiore, doch dieses Mal war ich ihm gnädiger gesonnen!) im urwüchsigen Onsernone-Tal, und der Weg dorthin mit seinen scharfen Kurven, den überhängenden Felsen und schroffen Abgründen war geradezu lebensgefährlich. Der entgegenkommende Verkehr schien kein Tempolimit zu kennen, und ich musste mich so auf die Straße konzentrieren, dass ich meine Nervosität darüber fast vergaß. Das Dorf selbst mit seinen kleinen, grauen Steinhäusern, Treppen und Winkeln lag ruhig und idyllisch abseits der Straße. Rechter Hand dann das von Wald umgebene Grundstück, und ein kleiner, freundlicher Mann mit leicht schrägstehenden Augen hinter großen Brillengläsern erwartete mich am Gartentor. Max Frisch.

Das Interview verlief glimpflich. Als ich aus dem Konzept

kam, half er mir aus und gab bereitwillig Auskunft selbst über Dinge, die ich ihn in meiner Nervosität zu fragen vergessen hatte. Nach zwei Stunden war alles überstanden. Ich packte meine Sachen zusammen und bedankte mich für das Gespräch, und er schenkte mir eine weitere Tasse Kaffee ein, lehnte sich behaglich in seinem Sessel zurück und befragte mich nun nach meinen Plänen und nach meinem Leben.

Schreiben. Pferde. Er zog an seiner berühmten Pfeife und musterte mich mit ironisch-freundlichem Blick.

»Was halten Sie davon, zwei, drei Tage hier zu bleiben? Folgende Abmachung: tagsüber haben Sie frei, abends bekoche ich Sie, und Sie unterhalten mich. Ich koche übrigens gern und ganz gut.«

Aus den zwei Tagen wurde eine gute Woche. Frisch plante minutiös meine täglichen Ausflüge in die Umgebung, gab mir eine Landkarte und kleine Zettel mit seiner Telefonnummer mit, für den Fall, dass ich mich verfahren sollte. Manchmal kam er mit. Dann saß er am Steuer seines Wagens, fuhr immer etwas zu schnell und zeigte mir die wilde Landschaft des Tales und eine alte Kirche, die ich gesehen haben müsse, und unterwegs kehrten wir ein, um in einer Bar ein Glas Weißwein zu trinken, das er auf Italienisch orderte.

Abends entkorkte er dann eine weitere Flasche Wein, und während er in der kleinen Küche des Hauses das Gemüse putzte und die Forellen ausnahm, stand ich, in Sachen hausfrauliche Fertigkeiten ganz ohne Talent und Ambitionen, meist irgendwo mit meinem Weinglas in der Hand im Wege, sah ihm zu und erzählte ihm Geschichten aus meinen zweiundzwanzig Jahren mit Märchen, Pferden und Nachtigallen, was ihn offensichtlich amüsierte.

»Kennen Sie Fontane?«, wollte er wissen.

Mein Vater hatte uns, als wir Kinder waren, »Effi Briest« vorgelesen, daran erinnerte ich mich gut. Es war gemütlich, wenn er uns vorlas, und Fontane gefiel uns, zumal mein Vater an Kinderbüchern kein Interesse hatte.

Frisch nickte.

»Auch das könnte von Fontane sein: die lange Sylvia vom

nördlichen Flachland. Mit Wind ums Haus und mit Pferden und Wind in den Mähnen und einer Schreibmaschine. Ja, das schon auch.«

Wir aßen im Garten an einem Steintisch in guter Gesellschaft von Grillen, Vögeln und einem irgendwo in der Tiefe rauschenden Bach. Später, als es draußen zu kalt und dunkel wurde, machte er ein Feuer im Kamin des Hauses, und wir gingen zu Strega über, während wir jeder das Lebensgefühl des anderen auszuloten versuchten. Wie fühlt man sich mit siebzig, erkundigte ich mich, wenn man fast alles bereits erlebt und erreicht hat? Wie mit Anfang zwanzig, wollte er wissen, wenn man noch so gut wie alles vor sich hat?; er erinnerte sich nur dunkel, es war so lange her.

Anfang der achtziger Jahre war es schwer, ganz unpolitisch zu sein. Die geplante Stationierung neuer, atomwaffenfähiger Raketen machte Deutschland zum Brennpunkt eines Konflikts zwischen den wettrüstenden Supermächten. Die unfassbare Apokalypse war in den Bereich des Möglichen gerückt. Bestürzung und eine ungläubige Angst vermischten sich in meiner Lebensstimmung mit einem trotzigen Lebenshunger zu einer zeitweilig leichtsinnigen, fast sorglosen Daseinsfreude. Wenn wir womöglich keine Zukunft hatten, so war es wohl immerhin angebracht, so intensiv wie möglich den Augenblick zu kosten, vor allem, wenn in einem Leben wie meinem die Vergangenheit noch so wenig wog. Für Frisch war das natürlich anders. Seine siebzig Jahre gelebten Lebens mit persönlichem Scheitern und beruflichen Erfolgen hatten da ein anderes Gewicht und sorgten für mehr Bodenhaftung. Fürs Schreiben, sagte er, mangele es ihm nicht an Ideen, sondern an Motivation. Er glaubte nicht mehr an das Erzählen von Geschichten. Womöglich an Lyrik und an Sprache als Beschwörungsmittel.

Von der Lyrik dann zum Leben und zu dessen großen Themen, der Liebe, dem Tod, bis er gegen Mitternacht müde wurde und mir, während er sich aus seinem Sessel erhob, wie beiläufig mitteilte: »Ich habe Ihnen den Pool geheizt, das Wasser ist nun angenehm.«

Und so schwamm ich unter einem hohen und dekorativen Tessiner Sternenhimmel splitternackt in Max Frischs wohltemperiertem Pool. Es war sehr still, und die zerrissene Welt hielt für ein paar Züge den Atem an. Im oberen Geschoss des Hauses, dort, wo der Hausherr schlief, ging jetzt das Licht aus, und ich glaubte, im unteren Rand des Fensters ein paar Brillengläser funkeln zu sehen. Alles hatte im Leben seinen Preis, doch manches Kostbare war recht preiswert zu haben.

Dann standen wir wieder am Gartentor, und er hatte meinen letzten Abstecher auf der Fahrt gen Norden geplant. Ich sollte nach Zillis fahren und in der St.-Martins-Kirche die romanische Bilderdecke sehen; vor allem aber die Pferde der drei Könige. Die würden mir gefallen! Mir war längst klar, die Reportage würde ich nun nicht mehr schreiben können. Ich wollte kein Verräter sein.

»Die Pferde und die Poesie. Daran sollten Sie sich im Leben halten!«, sagte er zum Abschied, und ich gelobte ihm, diese denkwürdige Woche in Berzona und ihn mein Leben lang in der Erinnerung und in meinem Herzen zu behalten. Ein Versprechen, das ebenso leicht zu geben wie zu halten war.

Zurück im Norden, fand ich in meinem alten Kinderzimmer auf dem ehemaligen Schreibtisch des hässlichen Entleins dreiundzwanzig nummerierte Briefe vor. S. hatte sie in Ermangelung meiner aktuellen Anschrift an die Adresse meiner Eltern geschickt. Ein Brief für jeden Tag meiner Abwesenheit.

Er hatte es in Zehlendorf nicht lange ausgehalten und wohnte nun kurzfristig bei einem befreundeten Maler in Charlottenburg. Er bestürmte mich, zu ihm zurückzukommen. Als er einsah, dass Berlin für mich keine Alternative mehr war, erklärte er sich bereit, um meinetwillen seiner Stadt den Rücken zu kehren. Als auch das nicht fruchtete, malte er sich und mir ein gemeinsames Leben auf dem Lande aus, irgendwo in Norddeutschland. Ich wollte frei sein. Doch zugleich tat er mir leid, und das erfüllte ihn mit neuer Hoffnung. Kurzentschlossen flog er nach Hamburg, um mich mit noch konkreteren Plänen in Versuchung zu führen. Er hatte durch ein Zeitungsinserat ein Bauernhaus in Barförde an der Elbe gefunden, das langfristig zu verpachten war. In der Tenne konnten Pferde unter einem Dach mit uns wohnen, und etwas Weideland lag auch direkt am Haus. Das war für mich letztlich ausschlaggebend.

Ich setzte mich über meine Bedenken hinweg, und leichtfertig tauschte ich meine flüchtige Freiheit gegen die komplizierte Bürde der Verantwortung und mein anspruchsloses Haus auf Rädern gegen einen goldenen Käfig in Form eines stattlichen Niedersachsenhofs mit Fachwerk, Reetdach und Pferdeboxen ein.

25. *Mai*

Vincent ist eingetroffen. Helens charaktervolles Pferd, das aussieht, wie einem barocken Gemälde entsprungen. Ein leicht konkav gebogenes Profil, große, wache Augen und ein muskulöser und kompakter Körper. In seinem Blick liegt Intelligenz und Eigensinn. Ich weiß genau, warum ich seiner relativ unerfahrenen Besitzerin davon abgeraten habe, mit dem Reiten ohne meine Hilfe zu beginnen.

Vincent ist dem Stockmaß nach eher klein, er misst kaum mehr als 1,60 Meter. Doch er deckt einen langen Reiter wie mich allemal ab und wirkt unter dem Sattel sehr viel größer. Die Subjektivität der Zahlen, wenn es um die Größe eines Pferdes geht, hat selbst Mathematiker Hansen inzwischen eingesehen. Wie groß ein Pferd wirklich ist, bestimmt das menschliche Auge. Ein Friesenpferd wirkt stets größer und eindrucksvoller als ein Warmblut mit denselben Maßen. Das hat mit der stolzen Haltung des Friesen zu tun, seinem hoch aufgesetzten Hals und dem Kaliber seines Körpers, die diesen barocken Pferden eine so selbstsichere Ausstrahlung verleihen.

Vincent kauften wir vor fünf Jahren in Friesland. Er war gerade drei Tage alt, recht scheu, und vor allem seine Mutter, eine imposante Rypke-Stute, hatte es uns angetan; vermutlich, jedenfalls dem Geburtsjahrgang nach, war sie eine echte Rypke-Tochter. Hansen und ich waren uns schnell einig: diesen kleinen Hengst nehmen wir nach Schweden mit!

Ich bin in der Regel recht gutgläubig. In demselben Maße ist Hansen misstrauisch. Doch in diesem Falle vertraute er dem Züchter des kleinen Vincent und bezahlte das Fohlen sofort. Eigentlich ist das erst bei der Lieferung mit etwa einem halben Jahr üblich, doch wir wenden uns für den Transport der Pferde stets an eine Spedition. Vermutlich würden wir vor dem Spätherbst nicht noch einmal nach Holland kommen. Hansen bezahlte das Fohlen deshalb an Ort und Stelle bar.

Das hätte er nicht tun sollen. Denn das erbarmungswürdige Wesen, das dann Mitte September zögernd aus dem Lastwagen stakste, sah aus wie seine eigene Karikatur. Ein hässlicheres Fohlen hatten weder Hansen noch ich jemals gesehen. Sein Fell war von einer undefinierbaren Farbe, die einem schmutzigen Braunviolett ähnelte. Es war viel zu klein für sein Alter und sah wie von Motten zerfressen aus. Der Bauch war aufgedunsen, das Rückgrat und die Rippen traten spitz hervor, der Hals war dünn wie der einer Pute, der Kopf viel zu groß, und der Blick strahlte eine solche Verlorenheit aus, als würde das arme Geschöpf sich seiner Missgestalt bewusst sein und sich ihrer schämen. Ein richtiges hässliches Entlein. Sein Züchter hatte es weder ausreichend gefüttert noch entwurmt. Von der Pflege der Hufe gar nicht erst zu reden.

Zur selben Zeit hatte ich einen Anruf eines Mannes aus einem der Nachbardörfer bekommen. Seine Frau wurde vierzig. Und sie wünschte sich seit ihrer Kindheit einen schwarzen Hengst. Sie bewunderte stets meine schönen Friesenpferde, und er wollte ihr zu ihrem Geburtstag nun den langgehegten Wunsch erfüllen und ein Friesenfohlen schenken.

Es standen für das Geburtstagskind in meinem Stall zwei Fohlen zur Auswahl: ein kräftiger, kohlschwarzer Jährling, der trotz seines pubertierenden Alters einen harmonischen Körperbau und einen hübschen, edlen Kopf hatte. Und das hässliche Entlein. Vincent. Geburtstagskind Helen hatte die freie Wahl.

Sie wählte Vincent. Überraschend für uns alle, sah sie dieses Zerrbild eines jungen Friesenhengstes und entschied, ohne lange zu überlegen: »Der da ist mein Pferd!«

Mir hat diese Entschlusskraft damals imponiert. Helen konnte ja nicht wissen, was ich ahnte: dass das dreitägige, schöne Fohlen von einst wieder sichtbar werden würde, wenn es erst, gut gefüttert und gepflegt, zu einem jungen Pferd herangewachsen war. Sie hatte wenig Erfahrung mit Pferden, nie zuvor ein Pferd gekauft und wurde für ihr Mitgefühl belohnt: Vincent hat sich zu einem beeindruckenden und vielversprechenden Pferd entwickelt, dessen Ausbildung viel Freude macht. Er hat eine ungewöhnliche Kontrolle über seinen sehr kompakten, muskulösen Körper und ist gelehrig und gewitzt. Eine richtige Pferdepersönlichkeit und eine Schönheit, sobald er sich unter dem Reiter in Bewegung setzt. Kein hässliches Entlein mehr, sondern inzwischen ein stolzer, selbstbewusster, schwarzer Schwan …

31. *Mai*

Fototermin mit Helen. Sie ist eine geschickte Fotografin und war, in ihrer Stockholmer Zeit und bevor sie nach Öland zog, in einer Marketingabteilung angestellt. Diese Fototermine sind ziemlich arbeitsintensiv. Die Pferde müssen auf Hochglanz geputzt, Satteldecken und Bandagen frisch gewaschen sein. Das Licht muss stimmen und die Sonne im richtigen Winkel stehen. Abends ist das Licht im Sommer am besten für Pferdefotos geeignet.

Pferde sind, wie Menschen, unterschiedlich fotogen. Von den Pferden in meinem Stall ist Gabes Charisma am allerwenigsten auf Bildern einzufangen. Er, der allen, die ihn in natura erleben, so sehr imponiert, sieht auf Fotos enttäuschend gewöhnlich und ein wenig grob aus.

Pferdefotografie. Unmöglich, an einem solchen Tag nicht an »Das Auge« zu denken; meinen Freund Bernd Eylers in Oldenburg, der etliche Jahre lang in Deutschland Pferdefotograf Nummer eins war. Und an Hans Pätsch und unser Pferdemärchen, dessen Manuskript nun seit Jahren in einem dicken Aktenordner in meinem Regal steht und in dem es um die Sprache der Pferde geht. Eine eigensinnige und lautlose, aus Bildern, Rätseln und Poesie bestehende Sprache, in der es sich schillernder träumen, luftiger denken lässt als in unserer so plump daherlärmenden Menschenmundart.

Dann kann ich Hans Pätschs berühmte Märchenerzählerstimme wieder den Anfang meines Märchens lesen hören: »War es gestern, war es letzten Sommer, ist es noch viel länger her ...«

JUNGE PFERDE

Barförde war ein Hundertseelendorf direkt am Elbdeich. Auch hier behelligte die Weltpolitik recht aufdringlich die private Idylle. Denn die Elbe trennte in der Mitte ihres Fahrwassers Ost von West, und wenn ich auf dem Elbdeich in der Sonne saß, konnte ich im hohen Wachturm am anderen Ufer die Silhouetten der zwei diensthabenden, bewaffneten Grenzsoldaten sehen. Manchmal winkte ich, doch sie winkten nie zurück. So entspannt würde die Lage zwischen Ost und West wohl niemals sein. Glaubte man damals …

Unser Haus lag direkt hinterm Deich und dem sogenannten Katastrophenweg, einer asphaltierten Spur, die im Normalfall für den Autoverkehr gesperrt war und auf deren grünem Seitenstreifen es sich vorzüglich bis zu den lauschigen, einsamen Elbwiesen reiten ließ. Die Wiesen waren oft überschwemmt, so dass die Pferde dort durchs tiefe Wasser waten mussten. Das klatschende Geräusch der Pferdehufe im Wasser, der leichte Wind im hohen Gras und das Lied der Lerchen hoch oben in der Luft, die ja angeblich von Minne und von Engelswonnen singen, machten die Geräuschkulisse der schönsten meiner dortigen Sommertage aus. In Vollmondnächten hing ein satter, gelber Mond mit einer Farbe fast wie Honig über dem flachen Land.

Das Haus war hundertzwanzig Jahre alt, und unter seinem Reetdach herrschte ein angenehmes Klima. Viel Platz für zwei einander wohlgesonnene Menschen und einen Hund. In der Diele hatten wir eine Tischtennisplatte aufgestellt, wo S. und ich manchmal nach Mitternacht spielten. Dann war für ihn sein mindestens fünfzehnstündiger Arbeitstag am Schreibtisch endlich zu Ende. Er schrieb an einer dreizehnteiligen Fernsehserie und war, was die Abgabetermine betraf, stets hoffnungslos verspätet. Mir fiel die Aufgabe zu, mit dem zuständigen SFB-Redakteur zu flirten, um zu verhindern, dass man S. eine Konventionalstrafe auferlegte. Studios und Schauspieler waren ja schließlich lange im Voraus gebucht. Ich, die kleine Schwester, war in der Diplomatie des Hoffnungmachens und Beschwichtigens alles andere als eine Anfängerin, und im Flirten wurde ich zusehends besser. Was S. zugleich beruhigte und beunruhigte.

Auch ich hatte ein eigenes Arbeitszimmer mit Blick auf den Deich, saß allerdings eher selten am Schreibtisch. Ein paar Aufträge für den RIAS, ein Paar Buchrezensionen fürs »Deutsche Allgemeine Sonntagsblatt«. Ansonsten traf man mich im Pferdestall an, vielmehr in zahlreichen Pferdeställen der Umgebung. Dort ritt ich junge Pferde ein.

Anfangs hatte ich einem Pferdezüchter im Dorf dabei geholfen, eines seiner zum Verkauf stehenden Pferde, das als schwierig galt, zuzureiten. Das hatte sich herumgesprochen, und die Anfragen kamen. Ob ich auch rohe Pferde einritte? Ich sagte ja. Kein Problem. Dass ich mit ganz grünen Pferden bislang keine Erfahrung hatte, behielt ich für mich. Irgendwie, dachte ich mir, würde es schon gehen.

Roh war wirklich der rechte Ausdruck für die Mehrzahl dieser jungen Pferde, meist Stuten, die kaum in ihrem Leben je eine Trense und schon gar keinen Sattel gesehen hatten. Learning by doing war fortan meine Devise.

Viele dieser Jobs waren halsbrecherisch, die kaum hantierten Pferde ängstlich und verspannt und die zur Verfügung stehende Zeit immer zu knapp. In zugigen Reithallen oder auf steinigen Außenplätzen ließ ich mir meine Bedenken nicht anmerken, sondern zwang mich zu Optimismus und Gelassenheit. Und oft waren die jungen Pferde von der Situation so schockiert, dass sich mit etwas Glück und Geschick alles zum Guten wenden ließ.

Es war ein bisschen so, wie auf einem Seil zu tanzen. Balance, auch die auf dem Pferderücken, erfordert, dass man sich entspannt, keine Angst hat, nicht in die Tiefe sieht und vorwärtsdenkt. Tief durchatmen und nicht festklammern. Einem Pferd kann man in puncto Angst und Unsicherheit nichts vormachen. Es spürt, wenn man den Atem anhält und die Muskeln sich verspannen. Die klügeren, wacheren Pferde haben außerdem nicht selten die Fähigkeit, nicht nur Gefühle, sondern auch zumindest einen Teil der Gedanken ihres Reiters zu lesen. Einem Wesen, mit dem man in der Körpersprache kommuniziert, macht man so leicht nichts vor. Wer sich alle Risiken und Gefahren im Detail ausmalt, liegt bereits im Sand.

In dieser Zeit lernte ich, besser als in meiner Lehrlingszeit, zu lesen, was in einem Pferd vor sich geht. Das war für mich nun überlebenswichtig. Es galt zudem, eine Sprache zu finden, die auch ein mir unbekanntes Pferd verstand.

Stuten waren meist komplizierter als Wallache und Hengste. Sie haben im allgemeinen weniger Sinn für Humor, sind empfindlicher und eher nachtragend, und hormonelle Schwankungen wirken sich auf ihre Laune aus. Das ist ja bei manchen Frauen nicht anders (zu denen ich glücklicherweise nicht gehöre). Diplomatie war hier gefragt. Stuten musste man tunlichst um den kleinen Finger wickeln, anstatt sie zu bevormunden oder gar zu unterdrücken; ein Fehler, den eine Stute einem nie verzeiht.

Im Rückblick auf diese Zeit kann ich mich nur wundern, wie verhältnismäßig unbeschadet ich all diese Aufträge überstanden habe. Außer ein paar blauen Flecken und einer leichten Gehirnerschütterung verlief alles glimpflich.

In der Umgebung war ich bald allseits bekannt, oder besser gesagt, man kannte uns als Paar: Herrn S. und sein Fräulein Sylvia, so nannten sie uns; der berühmte ältere Schriftsteller und seine junge Freundin, die eine gute Hand mit Pferden hatte.

Unser Leben verlief harmonischer und glücklicher als in Berlin. Auch S. lernte das Landleben zu schätzen, ohne die Großstadt zu vermissen. Wir bewegten uns zwischen zwei diametralen Welten; trafen auf unseren Reisen Fernsehleute, Verleger, Schriftsteller und Künstler und hatten zu Hause, in unserem Alltag, eher mit meinen bäuerlichen Auftraggebern zu tun. S. fand Gefallen daran. Er war alles andere als ein Kultursnob und hatte genügend Berliner Cocktailpartys durchlitten.

Die Pferdezüchterwelt war damals sehr bäuerlich geprägt. In dieser Männerwelt wurde bei Bier und Korn viel geredet und geklatscht. Meist trog der äußere Konsens; in Wahrheit gönnte einer dem anderen nichts. Jeder wollte die besseren und besten Pferde haben und natürlich auch den geschicktesten (und gerne billigsten) Bereiter. Ich arbeitete mit hohem Risiko, und der beste Teil meiner Bezahlung bestand aus Erfahrungen, die mir noch heute bei meiner Arbeit mit Pferden zugutekommen; im Nachhinein gesehen kein geringer Lohn. Doch wenn ich manchmal anstatt mit Geld mit ein paar Eiern, einem Schinken oder einem hausgemästeten Huhn nach Hause kam, begann ich mich zu fragen, ob es nicht lukrativer wäre, in Zukunft eigene Pferde zu reiten und zu verkaufen. S. stimmte mir zu. Das Problem des erforderlichen Startkapitals musste ja irgendwie zu lösen sein.

S. hatte ständig Steuerschulden. Er war irgendwann in eine Steuerspirale geraten, aus der es für ihn kein Entrinnen mehr gab. Er schrieb wie ein Besessener, um seine Steuerschulden vom vergangenen Jahr zu bezahlen, und musste dann noch mehr verdienen, um die abermals erhöhten Steuern des folgenden Jahres begleichen zu können. Doch er war zugleich ein Überlebenskünstler. Wenn Ebbe in der Kasse war, schlachteten wir ein Sparschwein, rechneten unsere letzten darin befindlichen Mark- und Fünfzigpfennigstücke zusammen, und für eine Flasche Wein und ein gebratenes Hähnchen reichten die immer. Dann breiteten wir auf irgendeiner Wiese unsere Wolldecke aus und veranstalteten ein Picknick im Freien. »Nun sind wir finanziell am Ende«, sagte S. mit trotziger Kleinjungenmunterkeit. »Mal sehen, wie es weitergeht.« Und es ging immer irgendwie weiter.

Manchmal konnte ich helfen. Ich hatte einen recht beharrlichen Verehrer, einen Schauspieler, der mir als bekennender Polygamist seit langem einen Ehrenplatz in seinem

Damenflor versprach. Er nannte mich »seinen Tautropfen« und schrieb mir schwärmerische Briefe. Wenn er sich in der Nähe befand, lud er mich oft zum Abendessen in Hamburgs feinste Restaurants ein, auch wenn ich selten erschien. Es war nicht immer leicht, eine gute Ausrede zu finden, die bei S. kein Misstrauen erweckte. Obgleich ich ihm bislang keinen Anlass dazu gegeben hatte, engte er mich mit seiner wachsenden Eifersucht mehr und mehr ein und trieb mich damit zu diesen gelegentlichen halbherzigen Fluchten. Er war auf alles eifersüchtig. Auf meine Freundinnen, die ich nicht hatte. Auf meine Schwester, die ich kaum sah, da sie seit einiger Zeit in Schottland lebte. Auf alle Männer und auf die Welt, die mich, wie er zusehends fürchtete, ihm eines Tages entreißen würde.

Es war ja nur ein kleines bisschen Untreue, sagte ich mir, wenn ich nach Hamburg fuhr, um den verliebten Schauspieler zu treffen. Er war eitel und behauptete, einer vornehmen Familie zu entstammen, benahm sich jedoch in meinen Augen eher neureich. Und er hatte die sonderbare Angewohnheit, mir bei jedem unserer opulenten Essen noch vor dem Dessert ein Kuvert mit einer Anzahl an blauen Scheinen zuzustecken; eine Zuwendung, gegen die ich lediglich pro forma etwas protestierte. Warum und wofür er mich bezahlte, ist mir bis heute ein Rätsel. Für erotische Dienste jedenfalls kaum, denn das stets gebuchte Doppelzimmer betrat ich nie. Zur Beruhigung meines schlechten Gewissens legte ich die tausend, manchmal sogar zweitausend Mark in Barförde auf den Schreibtisch des ungeduldig auf mich wartenden S. und behauptete, meine Großmutter hätte mir das Geld geschenkt. Und auch S. nahm, pro forma etwas zaudernd, die Gabe dankend an, um sie entweder an den Fiskus oder die verlassene Berliner Vergangenheit weiterzureichen, die beide, allerdings weder zaudernd noch dankend, annahmen. So war dank etwas Treulosigkeit des Tautropfens schließlich allen ein wenig geholfen!

Genau zur rechten Zeit, nämlich während einer erneuten finanziellen Ebbe, gewann S. einen Literaturpreis, der mit einer fünfstelligen Summe dotiert war. In einem Lüneburger Modehaus kaufte er mir ein langes, samtenes Cape und, da ich alles liebe, was glitzert und glänzt, ein enganliegendes Top aus funkelnden Pailletten. Wir reisten erster Klasse im Zug zur Preisverleihung, und nach der steifen Zeremonie stellte er mich dem noch steiferen, pikierten Bundespräsidenten als »meine Freundin Sylvia« vor, was diesen, eine damenhafte ältere Gattin erwartend, beinahe die Etikette vergessen ließ.

S. war kein Gruppenmensch, und sein Nonkonformismus, seine Respektlosigkeit gegenüber Obrigkeiten, gefiel mir. Allmählich lernten wir einander besser kennen, und wir vertrugen uns oft gut. Wir waren wie zwei schwererziehbare Kinder, die zumindest zeitweilig sturmfreie Bude hatten. Seine Großzügigkeit in materiellen Belangen trug dazu bei, dass das eben gewonnene Geld ihm genauso schnell wieder durch die Finger rann.

Wir flogen nach München zu seinem Verlag. Es waren andere Zeiten als heute. Wenn er kam, wurde der rote Teppich für ihn ausgerollt, und alle standen Spalier. Nach einstündiger Verhandlung im Büro des Verlagsleiters hatte S. die unglaubliche Summe von einhunderttausend Mark Vorschuss ausgehandelt. Er konnte aufatmen, bezahlte erneute Steuerschulden, und am Ende waren ein paar tausend Mark übrig, nicht viel, doch für ein erstes, billiges Verkaufspferd mussten die reichen.

Wir fanden es bei einem eher drittklassigen Pferdehändler in der Nähe von Hitzacker, einem nicht mehr ganz jungen Mann, der soeben auf eine Heiratsannonce hin eine bleiche, mollige Städterin mit leicht verworrenem ehelichen Vorleben gefunden hatte. Nun war er guter Hoffnung, auf diese Art dem Regiment seiner zänkischen Mutter, die auf dem Altenteil des Hofes lebte, zu entkommen. Das Paar empfing uns in der guten Stube des Bauernhofes und erzählte, ungefragt und leicht errötend, die Geschichte seines Kennenlernens.

Im Stall fiel unser Blick auf einen jungen, verängstigt aussehenden hannoverschen Rappen. Er war am Neujahrstag, von verspäteten Raketen erschreckt, in die Umzäunung des Paddocks gesprungen. Von der Verletzung war eine Narbe zurückgeblieben, ansonsten aber war die Lahmheit ausgeheilt.

»Zweitausend«, sagte der frischverliebte Pferdehändler. »Nur heute und nur für euch und wenn ihr gleich zuschlagt. Dann können wir auf Hochzeitsreise gehen.«

Wir schlugen zu.

»Ob die Ehe hält?«, fragte ich S. auf dem Rückweg mit dem noch namenlosen Rappen im Transporter. Er schüttelte mitfühlend und leicht betrübt den Kopf und dachte vermutlich an sein eigenes vergangenes Leben.

»So oder so«, murmelte er, »wird sie ihn teuer zu stehen kommen ...«

Wir nannten den Rappen Doktor Doolittle und stellten ihn in unserer zum Pferdestall ausgebauten Tenne neben den nun welterfahrenen Orpheus. Ich verbrachte viele Stunden im Stall, und nach sechs Wochen saß ich zum ersten Mal im Sattel, während S. dem leicht verdutzten Wallach etwas Hafer gab. Bereits am zweiten Tag ritt ich den Katastrophenweg entlang, und S. winkte mir anerkennend von seinem Fenster im Arbeitszimmer aus zu. Das ist ein Bild, bei dem er mir in der Erinnerung an die Barförder Zeit noch heute am liebsten ist.

Schließlich wurde der Doktor für schwarzweiße Fotos gebadet, eingeflochten und bandagiert; zur Zeit der analogen Fotografie noch eine Geduld erfordernde und kostspielige Prozedur. Die Annonce erschien im Pferdemarkt, und erste Interessenten ließen von sich hören. Meine Begeisterung für das Pferd war echt, und ganz offenbar steckte sie an.

Vorreiten. Ausprobieren. Kaffeetrinken. Smalltalk und Verhandlungen. Und schließlich waren aus zweitausend Mark zehntausend geworden.

»Wir wollten die Hälfte ausgeben, aber Ihrem Enthusiasmus war einfach nicht zu widerstehen«, gestanden mir die glücklichen Käufer.

Auch Lesungen brachten Geld ein. S. unternahm sie ungern allein, und wenn ich konnte, machte ich mich von meinen Pferdeverpflichtungen frei und begleitete ihn. Auf einem Lyrikfestival in Süddeutschland sah ich eine junge Poetin das Podium betreten. Mit glasklarer, leiser Stimme las sie ihre schwierigen Gedichte, und die komplexen Beschwörungsformeln trafen mich mitten ins Herz. Nach der Lesung suchte ich sie im Menschengewimmel, und übergangslos befanden wir uns in einem Gespräch, das die Umgebung zur bloßen Kulisse machte. Wir verabredeten uns für den Abend, und S., der stets lieber mit mir allein war, hatte diesmal nichts dagegen einzuwenden.

Das war der Anfang einer intensiven Freundschaft. Diana besuchte uns bald in Barförde, und auch wir fuhren zu ihr nach Bayern, wo sie ein bisschen wie eine Alice im Wunderland mitten auf einer großen, hügeligen Blumenwiese in einem kleinen Holzhaus wohnte; im Dachfirst brütete ein weißes Taubenpaar, und die Zimmer des Hauses waren vollgestopft mit Büchern und exotischen Gegenständen von ihren Reisen in alle Welt als Begleiterin ihres berühmten Künstlervaters. Sie hatte ein außergewöhnliches Gedächtnis. Die gesamte Weltliteratur schien in den wundersamen Windungen ihres Hirns Platz zu finden. Ich habe nie einen Menschen getroffen, der belesener war als sie.

Tage- und nächtelang saßen wir beisammen und redeten, manchmal in der Gesellschaft von S., oft auch ohne ihn, da er ja stets und ständig schrieb; wir waren in der Tenne bei den Pferden, und Diana begegnete ihnen mit demselben Respekt, den sie allen lebenden Wesen entgegenbrachte. Sie teilte meine Verehrung für die Pferde, wenngleich ihre eigenen Reitversuche als Kind von den sadistischen Methoden einer allzu resoluten Reitlehrerin überschattet gewesen waren. Auch sie war ein ehemaliges hässliches Entlein, wenn auch auf andere Weise als ich: Sie war ein dickes Kind gewesen, einsam und unverstanden.

Nun war sie schlank und von einer schimmernden Schönheit und Anziehungskraft, und ich kannte keinen ernsteren und zugleich keinen ausgelasseneren Menschen als sie. Unsere gemeinsamen Tage in Barförde begannen in der Regel mit Champagner. Doch wir konnten uns auch an Worten berauschen. Ständig waren wir irgendwie berauscht, am Leben, am Beisammensein und an unserer fast verwirrenden Vertrautheit. Dennoch war sie äußerst diskret, was ihr eigenes Leben anbetraf. So viel sie bald auch über meinen Alltag mit S., seine Launen und seine wachsende Eifersucht wusste und erfuhr, so musste ich, was sie betraf, eher raten. Wie viele Männer es in ihrem Leben gab, wusste ich nie. Männer fanden sie rätselhaft und verlockend und waren von ihr fasziniert, das konnte niemandem entgehen.

Diana bekam Krebs. Bei unseren letzten Telefongesprächen, als ich bereits in Schweden lebte, hörte ich hilflos ihre Stimme ständig schwächer werden.

»Pferdetherapeutin«, sagte sie. »Das ist ein großartiger Beruf für dich!« Das Sprechen fiel ihr schwer, deshalb erzählte ich ihr von Sandströms Plänen und von meiner ersten Frieslandreise in der Begleitung Hansens, bei der wir kürzlich einen dreijährigen Wallach gekauft hatten. Der machte mir unerwartet viel Freude und gefiel mir von Tag zu Tag besser. Gabe hieß er; äußerlich in keiner Weise mit dem bildschönen Piet vergleichbar, doch so gelehrig und klug, dass seine Wahl mir inzwischen wie ein richtiger Glücksgriff erschien. Ich beschrieb ihr Hansens prall gefüllte Papiertüten mit der Aufschrift »Essen ist Liebe« und alle Delikatessen, mit denen er mich in Sandströms Auftrag nun verwöhnte, und ich glaubte, ihrem Schweigen zu entnehmen, dass dieser sonderbare Hansen ihr gefiel.

»Ich denk an dich«, sagte ich, als ich spürte, wie ihre freudige Aufmerksamkeit in stille Erschöpfung zerfiel. »Auch Hansen denkt an dich. Ich habe ihm von dir erzählt.«

»Schön«, sagte sie. »Aber in welcher Sprache?«

So endete der Dialog unserer Freundschaft, und fortan blieb sie stumm. Während ich in Katrineholm an der Schule für Equitherapie studieren durfte, wartete Diana in einem Berliner Hospiz auf den Tod.

Wenn ich heute an Diana denke, denke ich an meinen toten Seelenzwilling und an die Liebe als eine fraglose Verbundenheit, die nicht blind macht, sondern einem die Augen öffnet und die offenkundig überlebt. Doch es gibt auch eine Ingredienz der Liebe, die schmerzhaft ist und bitter schmeckt: dieses unheilvolle »zu spät, nie mehr, nie wieder und für immer vorüber«, das schließlich auch unsere Barförder Tage einholte, die heiteren und die von S.'s wachsender Eifersucht überschatteten. Nach gut zwei Jahren waren die einen wie die anderen vorbei und wir bereiteten unseren Umzug in Richtung Norden vor. Nach Schleswig-Holstein, in ein Dorf namens Tielenhemme, wo ein Resthof für eine recht geringe Summe zu verkaufen war. Mein Onkel war kürzlich gestorben und hatte meiner Schwester und mir etwas Geld vermacht. Es reichte aus, um den einsam gelegenen Hof zu erwerben und den Kuhstall für Pferde umzubauen …

2. *Juni*

Nero macht Fortschritte. Vor allem aber ist er ein Schulbeispiel dafür, welche therapeutische Kraft der Gangart Schritt innewohnt und wie wenig spektakulär die Methoden sein müssen, mit denen man Problempferden hilft. Mehrmals in der Woche habe ich den überreizten Wallach nun im Beisein seiner Besitzerin im fleißigen Schritt bewegt; anfangs auf Elisabeths eingezäunter Reitbahn, doch sehr bald schon draußen in der freien Natur. Das kontinuierliche Schreiten im selben, stetigen Takt stellt höhere Anforderungen an ein Pferd wie Nero, als man meinen sollte. Im Viertakt der Gangart Schritt offenbart sich das Befinden eines Pferdes eindeutiger und unverstellter als in jeder anderen Gangart. Nervosität und innere Spannungen schlagen sich unmittelbar in Taktstörungen nieder. Ein widersetzliches Pferd kann man unter Umständen im Trab und im Galopp vorwärtsjagen; doch im Schritt wird sein Seelenzustand offenbar. Ein fleißiges, gelassenes Ausschreiten ist nur in entspanntem Zustand möglich.

Der Schritt ist eine schwunglose Gangart. Nie ist das Pferd mit allen vier Beinen zugleich in der Luft, es gibt in dieser Gangart keine Schwebephase. Und dennoch befindet sich beim frei ausschreitenden Pferd der ganze Körper in Bewegung, die einzelnen Wirbel kippen und rotieren in keiner anderen Gangart mehr. Der Pferdehals streckt sich, seine Nickbewegung begleitet das Auftreten des jeweiligen Vorderbeines. Das Klappern des Hufschlags auf dem Asphalt auf der Dorfstraße lässt erkennen, in welcher inneren Verfassung Nero ist und ob wir ihn auf unserer Seite haben. Wie ein Metronom soll er klingen. Eins, zwei, drei, vier. Jeder Taktschlag gleich laut und gleich lang.

Schritt ist die Gangart, in der sich das Pferd in der freien Wildbahn am meisten bewegt. Grasen und gehen. Gehen und grasen. Solange keine äußeren Gefahren drohen, sieht das Pferdeleben zu großen Teilen so aus. Das kontinuierliche Schreiten, das ich von Nero verlange, ist jedoch etwas anderes. Er muss sich meinem Taktstock fügen. Er darf sich nicht von äußeren Störfaktoren irritieren lassen, darf nicht zögern oder scheuen, sondern muss vorwärtsdenken, vorwärtsgehen. Das fordert Unterordnung, bedeutet jedoch keine rabiate Unterwerfung. Bei Pferden wie Nero muss man Diplomatie walten lassen.

Wenn Nero langsamer wird, treibe ich ihn ruhig an. Wenn er versucht, stehen zu bleiben, berührt ihn meine Peitschenschnur. Es ist kein Schlagen oder Strafen, und es tut nicht weh. Schlägt er nach der Peitsche aus, wird er ermahnt und korrigiert. Ja, ja, sage ich innerlich, wie Gabe. Wenn er etwas schneller als gefordert wird, lasse ich ihn gewähren. Fleiß soll man begünstigen. Dann gehen wir weiter. Immer im selben Takt.

Für Elisabeth scheinen diese Spaziergänge fast ebenso heilsam zu sein wie für ihr Pferd. Sie arbeitet viel und leidet unter Stress. Für Gerichtsverhandlungen muss sie oft nach Jönköping, Göteborg oder Malmö reisen. Sie ist auf Familienrecht spezialisiert, verhandelt Fälle von Kindern, die missbraucht wurden, und jungen Mädchen, denen Zwangsverheiratungen drohen. Bei ihren Pferden will sie sich entspannen. Doch auch Neros wegen hatte sie schlaflose Nächte, und ein Stress löste den anderen ab. Seit sie die Verantwortung für Nero an mich abgegeben hat, behandelt sie ihn viel entspannter. Nero hat das sofort bemerkt.

Meist treffen wir uns abends. Nero steht neuerdings bereits am Koppeltor und wartet. Es ist kein Problem mehr, ihm die Trense aufzulegen. Manchmal lassen wir ihn an der Doppellonge wie ein Fahrpferd vorausgehen, manchmal nehmen wir ihn in unsere Mitte. Seine Versuche, uns zu beißen, haben von Mal zu Mal abgenommen. Es ist kaum Aggression, eher ein nervöser Zwang. Doch die Abstände, in denen er ruckartig den Kopf wendet und seine Zähne bleckt, werden größer. Die inneren Dämonen beginnen allmählich zu weichen.

Wir gehen und reden über das Leben. Neros Ohren spielen leicht. Er lauscht unseren Stimmen und registriert, dass er keineswegs im Zentrum steht, senkt den Kopf und übergibt sich dem Rhythmus des Gehens. Wir sind zu dritt. Die Wiesen stehen nun in üppigem Grün, das Dorf ist abendlich verschlafen. Wir sehen Mond und Sonne gleichzeitig am Himmel stehen, und noch immer singen die Nachtigallen. Möge Mittsommer nie kommen, wenn die Rückkehr der Dunkelheit sie bald verstummen lässt …

3. *Juni*

Hansen ist aufgetaucht. Essen ist Liebe? Die Pferde kauen ihre (in dieser Jahreszeit extrem teuren!) Mohrrüben. Mir hat er Meeresfrüchte mitgebracht. Und frische Brezeln, die es nur in Stockholm gibt. Und andere Delikatessen. Zum Nachtisch serviert er mir ein Gemisch aus frischen Erdbeeren und Blaubeeren mit flüssigem Honig übergossen. Selbst isst er Haferschleim mit Preiselbeeren. Jedem das seine.

Neros Fortschritte beginnen ihn zu interessieren. Zahlen und Rhythmen sind schließlich sein Gebiet. Die Mathematik der Pferdeseele. Ich habe mich in der Schule nie für Mathematik interessiert. Laut Hansen ist das ein Versäumnis. Die Zahl, sagt er, ist das Ordnungsprinzip, das die Welt regiert und für Harmonie und Balance zuständig ist. Er ist vielmehr den Worten gegenüber skeptisch. »Nur Worte, keine Taten«, lautet oft sein missvergnügter Kommentar, wenn Frauen allzu gefühlvoll über ihre Pferdeliebe reden.

»Worte können leer sein«, sagt er. »Zahlen nicht. Gefühle kann man erfinden. Die Gesetze der Zahlen muss man entdecken. Die Sprache der Pferde besteht, wenn du mich fragst, aus Zahlen.«

Das beginnt mich zu interessieren. In meiner Vorstellung hat die Sprache der Pferde stets aus Bildern bestanden.

»Natürlich sind es Zahlen«, versichert mir Hansen. »Weil Sprache und Wirklichkeit für ein Pferd vermutlich ein und dasselbe sind. Es kann sich ja nicht wie wir verstellen. Alles, was lebt, tickt im Takt und schwingt in Zyklen.«

Die Idee gefällt mir. Sind nicht alle Pferde musikalisch? Symmetrie, Harmonie, Takt, Rhythmus; all das spielt in der Arbeit mit Pferden eine übergeordnete Rolle. Die innere Uhr eines Lebewesens. Zahlen sind international. Wahrheiten weder gut noch böse, sondern einfach nur wahr.

DAS MECKERN DER HIMMELSZIEGEN

Ich träume immer noch von Tielenhemme. Es sind Träume vom Nachhausekommen in zahlreichen Variationen, schönen und beklemmenden. Selbst nach über zwanzig Jahren in Schweden entspricht Tielenhemme für mich von allen Orten, die ich kenne, noch immer am ehesten der Illusion von Heimat. Ich träume vom Dorf und seinen Menschen, von meinem Hof und meinen Pferden, die meine allzu lange Abwesenheit manchmal besser und ein andermal schlechter überstanden haben. All die schönen Pferde …

Der Himmel über Tielenhemme gehörte den Wiesenvögeln; selbst im Winter, wenn diese sich im Süden befanden, war die Luft noch erfüllt vom Echo ihrer Stimmen und Schreie. Am Schüttingdeich wohnte die Freiheit. Dort lag der Kiebitzhof, mein Hof. Mehrere hundert Meter betrug der Abstand zum jeweils benachbarten Hof, Sichtweite dennoch, denn das Land war platt und kahl. Die Häuser und Ställe waren auf Pfählen erbaut, bis zu acht Meter tief in den moorigen Grund gerammt, wo die tragende Sandschicht begann.

Das weiße, unscheinbare Wohnhaus mit angrenzendem Pferdestall war von Birken umgeben. Im Garten hinter dem Haus überragten sechs stattliche Eschen das Dach. Eine Blutbuche breitete ihre Zweige vor dem Eingang aus. Im Obstgarten standen zwei Reihen buckliger Apfelbaumgreise Spalier. Dort zeugte auch ein altes Windkraftwerk vom Erfindergeist des ehemals hier lebenden Bauern, der seiner Zeit ganz offenbar voraus war. Es sah aus wie der Eiffelturm in Miniatur und rostete inzwischen mit Würde. Das Grundstück und die es umgebenden Pferdeweiden waren von Gräben umsäumt. In regenreichen Zeiten ging das Land im moorigen Wasser unter.

Vom Badezimmer des Hauses aus führte eine Tür in die schmale, hohe Diele, und von dort aus hatte man direkten Zugang zum Pferdestall. Dort lebten neben Orpheus die Hannoveraner Stuten Gloria und Nairobi und der Trakehner Wallach Aureliano mit mir unter einem Dach. Zwar befanden wir uns im Holsteiner Hochzuchtgebiet. Doch Springpferde mit dem Holsteiner Brand wurden gerade zu überteuerten Preisen gehandelt. Meine Nische in einer Gegend, wo sich das meiste im Reitsport ums Springen drehte, waren Dressurpferde. »S. Brandis Luxuspferde, Tielenhemme« hatte kürzlich Pferdehändler Löhden einen Umschlag an mich adressiert. Und dieses Etikett kennzeichnete meinen kleinen Verkaufsstall recht gut.

Aureliano zum Beispiel war auf dem besten Weg, ein solches Luxuspferd zu werden. Den vierjährigen Trakehner Rappschimmel, den ich kürzlich eingeritten hatte, ein lebhaftes Pferd mit edlem, fast arabischen Gesicht und riesengroßen, dunklen Augen, hatte mir ein älterer Landmaschinenhändler verkauft, der sich bei größeren Geschäften mit den Gütern in Ostholstein gern einen geringeren Teil der Kaufsumme in Pferden ausbezahlen ließ. Pferde mit Trakehnerbrand erinnerten ihn an seine ostpreußische Heimat, und ihr, wenn auch befristeter, Besitz ließ ihn von seiner Jugend träumen. Dann jedoch forderte stets sein Alter irgendwann sein Recht. Er hatte das Reiten vor vielen Jahren aufgegeben, die Stallarbeit wurde ihm nach einer Weile zu beschwerlich, und die Pferde standen schließlich wieder zum Verkauf. Nun, da er mit mir ins Geschäft gekommen war, brauchte er sich nicht mehr über die Spottpreise zu ärgern, die ortsansässige Pferdehändler ihm bislang für seine Pferde geboten hatten. In Händlerkreisen hatten Pferde mit dem Elchschaufelbrand nämlich keinen besonders guten Ruf. Sie galten als schwierig und kompliziert, da sie Geduld und eine gefühlvolle Hand erforderten. Ein Trakehner ließ sich nicht zum

Gehorsam zwingen und schon gar nicht prügeln. Auch Aureliano war sensibel, doch zugleich klug und loyal, und ich ritt ihn gern. Er war beileibe kein Pferd für jedermann, daran würde ich beim späteren Verkauf einmal denken müssen.

Die Stute Gloria war unkomplizierter. Ich hatte sie auf der Winterauktion in Vechta erstanden; einen auffallenden Goldfuchs mit heller Mähne, einer schmalen Blesse, vier hohen, weißen Stiefeln und einem Gardemaß von fast eins achtzig Schulterhöhe.

Auf Reitpferdeauktionen herrschte damals wie heute eine ganz besondere Stimmung. Was für ein Spektakel! Der Auktionator, der in Vechta stets den Hammer führte, war eine barocke, selbstherrliche Gestalt mit gewaltig donnernder Stimme, ein Demagoge, der witzig, schlagfertig und respektlos das Publikum unterhielt und die potentiellen Bieter und Pferdekäufer zu Taten des Größenwahns anstachelte. Schöne Pferde wecken in Menschen seit jeher vermessene Sehnsüchte und irrationale Begierden, und ein geschickter Auktionator weiß das auszunutzen. Oft wurden in der Hitze des Gefechts völlig unvernünftige Summen für Pferde bezahlt, die dann bei nüchterner Betrachtung gar nicht so außergewöhnlich waren und nicht hielten, was sie im Glanz des Rampenlichts versprachen.

Doch man konnte auch Schnäppchen machen. Es gab Pferde, die sich vom Rummel des Auktionsbetriebes verunsichert fühlten und die das viele Ausprobieren durch unterschiedliche Reiter während der Vorbereitungswochen nicht gut vertrugen. Ein solches Pferd war Gloria. Am großen Tag in der Auktionshalle scheute sie vor dem Publikum und präsentierte sich verspannt und ohne jeden Schwung. Doch sie hatte eine gute hannoversche Abstammung und einen Bruder, der im Dressursport bereits erfolgreich war. Als die Gebote bei zehntausend Mark stehenblieben, hatte ich daher beherzt den Katalog gehoben und für zehntausendzweihundert Mark den Zuschlag bekommen.

Einige vermeintliche Pferdekenner haben Vorurteile gegen Füchse, die sie mit rothaarigen Menschen und deren angeblich so hitzigem Temperament vergleichen. Ich glaube nicht an solche Theorien. Glorias Problem jedenfalls hatte nichts mit der Farbe ihres Fells, sondern eher mit ihrer stattlichen Größe zu tun. Pferde ihrer Maße brauchen Zeit, um in ihren Körper hineinzuwachsen. Man darf sie in jungen Jahren nicht überfordern. Doch in Sachen langbeinige, hässliche Entlein war ich schließlich Spezialistin. In gar nicht so langer Zeit würde auch Gloria sich in einen Schwan verwandeln, dessen war ich mir sicher.

In Tielenhemme durfte sie sich von den Strapazen der Auktion zunächst einmal ausruhen. Ich ritt mit ihr aus oder ging mit ihr spazieren, ließ sie zunächst einmal ganz einfach nur Pferd sein und neues Selbstvertrauen gewinnen. Eine mögliche Käuferin gab es bereits. Die hatte sich am vergangenen Wochenende im Tielenhemmer Dorfgasthof eingemietet, um mir beim Reiten zuzusehen und sich mit Gloria anzufreunden. Sie selbst hatte panische Angst vorm Reiten, wollte die Stute von einem professionellen Dressurreiter ausbilden lassen und zunächst nur als Pferdepflegerin fungieren, um so allmählich ihre Reitphobie zu überwinden.

»Jede Art von Therapie ist schließlich teuer«, sagte sie, mehr um sich selbst von ihrem Plan zu überzeugen und den Kauf des auf diese Weise recht teuren Pferdes zu rechtfertigen, und ich gab ihr natürlich recht. In dieser Branche wunderte man sich nach einer Weile über gar nichts mehr.

Manchmal nahm ich auch Pferde in Zahlung oder machte Tauschgeschäfte. Zum Beispiel in Nairobis Fall. Diese mokkabraune hannoversche Schönheit war ein auffallendes Pferd, edel und gelehrig. Ich hatte sie gegen eine wesentlich dümmere Stute eingetauscht und sogar noch ein bisschen Geld dazubekommen.

Kluge Pferde wie Nairobi stellen oft allzu hohe Ansprüche an durchschnittliche Reiter, und Nairobi war ihrer Besitzerin schlicht und einfach überlegen, lernte im Handumdrehen, menschliche und reiterliche Schwächen auszunutzen, und tat, was sie selber für richtig hielt. Mein Tauschobjekt, die Stute Fanfare, war eher ein Durchschnittspferd. Braun, mittelgroß, recht unscheinbar und ein klein wenig einfältig. Doch gerade ihre relative Dummheit machte in diesem Fall ihren Tauschwert aus, denn sie war gutmütig, unkompliziert und von so gut wie jedermann zu reiten. So machten bei diesem Tauschgeschäft dumm gegen klug, gewöhnlich gegen extravagant letztlich alle Beteiligten einen Gewinn.

5. *Juni*

Nero ist trotz seiner Verhaltensstörung intelligent und aufgeweckt. Intelligenz ist bei einem Pferd immer mit Intuition verbunden. Ein intelligentes Pferd ist in der Lage, sich einer veränderten Situation rasch anzupassen, und das gilt mit Einschränkungen auch für Nero. Auch er kann lesen, was in einem anderen Lebewesen vor sich geht. Angst und Unsicherheit sind so etwas wie sein Spezialgebiet, auf dem er sich bestens auskennt. Elisabeth hat ihre Unsicherheit vor ihm jedenfalls nie verbergen können.

Selbst verdanke ich dem Kaufen und Verkaufen von Pferden viele meiner wertvollsten Erfahrungen. Sich immer wieder auf neue Pferde einstellen zu müssen, ist eine ständige Herausforderung und schult die Beobachtungsgabe. Kein Pferd reagiert wie das andere. Was die Friesen in meinem eigenen Stall anbetrifft, so ist der tägliche Umgang im Stall für mich ebenso wichtig wie das Training und das Reiten. Ich mache keinen Unterschied zwischen Sandströms und meinen eigenen Friesen und bemühe mich, sie alle kennen und lesen zu lernen und ihr Vertrauen zu gewinnen. Solange sie sich in meiner Obhut befinden, machen die Pferde so etwas wie meine Familie aus. Irgendwann heißt es dann Abschied nehmen. Doch auch was das betrifft, so macht Übung den Meister. Und ist nicht schließlich alles im Leben Veränderung?

Als Bereiterlehrling mit dem Oldenburger Wallach Orpheus,
einem jungen Pferd mit alten Augen.

Wohlwollen und Vertrauen müssen gegenseitig sein.
Der dreijährige Friesenhengst Tomas in der Reitpferdegrundschule.

Die Arbeit an der Doppellonge im Gelände macht das junge Pferd mit meiner Stimme, meinen Händen und meiner Körpersprache so vertraut, dass das erste Aufsitzen später völlig undramatisch verläuft.

Lob ist der Grundstein meiner Ausbildungsmethode.
Adde, ein junger Friesenwallach.

Schimmel und Rappen bilden in meinem Leben mit Pferden ein Schachbrettmuster.

Welshmountainhengst Hobbit: eine Reminiszenz an meine Großtante Ello und die Nachmittage mit ihren Ponys im Hamburger Borstel.

Tante Ello liebte ihre Ponys, und diese Liebe war gegenseitig. Hier: mit Shetlandstute Libelle.

Besuch mit Piet im Seniorenheim.

Gespräch ohne Worte.
Gabe trifft einen an der Nervenlähmnung ALS erkrankten Patienten, der mit Menschen nur noch mit Hilfe eines Sprachcomputers kommunizieren kann.

Piet.

Gabe als Mentor eines ängstlichen, jungen Wallachs an der Doppellonge im Gelände.

Friesenpferde lieben Wasser.
Friesenhengst Hilbrant beim Bad in der Ostsee.

Vincent sechs Wochen nach dem Anreiten und beileibe kein hässliches Entlein mehr.

Gespräch unter Freunden. Von links: Vincent, Ulrig, Sylvia, Corine.

Dressurtraining an der Doppellonge. Hier: Vincent.

Gabe: energisch, temperamentvoll und intelligent.

Ulrig: ein sanftmütiger Athlet.

Hauke und Español: Frühstück auf Tegelvik.

Ein Foto für die Königin von Schweden: Hauke und Español.

Der junge Piet bei seinem ersten Auftritt in Schweden. Das Friesenpferd war damals in Schweden eine noch kaum bekannte Pferderasse.

Piet in Borgholms Schloss.

Herr Schnurre und Fräulein Sylvia in Niendorf/Ostsee.

DIE GESTUNDETE ZEIT

Ich lebte jetzt allein. S. wohnte seit Anfang des Jahres in Kiel. Unsere letzte gemeinsame Zeit in Tielenhemme war von seiner eskalierenden Eifersucht überschattet. Die galt inzwischen ganz generell allen Lockungen der feindlichen Welt außerhalb unserer eigenen vier Wände; auch meiner Lebenslust.

Abend für Abend versuchte er sich an dem geplanten neuen Buch und fand nicht den richtigen Ton. Die Worte sperrten oder spreizten sich, die Sprache gehorchte ihm nicht mehr. In seinem Arbeitszimmer unterm Dach, direkt über meinem zu ebener Erde, hörte ich wie einen dumpfen Donner den Wagen seiner schweren elektrischen Olympia bei jedem neuen Zeilenanfang zurückfahren, und ich spürte seine wachsende Verzweiflung und seinen sinkenden Mut durch die Wände sickern.

Vorbei die Zeiten seiner Dominanz, als er seine zwanzigjährige, naive Muse nach Bedarf aufsuchte, verließ und vor der Außenwelt versteckte. Nun war ich dabei, meine eigene Sprache zu finden. Macht und Möglichkeiten hatten sich zu meinen Gunsten verschoben. Die Bedingungen unseres Beisammenseins stellte fortan ich, und die Trennung von Tisch und Bett schien mir unvermeidlich. Er fügte sich, es blieb ihm keine andere Wahl, doch seine Machtlosigkeit schmerzte uns beide. Zugleich tat die räumliche Trennung unserem Verhältnis gut, selbst S. konnte das nicht leugnen. Wir gingen offener und liebevoller miteinander um, und es gelang ihm, seine Eifersucht zu zügeln. Wer alles verloren hat, sagte S., braucht nichts mehr zu verteidigen.

Meine literarische Mentorin saß im Funkhaus Hannover

und war Redakteurin des NDR. Gisela Lindemann ermunterte mich zum Schreiben, wartete auf meine Texte und räumte mir immer wieder halbstündige Sendezeiten für Lyrik und Prosa ein. Persönlich kannten wir uns nur sehr flüchtig. Sie hatte das strenge Aussehen einer etwas altmodischen Lehrerin mit grauer Kleidung, aufgestecktem Haar und klugen, graublauen Augen, die hinter großen Brillengläsern funkelten, und mein praktisches tägliches Leben mit Pferden, Bauern und Pferdehändlern musste ihr exotisch vorkommen. Selbst lebte sie vollends in der Welt der Bücher und hatte viele wesentlich bedeutendere Talente als mich gefördert. Auch meine journalistischen Arbeiten hatte sie kritisch unter die Lupe genommen, jedoch auf ihre unbestechliche Art nur mit dem Kopf geschüttelt. »Sie sind keine Journalistin. Schreiben Sie lieber Prosa.« Und ich bemühte mich, ihre Erwartungen nicht zu enttäuschen und mich an den Schreibtisch zu zwingen. Doch irgendwie kam das Leben allzu oft dazwischen. Und das Leben waren in meinem Fall die Pferde.

Auch S. lag das Wohl meiner Pferde noch immer am Herzen. Regelmäßig schickte er Orpheus einen Kasten Malzbier. Es freute ihn, dass mein erstes Pferd, das allmählich etwas in die Jahre kam, dieses stärkende Getränk so liebend gerne mit seinem Hafer vermischt zu sich nahm.

»Erzähl mir von den Pferden«, sagte S., wenn wir uns sahen. Zu jedem neuen Pferd gab es ja mindestens eine neue Geschichte, und er glaubte unvermindert ans Erzählen von Geschichten. Ob sie uns vereinte oder trennte, im Erzählen manifestierte sich die Welt. Meine Pferdekäufer waren damals bereits fast ausschließlich Frauen. Das machte den Verkauf der Pferde oft zu einer emotionalen Angelegenheit. Denn Frauen müssen sich stets verlieben. Und wie im wirklichen Leben, so machte das Verliebtsein auch in der Pferdewelt oft blind, und die Realisierung von Träumen scheiterte nicht selten am eigenen Unvermögen. Pferde müssen richtig geritten werden, um Form und Schönheit zu bewahren. Und wenn das reiterliche Können dafür nicht ausreichte, kamen die Reklamationen. Dann wollte man den lebenden Beweis seines Unvermögens schnell wieder los sein und das zum bestmöglichen Preis. Die Liebesschwüre galten jedenfalls nicht mehr, Scheidung war angesagt, und dass diese strapaziös oder teuer sein konnte, davon wusste auch S. ein Lied zu singen.

Wir trafen uns einmal wöchentlich bei einem Griechen am Stadtrand von Kiel. Der kleine, schmächtige Kellner betrachtete seine neuen Stammgäste mit einiger Besorgnis. Die beiden, die er vermutlich für Vater und Tochter hielt, aßen ausgiebig und mit Genuss, doch es gelang ihnen nur selten, einen ganzen Abend lang von der Vorspeise bis zum letzten Ouzo die Fassung zu wahren. Dieses sonderbare und ungleiche Paar redete und lachte, diskutierte laut und lebhaft und versöhnte sich, wenn es gegen Mitternacht und kurz vor Ladenschluss dann Hand in Hand das Lokal verließ; beide mit verweinten Augen.

S. behauptete, er habe sich verändert. Er könne lernen und sehe nun im Rückblick seine Fehler ein.

»Heirate mich!«, sagte er. Ich wies ihn auf den nicht ganz unbedeutenden Umstand hin, dass er noch gar nicht geschieden war und es vermutlich auch nie sein würde. Allzu sehr fürchtete er die Schuldgefühle beim Konflikt mit der Vergangenheit. Lieber verzichtete er auf all sein materielles Eigentum, die beiden Häuser, die Kunst und alle Antiquitäten, und lebte spartanisch in nur einem Zimmer mit IKEA-Möbeln, Postern an den Wänden und Taschenbüchern im Regal.

»Gib mir eine letzte Chance!«, bat er, nun ganz mein kleiner Bruder. Und ich sagte ihm: »Wir werden sehen.« So wie man kleine Kinder vertröstet, um ihnen so schonend wie möglich einen unerfüllbaren Wunsch auszuschlagen. Ich setzte auf die Zeit, die ja bekanntlich alle Wunden heilt, und allmählich wurden unsere Abende beim Kieler Griechen heiterer und weniger dramatisch, wir lachten, anstatt zu weinen, und redeten, anstatt verbal miteinander zu ringen. Über das Leben und über die Liebe. Die Liebesgeschichten in der

Pferdewelt und unsere eigene. Schließlich auch über die Liebe zu anderen. Männern und Frauen.

Noch eine Sache war hinzugekommen: unsere regelmäßigen Ausflüge nach Hannover zur Universitätsklinik. Dort untersuchte ein Professor der Kardiologie S.'s Herz und stellte zunehmend pessimistischere Prognosen. Die gestundete Zeit wurde sichtbar am Horizont. Sein Herzmuskel erlahmte. Das bedeutete, dass sein Herz in Zukunft immer größer und zugleich auch schwächer wurde. »Mein großes Herz. Da hast du's!«, kommentierte S. lakonisch.

Auf der mehrstündigen Autofahrt machten wir uns einen Sport daraus, in die ungemütlichsten Lokale einzukehren und diese dank unserer Gespräche und unseres Beisammenseins in behagliche Plätze zu verwandeln. Wir zelebrierten Mahlzeiten mit Currywurst und bitterem, abgestandenem Kaffee wie ein Fünfsternemenü und erzählten einander Geschichten; eine adäquate Antwort auf die Drohgebärden des Todes, wie uns schien.

Spät am Abend waren wir zurück in Kiel, er bat mich auf einen allerletzten Kaffee mit hinauf, und ich sagte: »Gut, aber nur eine halbe Tasse.«

Alle Geschichten waren für dieses Mal erzählt, und es gab nun nicht mehr viel zu sagen. In seinem Zimmer mit Kochnische saßen wir wie zwei müde Tiere eng aneinandergeschmiegt auf seinem Bettsofa; matt von der langen Fahrt, doch zufrieden und satt von so viel erzähltem und erfundenem Leben und von den pessimistischen Prognosen des Professors erstaunlich wenig alarmiert. Und in dem Bewusstsein, dass der verdrießliche Krankenhaustod eher für andere als für S. gemacht schien, wehte ein Hauch von Glück uns an und verebbte, ehe wir es begriffen.

Höchste Zeit für mich zu gehen. An der Tür sah ich mich noch einmal zu ihm um. Er sah jetzt so wehrlos aus, und fast war ich leichtsinnig genug, mich nach alten Zeiten zurückzusehnen, als er noch Dichter und Tyrann und ich seine unbedarfte Muse war und mein Leben eine einzige italienische Misere. Er war mager geworden, seine Wangen waren eingefallen und grau, und seine Lippen hatten ihre Farbe verloren. Er war ständig müde, doch er fand keinen Schlaf, da das allzu große Herz auf seine Lunge drückte und die Atemnot ihn im Dunkeln ängstigte. Nächtelang saß er an seinem Schreibtisch, ohne dass etwas des zu Papier gebrachten am nächsten Morgen zu verwenden war; außer den Liebesbriefen, die er mir fast täglich schickte. Oft waren sie mit der Hand geschrieben, und die langen, verwackelten Striche verrieten mir, wie oft und wo er mitten im Text kurz eingenickt und die Hand ihm dabei ausgerutscht war.

»Warte noch«, sagte er. »Nur einen Augenblick.« Und er lächelte mich an. »Grüß die Kiebitze im Moor. Mein Herz.« Doch das Possessivpronomen klang nun nicht mehr besitzergreifend, eher ziemlich bescheiden. Den Hochmut, in den Besitztümern unserer gemeinsamen Stunden etwas anderes als Leihgaben zu sehen, hatten wir beide inzwischen abgelegt.

»Pass gut auf dich auf!«, sagte ich und war schon draußen vor der Tür, um mit ein paar langen Schritten die Treppenstufen hinab zur Straße und zu meinem Auto zu springen. Dann fuhr ich nach Tielenhemme, wo meine neue, wundersame Freiheit wohnte und auf mich wartete.

Dort konnte ich nun aufstehen und schlafen gehen, wann und wie ich wollte, schreiben, reiten, mit Leuten reden und mit anderen Männern, und ihnen, wenn mir danach zumute war, den Kopf verdrehen. Oder allein mit meinen Pferden sein, und das war ich oft, denn es gefiel mir. Die Lebenslust prickelte nun ungestraft in meinem Blut und ließ mich rennen, statt langsam zu gehen. Denn niemand kontrollierte mich mehr.

Manchmal stand ich mitten in der Nacht auf und ging nach draußen. Stand einfach da in der belebten Dunkelheit, atmete das würzig-süße Aroma des moorigen Landes und fühlte das Vibrieren der Luft im Wummern der Bekassinen, die sich im Balzflug aus hoher Höhe senkrecht fallen ließen wie Seiltänzer ohne Netz, und im Sturz mit den äußeren Federn der Flügel das magische Geräusch erzeugten: das Meckern der Himmelsziegen.

Dann ging ich leise in den Stall, wo meine schönen Pferde mich in den luftigen Gefilden ihres Fluchttierschlafes als dankbaren Zaungast duldeten.

7. *Juni*

In der Nähe von Oskarshamn, als Abschluss eines Arbeitstages auf dem Festland, Besuch bei einer Pferdesammlerin; einer pensionierten Lehrerin, die auf ihrem ein wenig heruntergekommenen Hof vierzehn Pferde hält, Zuchtstuten und ihre Nachkommen. Die Pferde sind sehr fett (auch eine Art der Vernachlässigung). Nur einige der älteren Stuten werden hin und wieder ein wenig auf einer staubigen Reitbahn von einer jungen und im Reiten recht unerfahrenen Nachbarin geritten; die meisten stehen jahrein, jahraus herum und bewegen sich kaum. Pferde, die auf diese Weise lediglich verwahrt werden und keinerlei Stimulanz erfahren, führen ein entfremdetes Dasein. Menschen gegenüber werden sie unpersönlich, auf eine eher unverbindliche Art abweisend. Auf Anhieb ist es für gewöhnlich nicht leicht, zu solchen im Wohlstand verwahrlosten Pferden Kontakt aufzunehmen. Sie haben den Menschen oft innerlich bereits abgeschrieben.

Warum hält man so viele Pferde? Tierliebe, sagt die Besitzerin. Sie könne sich von keinem Fohlen trennen. »Die Pferde sind seit jeher mein Leben. Alles, was ich habe.«

Ich sehe mich auf dem Hof um. Die Paddocks sind klein, Gras wächst dort schon lange nicht mehr. Nun, im Sommer, sind sie staubig, und ein beizender Geruch nach Urin und Mist steigt einem in die Nase. Ich kann mir Nässe und Matsch im Herbst lebhaft vorstellen. Die Stuten stehen zu zweit oder allein mit hängenden Köpfen in der Sonne und dösen apathisch vor sich hin.

Zwei Stuten, Mutter und Tochter, wie sich herausstellt, weisen ähnliche Bewegungsstörungen auf: besonders morgens beim Führen aus dem Stall haken die Kniescheiben fest, und die Pferde schleifen das nach hinten herausgestreckte

Hinterbein ein paar Schritte lang steif hinter sich her, bis die Kniescheibe sich mit einem Ruck löst, das Bein wieder freikommt und nach vorn gezogen wird. Bei genauerem Hinsehen sind drei weitere Pferde von diesen Beschwerden betroffen. Kein Wunder, denn die sind ja alle recht nah miteinander verwandt, und eine solche Disposition ist erblich.

Das Knie ist (nicht nur beim Pferd) ein kompliziertes Gelenk mit einer Reihe von Strukturen, die Beschwerden verursachen können: Kniescheiben und ihre Ligamente, Menisken, Kreuzbänder. Solche »Aufhakungen« der Patella sind, wenn sie in geringerem Grade auftreten, durch Training auszugleichen. Wenn die entsprechenden, das Gelenk umgebenden Muskeln stark genug sind, können sie die Instabilität oft ausgleichen. Doch wer soll in diesem Stall ein entsprechendes Training durchführen? Zudem ist es fraglich, ob bei diesen Pferden Training wirklich ausreicht.

Ich rechne im Kopf: vierzehn Pferde. Futter, Versicherungen, Tierarzt. Hufschmied. Die Summe, die dieses trostlose Pferdeelend hier jährlich kostet, entspricht dem Einkommen, das mich ernährt.

»Die Stuten haben gute Papiere und sind ja in jedem Fall noch für die Zucht zu verwenden, auch wenn man sie nicht reiten kann«, seufzt die pensionierte Lehrerin zu ihrem eigenen Trost, als sie meine düstere Miene sieht. Das Fach Biologie hat sie in ihrer Schulzeit ganz offensichtlich verschlafen.

»Unglaublich«, sagt Hansen, dem ich abends am Telefon von diesem Fall erzähle. Ich weiß, was er im Allgemeinen vom Sammeln hält. Im Besitz, behauptet er, schlummert ein Dämon, den, wer klug ist, weder reizt noch weckt. Sandströms Vermögensverwalter ist privat kein Materialist. Er fährt einen betagten Ford und wohnt in einer Mietwohnung. Geld gibt er für gutes Leben und Genüsse aus: Essen, Reisen und den Luxus des Müßiggangs.

»Und die Glücksformel?«, frage ich ihn, den Mathematiker, nach einem solchen, eher deprimierenden Arbeitstag. Kurze Stille am anderen Ende der Leitung. »Mir leider unbekannt«, sagt er schließlich.

Die Liebesformel dann?

»Es freut mich, dass du danach fragst. Die ist geometrisch, wenn es sie denn gibt. Hat vermutlich mit Symmetrie zu tun. Yin und Yang. Das ist eine geniale Formel. Die Sonne geht im Osten auf.«

Doch nun scheint der Mond durchs Fenster meines Schlafzimmers, das unter dem Dach gelegen ist. Ich bin froh über mein freies Leben. Es kommt mir oft unverdient privilegiert vor. Vielleicht hat Hansen recht: Die minimale moralische Verpflichtung besteht darin, dieses Leben zu würdigen und zu genießen.

9. Juni

Lieblingspferde? Ich habe zurzeit drei, es sind meine eigenen. Jedes ist mir auf seine Art am liebsten. Hobbit in seiner unbeugsamen Ursprünglichkeit. Nach dem Aufwachen gehe ich mit meinem Becher Kaffee in der Hand in seinen Garten (denn mein Garten ist ganz und gar sein Revier) und wünsche ihm einen guten Morgen. Er stellt sich ein, sowie ich die Balkontür öffne, und erwidert meinen Gruß. Unsere Unterhaltungen sind freundschaftlich und von gegenseitiger Achtung geprägt. Wir sind beide freie Wesen, keiner gehört dem anderen.

Ulrig hingegen ist ganz mein Pferd. Er ist so feinfühlig, dass er spürt, wie ich atme, und er reagiert auf den geringsten Wink, auf die Andeutung einer Berührung. Wenn ich ihn reite, denke ich oft: so muss sich ein Kentaur fühlen. Er vermittelt mir das Gefühl von der Bewegung eines Pferdes, als ob sie meine eigene wäre. Und bildet den Schlusspunkt einer Liebesgeschichte, ein wirkliches Happy End, von dem ich später erzählen will.

Dann Gabe. Dessen Gelassenheit von Jahr zu Jahr zunimmt. Den man um etwas bittet, und den man niemals kommandiert. Der mich im Umgang mit anderen Pferden so viel lehrt, dass ich mich ihm zuweilen unterlegen fühle.

11. Juni

Vincent macht Fortschritte unter dem Sattel. Er verfügt für einen jungen Friesen über eine erstaunliche Balance im Galopp und kann bereits sehr ruhig und am halblangen Zügel auf einem kleinen Zirkel galoppieren. Je weniger ein Pferd im Gleichgewicht galoppiert, desto schneller ist das Grundtempo, das es im Galopp wählt. Helen kommt zweimal wöchentlich vorbei, sieht beim Training zu und fotografiert. Von keinem anderen Pferd habe ich eine derart lückenlose Fotodokumentation der Entwicklung während der Ausbildung. Zu Vincent habe ich eine besondere Beziehung, und auch er scheint mich zu mögen. Mich rühren sein starker Wille und sein Selbstbewusstsein. Auch zwischen uns besteht so etwas wie das Einvernehmen und womöglich die Seelenverwandtschaft der ehemaligen hässlichen Entlein.

12. *Juni*

Ein Vorteil der nahenden Touristensaison: die Sommercafés öffnen nun. Im Café sitzen und schreiben; so würde ich mein Leben als Städterin verbringen. Hier in Schweden auf dem Land gibt es kaum Cafés und keine Kneipen oder Gastwirtschaften. Das ist in meinen Augen der einzige Nachteil der relativen Einsamkeit. Die Touristensaison auf Öland ist kurz, die Hauptsaison währt kaum länger als sechs Wochen. Mitte August ebbt der Autoverkehr wieder ab, und die Stille kehrt zurück. Obgleich ich von oberflächlichen Bekannten oft als aufgeschlossen und kommunikativ eingeschätzt werde, wäre das Leben in der Großstadt nichts für mich. Meine Lebenslust würde dort auf die Dauer versiegen. Auch in großen Reitanlagen fühle ich mich nicht recht wohl. Als Städterin würde ich keine Pferde haben wollen, vermutlich nur von ihnen träumen.

TRAURIGE PFERDE, EINSAME MÄNNER

Hier die Männer, dort die Frauen. In Tielenhemme lebten die Geschlechter traditionsgemäß noch in getrennten Welten. Bei privaten Einladungen teilten sich nach dem Essen wie von magischer Hand die männlichen von den weiblichen Gästen und saßen dann an separaten Tischen, manchmal sogar in separaten Zimmern. Die Frauen redeten über Kochrezepte, Gartenarbeit und Kindererziehung; Themen, zu denen ich nichts beizutragen hatte. Ich setzte mich deshalb stets an den Männertisch. Die Männerwelt erschien mir interessanter. Entgegen ihrer Selbstauffassung klatschten sie gern, erzählten, diskutierten und stritten sich. Die Tatsache, dass ich als junge Frau allein auf einem recht einsam gelegenen Hof wohnte und mit Pferden handelte, gab mir Sonderrechte. Oder vielmehr: ich nahm sie mir. So wie ich auch ab und zu allein in die Gastwirtschaft ging (was außer mir keine Frau tat) und mich zu den Männern an den Tresen stellte. Anfangs führte das zu Gerede. Doch letztlich war Tielenhemme ein tolerantes Dorf, und man gewöhnte sich mit der Zeit an alles.

Das Dorf hatte hundertzwanzig Einwohner und zwei Gasthöfe. Dort wurden die Dorfereignisse gefeiert; das Sparklub- und das Schützenfest und die Zusammenkünfte nach den alljährlichen Treibjagden. Beide Gastwirte waren zugleich auch Landwirte. Bei Bruhns Bauernschänke befand sich die Viehwaage, das Schlachtvieh wurde dort von den Viehhändlern bezahlt und abgeholt. Und auch die Politik hatte im Gasthof ihren Sitz. Als erstes weibliches Mitglied des Tielenhemmer Gemeinderats ging ich (wenn auch nur als Stellvertreterin) in die Dorfgeschichte ein; mein einziger messbarer Beitrag als Kommunalpolitikerin beschränkte sich allerdings darauf, in einigen der Gemeindevertreter den Ehrgeiz wachzurufen, mich nach beendeter Sitzung unter den Tisch zu trinken. Was zu jener Zeit nicht ganz so einfach war. Nach Debatten über Wegausbesserung, Verwendung der dörflichen Jagdpacht und Ausleihbedingungen der dorfeigenen Wiesenwalze lautete der letzte Punkt der Tagesordnung stets: Lindas berühmtes Sauerfleisch mit Bratkartoffeln und Kornpunsch. Und von allem nicht zu wenig. Am Ende einer Gemeinderatssitzung war von Tielenhemmes gewählten Gemeindevertretern keiner mehr nüchtern.

Die Neuigkeiten des Dorfes erfuhr man in der Bauernschenke. Wirtin Linda wusste alles über alle. Sie war von einer freundlichen Neugier und an allem interessiert, vorurteilsfrei und wissbegierig; zudem eine gute Nach- und Wiedererzählerin erlebter und gehörter Geschichten. Ereignisse und Sensationen, Gerede, Gerüchte und Legenden wurden von ihr in humorvoller Tonlage und ohne jeden Anklang von Gehässigkeit kolportiert. Was Linda nicht gehört hatte, das war auch nicht geschehen.

Die Küche teilte die Gastwirtschaft vom Wohnbereich des Hauses. Dort wurde für die Gäste und für die Familie dieselbe Hausmannskost zubereitet. War die Tür zur Gastwirtschaft geschlossen, so konnte man durch den Kuhstall dennoch in den Korridor gelangen. War Linda zu Hause, so erschien sie unmittelbar, wenn man sie rief, öffnete den Saal zur Gastwirtschaft und stellte sich hinter den Herd. Hier in der Bauernschenke, wo jeder jeden kannte, pulsierte das Herz des Dorfes. Da es fernab von jeder Durchgangsstraße lag, verirrte sich nur selten ein Fremder in den Dorfkrug.

Wenn ich Besuch bekam, aßen wir bei Linda. Das passte mir gut, da ich eine miserable Köchin war und seit jeher mehr am Essen als am Kochen interessiert. Die Anekdoten, die meine Gäste zu erzählen wussten, wurden von Linda in die Chronik der laufenden dörflichen Ereignisse eingebaut. Immer öfter besuchten mich Pferdeleute aus der Gegend, die mich inzwischen so gut wie alle kannten. Mein neuer Fremdenführer durch die Pferdehändlerwelt war an der Westküste zu Hause, und er hieß Harm.

Die traurigen Pferde und die einsamen Männer hatten mich seit langem fasziniert. Die Wirklichkeit war in diesem Milieu eher roh als romantisch, der Pferdehandel jedoch interessant für jeden, der nicht nur etwas über Pferde, sondern auch über Menschen erfahren wollte.

Beim Handel mit jungen Pferden wurden Erwartungen und Hoffnungen veräußert; bei Dressurpferden drehte sich fast alles um die menschliche Eitelkeit. Der Verkauf von Ponys war ein Markt für Kinderträume; den von Freizeitpferden trug das Verliebtsein der Frauen, das, ob es Pferden oder Männern galt, stets ähnlichen Gesetzen und Verhaltensmustern unterlag. Tauschgeschäfte unter den Händlern waren ein Wettbewerb an Pferdekenntnis und List, sich in dieser reinen Männerwelt als der Geschicktere und der Verschlagenere zu erweisen. Den Springpferdemarkt nährte vor allem sportlicher Ehrgeiz. Springreiter waren im Allgemeinen ein bodenständiges Volk und mir oft sympathisch; doch der Springsport selbst hatte mich nie sonderlich interessiert. Man sah beim Abreiten und im Parcours für meinen Geschmack allzu viele unschöne Bilder.

Auch Harm war ein Springpferdemann. Marschbauer zudem und Holsteiner mit Leib und Seele. Doch was die Pferde betraf, ließ er auch andere Brandzeichen gelten.

An der fruchtbaren Westküste wohnten die wohlhabenden Bauern, deren Selbstbewusstsein größer und deren Körpersprache und -haltung eine andere war als die der Tielenhemmer Geestbauern, die nie reich gewesen waren und auf ihrem moorigen Land keinen Ackerbau betreiben konnten. Hier gab es nur Grünland oder sogenanntes Unland, und die einzigen Alternativen waren Melken oder Mast.

Unter dem Vorwand, ein Dressurpferd für einen Kunden zu suchen, war Harm bei mir vorbeigekommen und rief mich nun zuweilen an. Um Neuigkeiten auszutauschen oder ganz einfach, um ein bisschen zu klönen. Auch er schien ein Einzelgänger zu sein, ein Dickkopf wie ich, der gern allein und seiner eigenen Wege ging. Er las Bücher und erzählte mir ihren Inhalt, ohne ihn durch intellektuelle Analyse zu zerstören. Wie ein Kind. Das gefiel mir, ebenso wie sein trockener, lakonischer Humor.

Noch waren weder Pferdepass noch Mikrochip eingeführt, und die wahre Identität eines Pferdes war nicht immer leicht festzustellen oder zu belegen. So konnte ein gewöhnlicher brauner Wallach mit Stern und Schnippe vielerlei Namen und Herkunft haben. Alter und Abstammung waren in gewissen Pferdehändlerkreisen durchaus variable Angelegenheiten, und etliche Pferde wechselten unter falschem Namen den Besitzer. Laut Kaiserlicher Verordnung vom 27. März 1899 galt beim Pferdekauf per Handschlag eine Gewährsfrist von vierzehn Tagen, die sich auf die sogenannten Gewährsmängel beschränkte: Rotz, Dummkoller, Dämpfigkeit, Kehlkopfpfeifen, Mondblindheit und Koppen.

»Man soll im Leben stets die Wahrheit sagen, Sylvia«, belehrte mich mein neuer Cicerone. »Doch beim Pferdehandel muss man ihr, wenn sie allzu misslich ist, hin und wieder etwas auf die Sprünge helfen. Das tut niemandem weh ...«

Unsere Reisen führten uns über die Außenbezirke Hamburgs in Richtung Bremen und ins nördliche Niedersachsen. Harm hielt ständig nach Pferden Ausschau, er kaufte und er tauschte. Die besseren Pferde standen in seinem Stall in einem gesonderten Trakt, und sein junger Neffe, der als Pfleger und Bereiter für ihn arbeitete, stellte sie auf ländlichen Turnieren vor. Die anderen waren reine Handelspferde und blieben nie sehr lange.

Harm hatte ein waches Auge für die Qualität eines Pferdes. Ihn haute man nicht so leicht übers Ohr. Eine pieknoble Abstammung allein imponierte ihm ebenso wenig wie exaltierte, überspannte Gänge. »Blender«, konnte er mit süffisantem Grinsen in meine Richtung raunen, wenn einer der Händler mit hochrotem Kopf und knallender Peitsche hinter einem aufgeregten Verkaufspferd herrannte und es auf diese Weise auf Trab zu bringen versuchte. Ich folgte ihm, wenn er in seinem schlendernden Händlergang durch die Stallgassen der Handelsställe ging und beobachtete ihn genau, und er lehrte mich, worauf ich beim Pferdekauf zu achten hatte: Wie man Spat erkannte, wie sich ein Pferd mit beginnender Hufrollenentzündung bewegte, wenn man es aus dem Stall führte, welche Gelenkgallen Schönheitsfehler und welche eher alarmierend waren. Wie das Auge eines ehrlichen Pferdes aussah und wie sich ein Verbrecher bereits im Stall verriet.

»Tücksche Pferde, fünsche Frauen«, sagte er. »Vor beiden nimmt man sich besser in Acht.«

»Das da ist einer für dich!«, konnte er sagen, manchmal ernsthaft, manchmal mit ironischem Unterton, wenn uns ein »Luxuspferd« nach meinem Geschmack über den Weg lief. Mitunter konnte das ein besonders hübsches Springpferd sein, das den Erwartungen im Springparcours nicht recht entsprach, aber eine Zukunft als Dressur- oder gehobenes Freizeitpferd haben konnte. Ein andermal ein Pferd mit einer ungewöhnlichen Farbe, ein bunter Fuchs, ein Tigerschecke oder auch ein Isabell.

Wenn die neuen Pferde leidlich ruhig auf seinem Hänger standen, gingen wir unterwegs in irgendeinem Landgasthof essen, um den abgeschlossenen und hoffentlich erfolgreichen Handel zu feiern. Wir wussten beide einen gelungenen Tag zu genießen und entsprechend zu würdigen, darin waren wir uns ähnlich. Doch er war einsamer als ich, selbstverständlich, denn er war ja ein Mann, und was die Verlorenheit der Männer anging, so war das ein Gebiet, auf dem ich mich mittlerweile als Expertin betrachtete. Meine Energie war für viele Männer ein Magnet, so viel hatte ich inzwischen begriffen, und sie wollten in meiner Gesellschaft ein wenig an meinem Lebensmut und Optimismus teilhaben. Frauen waren im Allgemeinen nicht so sorglos wie ich, hielten mehr auf sich, waren ernsthafter und penibler, was die Realitäten des Alltags betraf. Mein Hang zum Alleinsein, mein Bedürfnis nach Unabhängigkeit, mein Eigensinn hinter stets verbindlicher Fassade und meine Daseinsfreude; wie ging das alles zusammen? Das war ein Geheimnis, das Männer in meiner Nähe gern lösen wollten, doch Geheimnisse behält man besser für sich.

Immer öfter rief Harm sonntags vormittags an. Fragte, ob ich ihn nicht besuchen wolle. Sein schweigsamer Neffe und Bereiter hatte dann frei. Und während der nach Norden fuhr, zum elterlichen Hof bei Husum, wo er als Arbeitskraft dringend gebraucht wurde, machte ich mich auf den Weg gen Westen.

Harm hatte auf mich gewartet. Wir standen nebeneinander auf dem Deich, sahen über das auflaufende Wasser in der Meldorfer Bucht, wo jede Menge königlicher Pferde und Reiter begraben lagen. Ersoffen. Bei Springflut. Das war bald fünfhundert Jahre her, beim Krieg gegen die Dänen. »Immer diese dummen Dänen«, sagte er und lachte.

Er roch gut, und ich betrachtete verstohlen sein Profil mit der leicht gebrochenen Linie des Nasenrückens. Ein Mann vom Flachland, vom unwägbaren Watt, von den Salzwiesen mit würziger Luft und ständigem Wind und mit Schafen wie Sand am Meer. Ein einsamer Mann mit Hunden. Jagdhunden und Terriern. Er liebte seine Hunde, hier, zu Hause, schwänzelten sie stets um ihn herum. Die Jagdhunde still und unterwürfig und die Terrier lebhaft und laut. Er nahm ihnen nichts übel, vor allem die frechen Terrier durften machen, was sie wollten.

Sein Hof lag unweit vom Deich. Ein trotziges, großes Backsteingebäude, leicht erhöht wie auf einer kleinen Warft und von alten Bäumen und einem hohen Drahtzaun umgeben, hinter dem Damwild und junge Pferde grasten.

Innen war das Haus recht düster, und es herrschte eine einschüchternde Atmosphäre. Irgendetwas Unheilvolles lag hier in der Luft. Er lebte allein. In der geräumigen Küche stand stets Essen im Herd, von einer Haushälterin vorbereitet, die ich nie zu Gesicht bekam. Vielleicht eine ältere Verwandte? Seine Sippschaft wohnte überall, wie ein großer Clan, einer war dem anderen nicht recht grün, obwohl man offiziell zusammenhielt und nicht miteinander verfeindet war. Komplizierte Familienbande. Wie die Ketten, die ich draußen manchmal klirren hörte. Oder war das nur der Wind?

Der Pferdestall war hoch und freundlich. Eine ehemalige Scheune mit großen Boxen, wo die Pferde im frisch aufgeschütteten, reichlichen Stroh raschelten. Er mochte es, wenn es den Tieren gutging. Eine andere, halbdunkle Scheune diente als Reithalle. Dort waren auch ein paar Sprünge aufgebaut, um die ich mich nicht kümmern sollte, sagte Harm, der ein erstes Pferd bereits für mich gesattelt hatte. An den Sonntagen, an denen der Neffe frei hatte, ritt ich stets ein paar der Handelspferde. Danach gab es warmes Essen in der Küche und Kaffee in der guten Stube, einem Raum mit dunklen, schweren Möbeln, Bücherregalen und verblichenen Fotos von Turnierpferden an den Wänden. Harm saß in seinem Sessel wie ein Patriarch, während ich in einer Ecke des gewaltigen Sofas kauerte, einen Becher Kaffee und einen Teller mit gigantischen Kuchenstücken vor mir auf dem Tisch. »Iss!«, sagte Harm. »Lang zu!« Die Jagdhunde lagen zu seinen Füßen, während die Terrier sich neben mir auf dem Sofa räkelten.

Dann musste ich nach Hause. Meine Pferde warteten auf mich, und dafür hatte Harm Verständnis.

»Schöner Tag. Komm mal wieder«, sagte er. Seine Hand auf meiner Schulter. Ein paar Säcke mit Mohrrüben aus eigener Ernte hatte er in den Kofferraum meines Autos gestellt.

»Für deine Pferde, die armen, da bei euch in der kläglichen Geest.«

»Eine Romanfigur!«, kommentierte S. meine Beschreibungen der Sonntagnachmittage auf Harms Hof, wenn ich ihm bei unseren wöchentlichen Abenden beim Kieler Griechen davon erzählte. Ich war sein Fenster zu einer Welt, zu der er selber keinen Zugang hatte, doch über die er gern mehr erfuhr. Auch er war schließlich kein Akademiker, hatte nie das Abitur bestanden, sondern war Autodidakt, und auch seine Romanfiguren waren eher praktische als studierte Menschen.

»Wie sieht er aus?« Ich musste etwas nachdenken. Er war groß und hatte breite Schultern. Er sah eigentlich ganz gut aus. »Gut sagt gar nichts«, krittelte S. »Das solltest du inzwischen wissen. Was hat er für Besonderheiten?« Das gebrochene Profil der Nase. Das zögerliche Lächeln. »Wie bewegt er sich?« Er schien in seinem Körper zu Hause zu sein. Sein Gang war geschmeidig, er bewegte sich mit einer unbewussten maskulinen Anmut. »Sieh ihn dir gut an«, sagte S. »Irgendwann wirst du über ihn schreiben.«

Aber mir war mehr nach leben als nach schreiben zumute, und meine Pferde hielten mich ständig auf Trab. Doch auch S. war allmählich dahintergekommen, dass das Leben in gewisser Weise oder doch zumindest manchmal dem Schreiben überlegen sein konnte. Für jemanden wie ihn eine bedeutende Erkenntnis.

»Zum ersten Mal seit siebenundsechzig Jahren weiß ich meine eigene Gesellschaft zu schätzen«, sagte er, der bislang nie recht allein sein mochte und womöglich deshalb so oft verheiratet war. »Jedenfalls so dann und wann.« Und ich lobte ihn wie ein tüchtiges Kind und sagte: »Gut so. Willkommen im Klub der einsamen Wölfe!«

Abends rief fortan nicht nur S. mich an, um mir gute Nacht zu wünschen. Auch Harms Stimme gehörte nun zu meinen Einschlafroutinen. »Schlaf gut«, sagte er, »und träum mir keine Dummheiten!« Seine Stimme war ein wenig weicher, seine Ironie ein wenig liebevoller. Manchmal fragte ich mich, warum er keine Frau hatte, doch ehe ich eine mögliche Antwort auf diese Frage gefunden hatte, war ich bereits eingeschlafen. Meine Tage waren lang, und die viele körperliche Arbeit in frischer Luft machte müde.

Dann rief Harm zur falschen Tageszeit, nämlich am Nachmittag, an und kam grußlos und ohne große Umschweife direkt zur Sache: »Ich weiß ein echtes Luxuspferd für dich. Steht bei Otto Tomsen. Frag nicht, fahr lieber los. Er weiß, dass du unterwegs bist.«

Tomsen wohnte etwas außerhalb von Hennstedt in einem leicht heruntergekommenen Hof, den er mietete, seit sein eigener Heider Handelsstall in Konkurs gegangen war. In der ehemaligen Scheune hatte er ein paar provisorische Pferdeboxen und einige Ständer mehr schlecht als recht zusammengezimmert. Wo die Riegel nicht mehr richtig ins Schloss gingen, waren die Boxentüren mit Strohbändern zugebunden. Sowohl Tomsen als auch die Pferde, mit denen er handelte, hatten bessere Tage gesehen. Was ihn betraf, so tat der Alkohol zu seinem Abstieg ein Übriges. Abends war er selten nüchtern. Von allen traurigen Pferden und einsamen Männern waren seine Pferde mit Abstand die traurigsten, und er war der einsamste Mann. Harm und er waren alte Bekannte, doch ich kannte ihn eher flüchtig, mehr vom Hörensagen. Er hingegen schien genau über mich im Bilde zu sein. Wusste, wo ich wohnte und woher ich kam, welche Pferde seit wann in meinem Stall standen und wo ich sie gekauft hatte. Woher er diese Kenntnisse hatte?

Er lächelte ein wenig vage, vom Alkohol bereits leicht umnebelt, da der Abend nahte, doch er nahm sich, so gut er nur konnte, zusammen und stand nun, ein wenig zu stramm und zu gerade, irgendwie heroisch und doch so hoffnungslos verloren da.

»Mein liebes Frollein. Ich habe Sie lange genug beobachtet.«

14. Juni

Nero. Zeit für die nächste Etappe. Trab und Galopp an der Doppellonge, bevor wir mit dem Reiten beginnen. In der Schwebephase im Trab und im Galopp sind alle vier Hufe für Augenblicke vom Boden gelöst. Schweben. Das erleichtert und befreit.

Meine eigenen jungen Pferde bereite ich inzwischen stets langsam und vorsichtig auf die Arbeit unter dem Sattel vor. Ich will nicht, dass sie das Anreiten wie einen Schock erleben; lasse sie daher bereits als Zweijährige an der Doppellonge in geregeltem Schritt und Trab im Gelände vor mir hergehen und gewöhne sie so an kontinuierliche und kontrollierte Bewegung. Dadurch kann ich langsam und ohne dass ein Reitergewicht auf ihren Rücken drückt, Kondition und Muskeln aufbauen. Die Arbeit draußen, in der freien Natur, hat zudem den Vorteil, dass die Pferde mutiger werden und nicht so leicht scheuen, wenn sie erst unter dem Sattel sind. Diese Methode ist, was Dressurpferde angeht, etwas unkonventionell. Zeitaufwendig ist sie allemal und, zumindest im unsteten Inselfrühjahr oder späten Herbst, nicht immer bequem, wenn ich mich von schlechtem Wetter auch kaum abschrecken lasse. Die Wahrnehmung von Regen habe ich weitgehend abzustellen gelernt (wenn es nicht gerade in Strömen gießt) und ein Fitnessstudio nicht nötig. Pro Arbeitsjahr verschleiße ich etliche Paar Stiefel.

Gehen ordnet die Gedanken und befriedet Emotionen. Die stetige Vorwärtsbewegung verhindert Grübeleien. Kann ein Pferd grübeln? In gewissem Sinne, ja. Grübeln bedeutet, sich nicht von Vergangenem lösen zu können, ganz gleich, ob es sich um Gedanken oder um Verhaltensmuster handelt. Um frei zu werden, muss man vorwärtsdenken und nach vorn sehen. Einzig damit hat die Veränderung zu tun, die mit Nero während der letzten Wochen geschehen ist, und auf die Elisabeth kaum zu hoffen wagte.

Die Gangart Trab: ein Zweitakt. Marschmusik und Disziplin. Der Galopp: ein Dreitakt. Walzer und eher spielerisch, wenn balanciert und bergauf gesprungen. Bauch- und Rückenmuskeln des Pferdes arbeiten in gleichmäßigem Wechselspiel. Der Galopp bringt vor allem die Atemfrequenz des Pferdes ins Gleichmaß: pro Galoppsprung atmet es ein Mal. Je länger der Galoppsprung, desto tiefer dieser Atemzug. Das erklärt, warum freies Galoppieren so heilsam für Körper und Geist ist: Tiefes Durchatmen belebt.

16. Juni

Schwarze Pferde. Nur für den Uneingeweihten sehen alle Friesenpferde einander ähnlich. Je besser man sie kennt, desto größer erscheinen einem die Unterschiede. Das schwarze Fell eines Friesen kann viele Nuancen haben, vom Blauschwarz der Glanzrappen bis zu den im Sommer leicht rötlichen Winterrappen. Einige Friesen haben das ganze Jahr über einen (unerwünschten) auberginefarbenen Ton im schwarzen Fell. Die Tiefe der Schwärze ist unter anderem hormonell bedingt. Hengste werden, wenn man sie kastriert, oft bräunlich. Bei Pferden ist, anders als bei Menschen (?), Schönheit eher ein maskulines Attribut.

Ich habe viele unterschiedliche Friesenpferde ausprobiert, ausgebildet, korrigiert und eingeritten. Es gibt unter Menschen wie unter Pferden solche, die einem (oft auf Anhieb) unsympathisch sind. Bei Pferden (und übrigens auch bei Menschen) habe ich dieses Gefühl nicht sehr oft, doch es kommt vor. Inzwischen vermeide ich es, mit Pferden, die mir nicht sympathisch sind, zu arbeiten. Es kommt kaum etwas Gutes dabei heraus.

Früher war ich in diesem Punkt weniger radikal und habe (zu Recht) dafür Lehrgeld zahlen müssen. Man ist weniger aufmerksam und weniger geduldig mit einem Pferd, dessen innerstes Wesen einen aus irgendeinem Anlass irritiert. Bei einem Job mit einer jungen, meiner Ansicht nach gestörten Stute habe ich mir vor ein paar Jahren einmal ganz unnötig ein paar Rippen gebrochen. Irritation macht arrogant und unaufmerksam, und schnell ist mit jungen und schreckhaften Pferden ein Unglück geschehen. Ich musste in diesem Sommer mit gebrochenen Rippen weiterarbeiten, was sehr schmerzhaft war, und wurde täglich an meine Lektion erinnert: Auf die richtige Einstellung kommt es an.

TESTOSTERON

Futterzeit. Die müden Handelspferde in Tomsens Stall wurden wach. Wieherten leise, scharrten im Stroh. Eine magere, braune Stute legte die Ohren an und bleckte die Zähne. Der kleine Schecke schlug ein paar Mal hart mit den Hinterhufen gegen die hölzerne Wand.

Die Pferde der Kategorie, mit denen Tomsen handelte, teilten ein unerfreuliches Los. Von Händler zu Händler weitergeschoben und wieder und wieder gegeneinander eingetauscht, blieben sie, einmal in diesen Kreislauf hineingeraten, oft für unbestimmte Zeit in ihm gefangen. Viele von ihnen waren mit Mängeln behaftet, und private Käufer, die aus Unbedarftheit ein solches Pferd erwarben, gaben es häufig, sobald sie die Fehler entdeckt hatten, an den nächstbesten Händler wieder ab. Lediglich im Sommer verkaufte Tomsen einen Teil seiner Pferde an Ringreiter, die für diese ländlichen Volksfeste stets preiswerte Pferde suchten. Außer der Fähigkeit, gut und sicher galoppieren zu können, stellten sie keine größeren Anforderungen. In der übrigen Zeit des Jahres hielt er sich mit Tauschgeschäften über Wasser, bei denen ein Händler den anderen zu übervorteilen versuchte und der skrupellosere stets gewann.

Im Stall herrschte Schummerlicht. Eine nackte Glühbirne hing über unseren Köpfen in der Stallgasse. Tomsen füllte Hafer in die Futterkrippen und kommentierte lakonisch die Riege seiner trostlosen Kandidaten: der Norwegerwallach im ersten Ständer hatte Rehe und vertrug kein junges Gras. Nach kurzem Weidegang war er bereits stocklahm. Seine Nachbarin, die braune Stute mit Westfalenbrand, litt unter Sattelzwang. Der kleine Schecke in der baufälligen Ponybox war mit 1,50 Meter Stockmaß zwei Zentimeter zu groß und damit bei Ponyturnieren nicht mehr startberechtigt, was seinen Verkauf erheblich erschwerte. Der Schleswiger Wallach hatte Mauke in allen vier Fesselbeugen. Dort, wo der verkrustete Schorf sich löste, sonderte die wunde, infizierte Haut ein stinkendes Sekret ab. Tomsen hatte resigniert. Zinksalbe. Grüne Seife. Lebertran. Alles probiert. Alles Mist.

Auf der anderen Seite der Stallgasse befand sich eine einzige Box. Sie war etwas größer als die der anderen Pferde, und hier, etwas abseits von den gewöhnlichen Handelspferden, stand das »Luxuspferd«, dessentwegen ich gekommen war: ein pompöser Schimmelhengst mit langer, silbergrauer Mähne, einem Schopf, der ihm bis zu den Nüstern reichte, und großen, dunklen Augen hinter diesem Vorhang aus silbrigem Haar. Tomsen fütterte ihn zuletzt, und der Hengst beroch mit vornehmer Zurückhaltung den gequetschten Hafer, nahm schließlich ein Maul voll davon und kaute dann skeptisch und ohne Gier.

»Spanier. Pura raza. Ganz andre Sorte Pferd. Außerdem richtig rar.« Damit hatte er recht. Der große Boom spanischer Pferde, der in den neunziger Jahren den deutschen Pferdemarkt geradezu überschwemmen würde, hatte noch nicht eingesetzt. Andalusische Pferde waren in Deutschland eine Seltenheit.

Das iberische Pferd ist das Dressurpferd per se. Die klassischen Meister des Dressurreitens im Frankreich des 16. und 17. Jahrhunderts, der Wiege der Reitkunst, ritten solche Pferde. Es waren die tanzenden Pferde Pluvinels und La Guérinières, die man auf jenen schönen, alten Stichen sieht. Hier, in Tomsens drittklassigem Dithmarscher Verkaufsstall, begegnete mir ein solches Pferd zum ersten Mal in der wirklichen Welt. Ein entscheidender Augenblick in meinem Leben mit Pferden, und ich betrachtete den imposanten Hengst mit entsprechender Andacht, was Tomsen Mut machte. Er stellte sich neben mich. Seine schwarze Lederjacke knarrte. Er röchelte seinen Raucherhusten und sammelte Kraft.

Schließlich legte er dem Schimmel eine Trense auf, um

ihn mir an der Hand vorzumustern. Er hatte keine Halle, nur einen sandigen, behelfsmäßig eingezäunten Platz, und den Hengst dort frei laufen zu lassen, riskierte er lieber nicht. Als der Schimmel aus dem Halbdunkel nach draußen ins Licht kam, warf er gebieterisch den Kopf hoch, und die Fanfare seines lautstarken Wieherns schmetterte über den Hofplatz. »Immer sutsche, mein Jung!«, keuchte Tomsen, der in seinen ausgelatschten Clogs nur mit Mühe und Not mit dem tänzelnden Prachtpferd Schritt hielt.

Im Wohnhaus herrschte Chaos. Kalter Zigarettenrauch stand in der Luft. Tomsen wollte mir die spanischen Papiere zeigen. Zeitungen, Kleider und ungeöffnete Post bedeckten das Sofa, und auf dem Tisch stand benutztes Geschirr. Er schaufelte eine Ecke des Sofas frei und setzte in der angrenzenden Küche die Kaffeemaschine in Gang.

Der Kaffee schmeckte lausig. Seinen eigenen hatte Tomsen vorsorglich zur Hälfte mit Schnaps verdünnt. Der spanische Abstammungsnachweis sagte mir nicht viel. Das Pferd dafür umso mehr. Español hieß es. Ich trank mit Todesverachtung einen zweiten Becher der inzwischen lauwarmen, bitteren Brühe, teils, da Tomsen mit dem Preis nicht richtig rausrücken wollte. Teils, weil der Mann mit dem rotfleckigen Gesicht und den ertrinkenden Hundeaugen mich in all seinem Elend so lähmte.

»Der Bursche ist stark und braucht Arbeit. Schlage vor, Sie probieren ihn ein paar Tage bei sich in Tielenhemme aus. Dann schnacken wir weiter«, schlug er vor, und die Sache war abgemacht.

Am folgenden Tag fuhr der grüne Diesel mit dem Pferdehänger bei mir vor, und Tomsen, nun leidlich nüchtern und ganz munter, kam mit einem neuen Vorschlag.

»Sie können reiten. Ich kann handeln. Vielleicht ist der Hengst seine zehn Mille wert? Oder sogar zwanzig? Wir teilen fifty-fifty, Frollein, und schnappen uns jeder was dran. Gemeinsam sind wir unschlagbar.«

Was ich bezweifelte. Doch Español stand nun in meinem Stall.

Anfangs war der Hengst recht ungebärdig. Doch nachdem das Thema des Respekts geklärt war, ordnete er sich geradezu erleichtert unter und erwies sich als ein kluges, nervenstarkes Pferd, das willig vorwärtsging und eigentlich recht leicht zu reiten war. Sein Trab mochte wenig raumgreifend und der Schritt recht kurz sein, doch er hatte Ausstrahlung und Charakter, war klug und selbstsicher, und er machte mir täglich mehr Spaß. Sein lautes Wiehern hallte, während wir über die Tielenhemmer Feldmark galoppierten, durch das ganze Dorf, und alle wussten, dass wir unterwegs waren.

Mir war bald klar, dass der vorige Besitzer mit diesem Hengst nicht klargekommen war und ihn deshalb (vermutlich billig) loswerden wollte. Im Grunde war Español ein gutmütiges Pferd. Doch wie alle Hengste testete er seinen Reiter. Und einem Menschen, den er als ihm unterlegen befand, verweigerte er Zusammenarbeit und Gehorsam. Das war ganz natürlich und nur, wer von Pferden nichts verstand, würde etwas anderes erwarten.

Es dauerte nicht lange, und ein Gerichtsgutachter meldete sich bei mir. Er hatte gerüchteweise erfahren, dass sich in meinem Stall ein spanischer Hengst mit dem Namen Español befand. Und es verschlug ihm fast die Sprache, dieses angeblich tote Pferd bei mir so quicklebendig vorzufinden. Versicherungsbetrug. Der vorige Käufer, ein betuchter Düsseldorfer, hatte mit dem Pferd für Aufsehen sorgen und die Schande, dass er mit ihm nicht zurechtkam, dann mit einer erfundenen Geschichte von Notschlachtung vertuschen wollen.

Tomsen gab es unumwunden zu: Er selbst hatte den Hengst zum doppelten Schlachtpreis von einem dubiosen Händler gekauft, der ihn im Auftrag seines Vorbesitzers zum Schlachter bringen sollte, das kerngesunde Tier aber dann dafür als zu schade befand. Seine Hoffnung, ein derart auffälliges Pferd irgendwo in Schleswig-Holstein in der Versenkung verschwinden lassen zu können, war recht töricht. Dafür war die Pferdewelt zu klein.

Was Tomsen betraf, so hatte er die Lust am Handel mit spanischen Pferden verloren. Auch wenn weder er noch ich diese Geschichte hatten ahnen können, so war ein Pferd, dessen Herkunft einem halben Roman entsprach, nichts für ihn.

Er bot mir daher den Hengst zum Einkaufspreis an. »Plus ein paar Hunderter. Dann sind wir alle zufrieden.« Wer konnte da widerstehen?

Hengste sind faszinierende Geschöpfe. Lebendiger als Wallache und Stuten. Ausgeschlafener, schneller in ihren Reaktionen und im Falle eines Falles auch gefährlicher.

Testosteron ist der Stoff, der unsere Welt vorantreibt und sie zugleich auch stets bedroht. In diesem Sommer bot sich mir ausgiebig Gelegenheit, die Wirkung dieses Hormons auf Pferd und Mensch zu studieren. Das männliche Hormon macht viril und wach, aggressiv und hitzig. Pferde werden unter seinem Einfluss schön und ausdrucksstark, Männer macht es mächtig, und die Balance zwischen Willensstärke und Aggression gerät dabei leicht ins Wanken. Als Frau hatte ich es da schon leichter, lehnte mich zurück, beobachtete das Imponiergehabe und behielt, wie ich glaubte, stets die Zügel in der Hand.

Von zwei Männern gleichzeitig umworben zu werden, konnte durchaus kurzweilig sein. Harm und Tomsen versuchten mir jeder auf seine Art zu imponieren. Tomsen, indem er neue Geschäfte mit neuen Pferden vorschlug; er kaufte, ich ritt. Harm, indem er war, wie er war.

Manchmal waren wir zu dritt unterwegs und sahen Pferde an. Teilten Hoffnung und Enttäuschungen. Meine Absicht, Pferde zu »retten«, solchen Unsinn behielt ich besser für mich. Obwohl Harm mich womöglich durchschaute. Seine spöttischen Blicke sprachen ihre eigene Sprache, und ich fragte mich, warum wir Frauen eigentlich immer alle retten und erlösen wollen und wovon. Von dem Unvermögen, zu leben und zu sterben und zu lieben?

An einem sonnigen Tag Mitte September waren wir zu dritt in der Nähe von Bremen auf dem Hof eines Händlers namens Lohmann, dessen Worte desto schöner wurden, je schlechter seine Pferde waren. Keine Geschäfte zu machen.

Wir standen unschlüssig vor dem Stall, und die beiden Männer sahen leicht verdrossen aus. Ein Duft von frisch gepresstem Heu wehte heran, süß und unpassend für die Jahreszeit, den beginnenden Herbst, doch viel betörender als im Sommer. Ein dritter oder vierter Schnitt. Tomsen pladderte unbehindert weiter, doch Harm hob nun den Kopf, sein Blick streifte meinen, seine Augen lächelten. Und auf einmal fiel etwas mich an mit archaischer Übermacht und riss mich beinahe um. Mir wurde schwarz vor Augen, und ich musste mich gegen den Pferdehänger lehnen.

»Zeit, irgendwo einzukehren!«, beschlossen die Männer. »Sylvia kippt uns bald um!« Harm grinste vielsagend, so als habe er begriffen, wie es um mich stand. Tomsen hustete und röchelte: »Das Frollein laden wir natürlich ein!«, woraufhin Harm ihn zurechtwies: »Schluss jetzt mit dem blöden Fräulein und dem Sie!« Und auf Harms Geheiß drückt Sylvia nun Ottos schweißwarme Hand und sieht seine beglückten Hundeaugen in schmutzig weißen Wolken schwimmen.

Alles andere geht mich nichts mehr an. Im Auto schließe ich die Augen, um meine neue Wirklichkeit zu sehen: sein Profil mit der gebrochenen Nasenlinie, ihn. Ein Heimweh hat mich überwältigt, von dem ich nicht weiß, ob es mich leben lässt oder sterben, und eigentlich will ich nichts von beidem. Nur ihn. Und dieser dumme, rote Muskel pumpt mich so voll mit Adrenalin und Glück und Weltschmerz, dass meine Haut auf einmal viel zu dünn ist für diesen Körper, der mit mir macht, was er will.

Unsere Welt dreht sich weiter. Doch auch, wenn wir nach wie vor dasselbe tun, Pferde ansehen, Worte machen, wahre oder falsche, wird fortan nichts mehr so sein, wie es einmal gewesen ist.

18. Juni

Sommer. Von nun ab verbringen die Friesenpferde in Hörlösa ihre Nächte draußen und die Tage im schattigen, stets kühlen Stall. Das große Stalltor ist geöffnet, so dass sie hinaus auf den Hof sehen können. Die Friesen vertragen die schwedische Kälte gut und auch den Schnee, der in ihrer holländischen Heimat ja eher selten und wenn, dann nicht sehr reichlich fällt. Es ist die Hitze, unter der sie leiden. Im Verhältnis zu ihren großen und stabilen Körpern haben sie ein geringeres Herz- und Lungenvolumen als Warm- oder Vollblutpferde. Es empfiehlt sich nicht, von einem Friesenpferd in extremer Sommerhitze Höchstleistungen zu verlangen. Die Atmung eines überforderten Friesen wird schnell und flach, der Puls beginnt sich fast zu überschlagen. Meine Pferde sind dankbar für den Aufenthalt im Schatten und warten am späten Vormittag bereits am Koppeltor, um eingelassen zu werden. Wenn ich das Tor geöffnet habe, gehen sie allein in den Stall, jeder in seine eigene Box.

20. *Juni*

»Lieber Sandström, Karin wird sich demnächst bei Ihnen melden. Morgen zeige ich ihr Andries. Sie sucht ein auffälliges Showpferd und ist bereits in Holland und in Dänemark gewesen, ohne ihr Traumpferd zu finden. Kein Wunder, da es ja hier in Hörlösa steht. Noch etwas zu Andries: wer sich an der Abstammung stört (kein echter Rypke) und den Preis mit diesem Argument zu drücken versucht, der hat ihn, jedenfalls in meinen Augen, nicht verdient. Sie sollten in diesem Punkt nicht mit sich handeln lassen. Zumal es ja bekanntlich äußerst schwer ist, mit einem Wallach zu züchten …«

Andries, der »unechte« Rypke-Sohn, den wir als junges Pferd bereits einmal verkauft und dann vor einem halben Jahr wieder zurückgekauft haben, da seine Besitzerin mit zwei kleinen Kindern nun keine rechte Zeit mehr für ihn hat. Groß und imposant ist er, mit langer, dicker Mähne und den sonderbarsten Augen, die ich je bei einem Friesen gesehen habe. Ihre Iris ist von einem etwas helleren Braun als gewöhnlich und dazu fast transparent. Sein besonderer Blick macht Andries für mich mehr zu einem Wesen als zu einem Pferd. Wer weiß, wie er mit diesen Augen unsere Welt sieht?

So selbstbewusst er als drei Wochen altes Fohlen auch war, so ist er nun ein etwas unsicherer und noch unreifer Riese, der in seinen erwachsenen Körper erst einmal hineinwachsen muss. Das ist bei großgewachsenen Pferden gar nicht so selten der Fall. Ich reite ihn sehr vorsichtig und niemals länger als zwanzig Minuten. Die Konzentration eines jungen Pferdes lässt ebenso schnell nach wie die eines Jugendlichen im Schulunterricht. Danach wird das Reiten leicht zu einer rein mechanischen Form der Bewegung, das Pferd lernt nichts dazu, und eine Kommunikation zwischen Pferd und

Reiter findet kaum noch statt. Zwei kurze Trainingseinheiten sind daher immer besser als eine lange.

Bei der Arbeit mit jungen Pferden ist es für mich entscheidend, vor allem ihre Lebens- und Bewegungslust zu fördern. Frische, Anmut und innere Glut eines jungen Pferdes sind allzu leicht verbraucht und zerstört und dann durch nichts zu ersetzen.

DAS ANDERE ENDE DER WELT

»Mein liebes Herz«, sagte S. »Natürlich liebt er dich. Wie könnte es denn anders sein?«

Unsere wöchentlichen Abende beim Kieler Griechen standen noch immer unter dem Zeichen der Liebe. S. traf inzwischen zahlreiche Frauen. Leserinnen, Buchhändlerinnen, Studentinnen, Germanistinnen. Ablenkungsmanöver nannte er sie. Wenn auch oft recht angenehme, wie er zugab. Jede von ihnen wähnte sich als die Einzige, der es vergönnt war, den alternden Schriftsteller aus seiner Kieler Einsamkeit zu retten. S. spielte unschuldig, als ich ihn darauf hinwies. Er hatte noch immer Angst vor der Einsamkeit, flirtete routiniert, und seine Billets doux an die Damen waren wie Etüden für sein Schreiberhirn und seine Schreiberfinger, damit die Melodien der Minne ihnen geläufig blieben und sie nicht ganz aus der Übung kamen, erprobte Formeln und Floskeln auf gefällige Weise neu zu montieren.

Die meisten Kandidatinnen stellte er mir irgendwann vor; leicht verlegene und oft sympathische Frauen, die auf diejenige, deren Fotos noch immer in vorderer Reihe auf seinem Schreibtisch standen, einen guten Eindruck machen wollten. Eine unausgesprochene Solidarität verband uns, denen sein seelisches und körperliches Wohl gemeinsam am Herzen lag. Die Liebesbriefe, die er mir schrieb, schlugen allmählich einen neuen Ton an. »Wo immer Du bist, wie immer Du lebst, so bist und bleibst Du mein innerstes Zentrum, das Herz aller Dinge.«

Ungeachtet seiner bald achtundsechzig Jahre war er noch immer in das Verliebtsein verliebt, und ungeachtet der Unwürdigkeit dieses Zustands in seinem Zustand sehnte er sich danach, die Euphorie noch einmal zu erleben; wenn schon nicht am eigenen Leib, so doch aus zweiter Hand.

Als erfahrener Pyromane auf diesem Gebiet trieb ihn das schmerzliche Verlangen, die Flammen erneut lodern zu sehen, immer zu hoch und zu heiß. Diese altbewährte Exaltiertheit, die sich, ob im antiken Drama oder in der Operette, so gern und willig als die Liebe selbst verkauft.

»Erzähl mir von Harm Jensen!«, sagte er, beugte sich unter den wissenden Blicken des mageren Kellners zu mir vor, lauschte meinem Liebesmärchen vom Land und versuchte, mir großherzigen Rat zu geben. Doch in Sachen Liebeswahn konnte mir niemand raten. Selbst Harm verlor ja ein bisschen den Verstand vom Leichtsinn und vom Schwindel beim Blick in die Tiefe.

S. warnte mich. »Männer sind Fluchttiere, viel furchtsamer als Frauen. Ihre Seelen atmen Angst. Im Gefühlsleben sind sie entweder Kamikazepiloten, so wie ich. Oder sie stehen mit beiden Füßen fest auf dem Boden und ergreifen beizeiten die Flucht.«

»So wie Harm?« S. lächelte.

»Was soll ich tun?«

»Mach ihm Mut.«

Doch als alte Ängstebezwingerin konnte ich allenfalls mir selbst Mut machen. Auch ich erwog die Flucht; eine Flucht nach vorn. Immer öfter blätterte ich in einem Bildband über Neuseeland. Wo, wie ich mir einbildete, keine unsichtbaren Ketten im Wind klirrten.

»Wie stellst du dir das vor?«, fragte Harm.

»Abhauen. Zusammen. Ganz weit weg. Anderes Land. Anderer Erdteil.«

Er schüttelte den Kopf. Doch er hörte mir immerhin zu.

»Neuseeland liegt auf der anderen Seite der Erde.«

»Das geht nicht«, sagte er. Doch ich sah ihm an, dass er sehr wohl überlegte, ob es ging.

»Behalte deinen Hof, wenn du willst«, sagte ich. »Ich verkaufe meinen. Ich krieg das Geld irgendwie zusammen.«

»Hör mal.« Er verstand allmählich, dass ich nicht nur Worte machte. Legte gleich die Ohren an. »Ein Mann kann das nicht«, sagte er. »Ein Mann will das nicht. Sich verlieren und verrennen in ein Gefühl, bis dir alles andere egal ist. Dein Leben und die Pferde. Nichts mehr Wert und Wichtigkeit hat. Nur die Augen und die Stimme und die Haut von einer einzigen Frau.« – »Will so was nicht«, sagte er. »So was Verrücktes. Lass uns aufhören damit. Du hast Tielenhemme. Deinen Hof. Und ich meinen.«

»Bedeutet mir nichts«, sagte ich.

»Und deine Pferde, die du so liebst«, sagte er.

»Dich«, sagte ich. »Dich, dich, dich.«

»Schluss jetzt«, sagte er. »Beruhige dich. Komm zu dir. Neuseeland gibt es nicht. Es muss jetzt endlich Schluss sein damit.«

Doch ich war außer mir. Seine Beschwichtigungsversuche machten mich rasend. Und ich konnte ja seine Nerven so verheißungsvoll flattern sehen. Wie bei einem Pferd, das durchzugehen droht.

»Geht schon vorüber«, sagte er etwas heiser. »Wir schaffen das schon. Einfach an was andres denken. Geh du mit Otto Tomsen aus, der freut sich. Mach irgendwas, das dich auf andere Gedanken bringt.«

»Ganz, wie du willst«, sagte ich.

21. *Juni*

Pferdeverkauf. Andries, der von Karin ausprobiert wird, lässt mich nicht aus den Augen. Die fremde Reiterin auf seinem Rücken verunsichert ihn. Ich kenne diese Reaktion von vielen jungen Friesen. Sie sind mehr als andere Pferde auf ihren ständigen Reiter und Pfleger, in diesem Falle also auf mich, fixiert. Ich reite die Pferde stets vor, damit der Käufer einen ersten und hoffentlich guten Eindruck bekommt. Das habe ich in meinem Leben unzählige Male getan, und dennoch bin ich stets aufs Neue ein bisschen nervös. Schließlich sind es Sandströms Pferde, und ich will meinen Job so gut und professionell wie möglich machen, auch wenn ich an den Pferden hänge und ihrem Verkauf meist mit gemischten Gefühlen entgegensehe. Die Pferde spüren die veränderte Situation sofort und benehmen sich oft anders als im täglichen, gewohnten Training. Das gilt es, beim Vorreiten geschickt zu überspielen.

Ich rate nie zu einem Kauf, wenn ich nicht den Eindruck habe, dass Pferd und Reiterin wirklich zusammenpassen. Mein hauptsächliches Interesse ist es ja, miteinander harmonierende Reiter und Pferde für die Friesenquadrille zusammenzuführen. Und ein unzufriedener Pferdekäufer macht nur negative Reklame. Andries habe ich sofort, als wir ihn vor einem halben Jahr zurückkauften, als Karins zukünftiges Pferd gesehen. Er ist zwar noch etwas zaghaft, doch mit zunehmendem Alter wird er mutiger und zuverlässig werden. Vor allem ist er nicht überempfindlich, und Karin braucht ein solches Pferd, das keine allzu feinen Hilfen verlangt und seinem Reiter ab und zu einen kleinen Fehler verzeiht.

Als Andries wieder im Stall steht und wir auf der Veranda meines Hauses eine Tasse Kaffee trinken, ist Karin recht wortkarg. Ich nehme an, als potentielle Käuferin hält sie das für diplomatisch. Doch das Gegenteil ist bei uns der Fall: ich ziehe begeisterte Pferdeinteressenten vor. Für die lege ich gern bei Sandström ein gutes Wort ein. Wer sich bei den Verkaufsverhandlungen eher indifferent gibt, hat auch bei Sandström stets die schlechtere Verhandlungsposition. Enthusiasmus muss belohnt und für ein Pokerface bezahlt werden. Darin sind Sandström und ich uns einig …

24. *Juni*

Sandström teilt mir via Mail mit, dass er Andries an Karin verkauft hat. In ein paar Tagen heißt es also erneut, von Andries Abschied zu nehmen. Ich bin Abschiede von Pferden gewohnt. Dennoch fallen sie mir bei einigen Pferden schwerer, und wenn ich an die Friesenpferde denke, die in all den Jahren meinen Stall in Hörlösa belebt und bewohnt haben, werde ich stets etwas melancholisch. Doch der Abschied von den Pferden ist nie ein Abschied für immer, denn ich stehe mit so gut wie allen neuen Pferdebesitzern in Kontakt und habe unter ihnen etliche neue Bekannte und Freunde gewonnen.

»Denk dran: bald sind wir alle tot«, pflegt Hansen in seiner trockenen Art zu sagen. »Das ist statistisch erwiesen.«

»Der schöne Andries mit den Augen, die andere Dinge sahen als wir«, sagt er heute Abend am Telefon. »Bald sind alle Pferde für die Quadrille zusammen und keine gemeinsamen Reisen nach Friesland mehr nötig. Erzähl mir mehr von deinem deutschen Leben, ehe es zu spät dafür ist.«

FRIDTJOF NANSEN UND DER TOD EINES PFERDEHÄNDLERS

»Mein Herz. Was ist das für ein neuer Ring?« S. sah auf meine linke Hand, und mir drehte sich fast der Magen um. »Verlobung«, sagte ich. »Sieht man doch.«

Er hob die Brauen. »Wer?«

»Pferdehändler. Die traurige Sorte.«

»Tomsen? Ich verstehe nicht. Warum?«

»Panik. Aussichtslose Liebe. Selbstverständlich nicht zu ihm.«

»Schöner Schlamassel. Und der, den du liebst?«

»Glaubt, mich nicht zu wollen«, sagte ich, und S. nahm meine Hand. »So was kommt leider vor, mein Herz.«

Der, den ich zu lieben glaubte, war rasend.

»Alles deinetwegen«, sagte ich.

»Eine Verlobung ist noch keine Heirat. Noch ist Zeit.« Doch er weigerte sich fortan, mit mir zu reden. Tomsen hingegen strahlte ahnungslos. So konnte es einem gehen. Schiffbruch abgewendet, falscher Kurs im Leben alsbald korrigiert.

Mein Verlobter wartete, trank diskreter als zuvor, schmiedete nun Zukunftspläne. Für den Tag, an dem er bei mir einziehen durfte. Seine Pferde hatte er in Gedanken schon in meine Boxen eingestellt. Seine Möbel gegen meine ausgetauscht. Die sind viel reeller, meinte er. Und sein blutroter Sonnenuntergang hing viel besser über meinem Sofa als dieses abstrakte Bild, von dem niemand richtig wusste, was es darstellen sollte. Und dann das große Bücherregal. So viele Bücher brauchte doch wohl niemand. Konnte da nicht viel besser seine altdeutsche Anrichte stehen?

Ich sagte: »Wir werden sehen.« Mein altbewährter Zauberspruch in Sachen männliche Herzenswünsche, und gleichzeitig hielt ich nach neuen Fluchtwegen Ausschau.

»Was hältst du von Norwegen?«, fragte S. »Der hohe Norden, um abzukühlen, Abstand zu gewinnen?«

Er hatte von einer Schweizer Edition eine Anfrage bekommen, an einer Reihe über die Friedensnobelpreisträger mitzuwirken und Fridtjof Nansens Biographie zu schreiben. Der Verlag suchte renommierte Autoren. Das Honorar war gut, und großzügige Reisespesen für Recherchen vor Ort gab es zusätzlich. Er selbst hatte weder Lust noch Kraft dazu, doch er schlug mir vor, mich offiziell zu seiner Koautorin zu machen. Das war ich inoffiziell bei seinen Fernsehdrehbüchern ja schon des Öfteren gewesen. »Du schreibst allein und bekommst das volle Honorar«, schlug er vor, und ich überlegte nicht lange. Ein Betriebshelfer, der meine Pferde während meiner Abwesenheit versorgte, war rasch organisiert. S. begleitete mich im Taxi zum Kieler Kai, wo die Fähre nach Oslo vor Anker lag.

Im Fährhafen von Oslo erblickte ich am anderen Ufer des Fjords ein seltsames, einer Kapelle ähnelndes Gebäude. Dort, unter dem hellgrünen, bis hinab zum Boden reichenden Dach, lag sie, nun vor Wind und Wetter geschützt: Nansens einst so stolzes Schiff, die »Fram«, mit der er sich im Treibeis einfrieren ließ, um mit Hilfe der natürlichen Eisdrift den Nordpol zu erreichen. »Fram« bedeutet im Norwegischen und Schwedischen vorwärts. Das Zauberwort auch im Umgang mit meinen Pferden. Die Richtung, in der man sein Leben leben sollte. Das hatte ich immerhin mit dem großen Norweger gemein. Doch ich streifte, von Heimweh und Reuegefühlen gequält, durch seine schöne, kühle, nordische Geburtsstadt und betrachtete seine Fotos.

Seine stramme Haltung, sein energisches Kinn, der leicht verbissene Zug um den Mund: dennoch war er ein schöner Mann, der nie lächelte und melancholische Augen hatte, und das Fernweh, das ihn einst trieb, kam mir nun wie Heimweh mit negativem Vorzeichen vor. Der banale Alltag machte ihn depressiv und reizbar. Auch sein Zeitgenosse, der Seelenmaler Munch, hatte in Oslo sein Museum. Zwischen Munchs Angst und Nansens Mut pendelte mein Stimmungsbarometer. Der Kuss und das ewige Eis. Ich schrieb Tomsen einen Brief, löste das Verlöbnis und nahm einen Zug nach Westen.

In Bergen ging ich an Bord eines Postschiffs der Hurtigrutenlinie, um Nansens Küste und seine Fjorde zu sehen. Eine unglaubliche Reise, für die es Mitte Oktober eigentlich zu spät und bereits allzu dunkel war. Das machte die wenigen hellen Stunden umso kostbarer. Der Wind war frisch, ich wurde seekrank. Später begann der Boden dann während der kurzen Aufenthalte an Land unter meinen Füßen zu schwanken. Ortsansässige Fahrgäste stiegen ein und aus, die Touristensaison war vorbei. Außer mir blieben nur ein dänisches Paar und ein einsamer Engländer an Bord. Die Nächte waren lang, wie gemacht, um einander Geschichten zu erzählen. Liebesgeschichten. Natürlich. Gab es denn andere von Belang?

Das nicht mehr ganz junge dänische Paar war auf dem Weg nach Tromsö. Beide hatten in Dänemark ihre Ehepartner verlassen und reisten nun mit all ihrem Hab und Gut ihrer unbekannten Zukunft im norwegischen Norden entgegen, wo sie als Psychologen sehr gefragt waren und ohne persönliche Vorstellung eine Anstellung gefunden hatten, während in Dänemark in ihrer Berufsgruppe Arbeitslosigkeit herrschte. Ein interessantes, schwieriges Paar: sie war blond, hübsch, lebhaft und etwas unstet, er melancholisch, korpulent, grüblerisch, ein Theoretiker und womöglich etwas lebensuntüchtig, und beide belegten mich mit Beschlag. Marianne, um ihr Herz zu erleichtern, und Jesper, um meine bunten und drastischen Träume zu hören und (immer falsch) zu deuten.

Der Engländer Jim stammte aus Manchester und befand sich auf einer anderen Liebesreise: Sein Partner, mit dem er zwanzig Jahre in einem spießigen Vorort Manchesters zusammengelebt hatte, schließlich von allen als homosexuelles Paar akzeptiert, war kürzlich gestorben, die Hurtigruten-

Reise ein alter, gemeinsamer Traum, den er nun allein und im Gedenken an den toten Geliebten verwirklichte.

Abend für Abend steckte ich eine Handvoll Kronen in den Münzapparat an Bord und beschrieb Harm am Telefon die dramatische Landschaft, von der es heißt, dass ihr einzig die Fjorde Neuseelands entsprechen, und er atmete am anderen Ende und hörte mir zu.

»Bergige Gegend. Hier kann man nicht sehr viele Pferde haben«, sagte ich. »Eines genügt ja«, sagte er. »Für einen Luxusritt am Sonntagvormittag.« – »Ja«, sagte ich, »eins muss genügen.«

Und er sagte wieder: »Schlaf gut, träum was Schönes«, und ich versuchte es, doch es gelang mir kaum, denn die See rollte, und meine Träume waren wirr und grell.

Nach drei Wochen legte meine Fähre aus Oslo wieder im Kieler Hafen an, S. erwartete mich mit einer roten Rose, servierte mir heiße Milch mit Honig in seinem Zimmer mit Kochnische und deckte mich auf dem Sofa mit Wolldecken zu.

Tomsen hatte meinen Brief bekommen, doch den Inhalt ignoriert. »Wird schon wieder. Schlaf dich nur erst richtig aus.« Ich schämte mich, denn er hatte meine Inszenierung nicht verdient, und sagte: »Nichts wird wieder. Tut mir leid.«

Teil drei des Dramas handelte vom Tod. Nacht für Nacht rief Tomsen mich an, manchmal Stunde um Stunde. Klagte mir sein Leid, als wüsste ich nicht, dass Männer das einsame Geschlecht sind, und seine sonst eher karge Phantasie trieb auf einmal befremdliche Blüten; vor allem, wenn es um die Wahl der möglichen Selbstmordmethoden ging. Jede Nacht fiel ihm etwas Neues ein. Erhängen, ertränken, erschießen, Pulsadern, diverse Gifte, Eisenbahnschienen, Schlaftabletten, Insulin. Ich legte nie den Hörer auf, sondern hörte ihm zu. Strafe muss sein, dachte ich.

Tielenhemme war verschneit, meine Reitbahn nun unbrauchbar. Meine Pferde mussten stehen, ich schrieb über Nansen und dachte über den Lebensmut der Männer nach.

Harm war verstimmt, und Tomsen grämte sich. Die Treffen blieben aus, die Anrufe wurden seltener, und im beginnenden Frühjahr hörten sie allmählich auf. Wir verloren einander aus den Augen. Das Leben ging weiter. Das Manuskript war fertig. »Unverkennbar Ihr Stil, Herr S.«, lobte der Lektor. S. hatte es nie gelesen.

An einem der ersten sonnigen Frühjahrstage ging früh morgens das Telefon. Es war mein ehemaliger Verlobter. Ungewöhnlich ausgeschlafen, unerwartet nüchtern. Absolut nicht die Tageszeit, zu der er gewöhnlich auf den Beinen war.

»Ein herrlicher Tag«, sagte er. »Das Leben geht weiter, liebe Sylvia, was auch immer gewesen ist. Lass uns Freunde bleiben, für immer.«

»Natürlich«, sagte ich. »Für immer. Abgemacht.«

Er wollte sich junge Pferde ansehen, zweijährige Holsteiner Hengste, und der Kauf von jungen Pferden ist ja immer hoffnungsvoll. Ich wünschte ihm viel Glück und einen schönen Tag.

Gegen Mittag erreichte mich die Nachricht seines Todes. Einer der jungen Hengste hatte übermütig ausgekeilt und ihn an der Schläfe getroffen. Sofortiger Knockout. Atmung und Herzschlag für immer passé.

Die Beerdigung fand in einer Kapelle in Heide statt. Der Grabredner war vielbeschäftigt und versuchte, rührselig von Tomsens Pferdeliebe zu reden, doch davon verstand er nichts. Draußen traten die nächsten Trauergäste bereits von einem Fuß auf den anderen, die einen rein, die anderen raus. Ich stand neben Harm am offenen Grab, die Luft war grau, die Stadt verschwamm im Regen. Wir warfen jeder eine Schaufel Erde auf Otto Tomsens Sarg und hatten einander nichts zu sagen.

26. *Juni*

Einladung zur Hochzeit in Östergötland, die Piet und ich einst indirekt vermittelt haben. Ein Friesenhengst, den ich vor etlichen Jahren und lange vor der Zusammenarbeit mit Sandström in Deutschland gekauft habe, hat das Paar zusammengeführt. Anders ist einer der wenigen männlichen Pferdebesitzer, für die ich zuweilen arbeite. Seinen damaligen Auftrag, einen Friesen für ihn zu kaufen, verdankte ich einer der zahlreichen Zeitungsreportagen über Piet und mich. Vor allem die Fotos in der Borgholmer Schlossruine hatten Eindruck auf ihn gemacht. Sein neues Pferd sollte ein Friese sein, ein Pferd wie Piet: mit Schönheit, Eleganz und Charisma.

Sein Besuch in Hörlösa vor fast zehn Jahren, wo er mir einen verregneten Vormittag lang beim Reiten zusah, mündete in dem Auftrag, dieses Pferd für ihn zu finden und von ihm unbesehen zu erwerben. Ich hatte mit Ausnahme eines großzügig bemessenen Preislimits völlig freie Hand.

Douwe, den ich in einem deutschen Stall nahe der holländischen Grenze dann schließlich fand, war natürlich nicht mit Piet zu vergleichen (welcher Friese war das schon), doch er erfüllte alle Bedingungen, die ich an ein Pferd für Anders stellte: Er war groß und ein sogenannter Gewichtsträger (Anders war kein Leichtgewicht) mit breitem Rippenbogen und stabilem Fundament; er sah gut aus mit seinem Hengsthals und der langen Mähne, und er war ruhig und gutmütig, nicht hitzig wie Piet, sondern fast ein wenig bequem. Sein neuer Besitzer war als Reiter nicht sehr versiert, und Douwe würde die unfreiwilligen Knuffe der unruhigen Reiterbeine anders als Piet mit Langmut ignorieren. Außerdem war Douwe eingefahren, straßensicher und stark und als Fahrpferd geradezu perfekt.

Fahrpferd ist er dann in Schweden auch geblieben. Männer sind in der Regel leichter für den Fahrsport als fürs Reiten zu begeistern. Der technische Aspekt der Kutschen und Geschirre fasziniert die meisten von ihnen sofort. Anders hat während der letzten Jahre mit Douwe an vielen Fahrturnieren teilgenommen, und die Frau, die er heute heiratet, ist bei etlichen davon seine Pferdepflegerin gewesen.

»Ich hätte eher wissen sollen, was für ein Frauenmagnet ein solcher schwarzer Hengst ist!«, sagt Anders.

Auf seiner Hochzeit bin ich Ehrengast. Ich habe keinen der anderen geladenen fast achtzig Gäste je zuvor gesehen, doch die meisten wissen, wer ich bin. »Friesenkönigin Sylvia«, sagt ein mir unbekannter Mann. »Was machen deine schönen schwarzen Pferde?«

Anders hingegen lässt es sich nicht nehmen, selbst auf dem Kutschbock zu sitzen, obwohl sein angestammter Platz als Bräutigam ja eigentlich der neben seiner Braut wäre. Doch Douwes Leinen darf kein anderer Kutscher halten. Der Hengst sieht strahlend aus, als das Gespann auf das schöne, direkt am Wasser gelegene Grundstück einfährt. Die Braut trägt ein teures, maßgeschneidertes Modellkleid, ist perfekt von einem Starfriseur gestylt und lächelt in die Menge der Gäste. Doch aller Blicke sind einzig auf den Hengst gerichtet. Auch meine.

»Gut gemacht«, sage ich später, als ich ihm den verschwitzten Hals klopfe und ein Stück Zucker gebe. »Für den Rest der Vorstellung und deren Ausgang bist du zum Glück nicht verantwortlich.«

Ich streiche seinen langen Schopf zurück und sehe auf seiner Stirn die ersten weißen Haare. Douwe ist sechzehn Jahre alt. Ein Pferdeleben ist allzu kurz, verglichen mit dem eines Menschen.

27. *Juni*

Die gestrige Hochzeit lässt mich an eine andere Hochzeit einer Pferdekäuferin denken: Caroline, die zwei von Sandströms Friesen gekauft hat, Nisse und Tomas, und die vor vier Jahren einen Akrobaten aus Tansania heiratete. Die Hochzeit sollte auf Öland gefeiert werden, die Trauung an der schönen Steilküste von Äleklinta stattfinden und die Braut auf Friesenwallach Nisse dort hinreiten. Ich war als Pferdepflegerin mit eingeplant und sehe die Szene noch vor mir: ein strahlender Frühsommertag, der afrikanische Bräutigam in einem blütenweißen Anzug, die Braut in einem roten Kleid auf ihrem schwarzen Pferd. Und die Verwandtschaft bestand so gut wie ausnahmslos aus strohblonden, blauäugigen und sehr blasshäutigen Bilderbuchschweden, die den exotischen Bräutigam in ihrer Großfamilie herzlich willkommen hießen.

Vor einem Jahr wurde dann Alexander geboren, den ich heute zum ersten Mal sah. Er liebt die beiden schwarzen Pferde, sitzt auf ihren breiten Rücken bereits selbstbewusst und sicher wie ein kleiner Jockey und will von niemandem dabei festgehalten werden. Die einzigen Worte, die er bislang spricht, sind Mama und Tisse (die beiden Pferdenamen Tomas und Nisse zu einem vereint!). Vielversprechender Friesenreiternachwuchs …

SCHIMMELREITER

Drei ist im Märchen die magische Zahl, und drei Schimmelreiter haben mein Leben beeinflusst; jeder auf seine Art.

Schimmelreiter Nummer eins heißt Hauke Haien, und mein bibliophiler Vater machte mich mit ihm bekannt. Er wollte uns Töchter für die Literatur und für seine Lieblingsschriftsteller begeistern; die bürgerlichen Realisten. Ich war acht Jahre alt, als seine abendlichen Vorlesestunden mit Theodor Storms Novellen begannen. Nach »Pole Poppenspäler« wurden meine Schwester und ich als reif genug für den »Schimmelreiter« befunden. Wir lauschten gebannt, und natürlich verliebten wir uns schwesterlich und kollektiv in Hauke Haien, den klugen, ernsten, energischen und eigensinnigen Bauernsohn und späteren Deichgrafen, dessen Schicksal so traurig und dramatisch ist und bei Sturmflut auf dem berstenden Deich ein tragisches Ende nimmt.

Zwanzig Jahre später feierte Husum, seine graue Heimatstadt am grauen Meer, den hundertsten Todestag ihres bedeutenden Sohnes, und S. schenkte mir zu diesem Anlass eine Sonderausgabe des unsterblichen Schimmelreiters. Sein großes Herz wuchs beharrlich und bedrohlich weiter. Der Kardiologe in Hannover machte ein stets bedenklicheres Gesicht, und S. sann über seine eigene Unsterblichkeit nach. Als Atheist dachte er dabei weniger an seine Seele als an sein literarisches Werk. Würden seine Bücher in hundert Jahren noch gelesen werden? Würden seine literarischen Figuren so wie Hauke Haien überleben?

Mich beschäftigten derweil handfestere Fragen. Auf einem Hof mit Pferden wird man ständig mit dem praktischen Alltag konfrontiert. Wer so lebt wie ich entwickelt zwangsläufig eine Schwäche für praktische Männer. Selbst S., der ein Kopfmensch war, leuchtete das ein. Wer tischlern, schweißen oder Zäune reparieren konnte, stand bei mir nun hoch im Kurs, und das konnten gar nicht so wenige. Doch alles hat im Leben seinen Preis, das hatte mich nicht zuletzt der Pferdehandel gelehrt, und wer kein Geld will, hofft auf andere Bezahlung. Da galt es, das Neinsagen besser als ich zu beherrschen, die sich allzu oft und leichtsinnig ein »vielleicht« entlocken ließ und schließlich mit den Folgen leben musste: mit Schimmelreiter Nummer zwei.

Auch der war nordfriesischer Bauernsohn; ein Kind des platten Landes hinter den Deichen, blauäugig, blond und still, jedoch kein Grübler wie Hauke Haien, sondern eher ein Macher. Er wirkte sanftmütig und warmherzig, und seine Mythomanie fiel anfangs kaum auf, sondern machte ihn eher liebenswerter. Seinen elterlichen, reetgedeckten friesischen Haubarg, von dem er mir erzählte, bekam ich allerdings nie zu sehen. Denn er kam bei Nacht und Nebel. Sein weißer Wallach wieherte auf dem Pferdehänger, den sein betagter Opel zog. Und sein übriges Umzugsgepäck bestand aus zwei kornblumenblauen Latzhosen, die er stets zur Arbeit trug, und einer neuerworbenen Zahnbürste. Das war alles.

Wovor er floh, verriet er nicht. Das musste ich schon selber erraten, wenn ich es denn wissen wollte. Was das Persönliche anging, so war er stets verschwiegen. Das konnte man deuten, wie man wollte. Als unverbesserliche Romantikerin entschied ich mich dafür, dass der Hauptbeweggrund seiner Flucht die Liebe war, die Liebe zu mir; wie wetterfest und echt, das würde sich erweisen. Echter Holsteiner allerdings war nur der Mann. Der Schimmel auf dem Pferdehänger war Westfale. Sein Brandzeichen verriet ihn. War das bereits ein schlechtes Omen?

Schimmelreiter Nummer zwei hatte wie ich seit seiner Kindheit von Pferden geträumt. Sein erstes, langersehntes Pony hatte er vom Konfirmationsgeld gekauft, und es wurde noch im selben Sommer vom Blitz erschlagen. Woraufhin sein jähzorniger Vater ihn nicht tröstete, sondern ihm eine schallende Ohrfeige gab. Des verschwendeten Geldes wegen. Das waren Geschichten, mit denen man einfältige Frauenherzen eroberte, jedenfalls meines. Und auch in Tielenhemme munkelte man bald: Richtig schmuck und reell ist der, und sein Deutsch klingt so behaglich skandinavisch, was daran lag, dass seine Muttersprache Friesisch war und er nach dem Plattdeutschen das Deutsche erst in der Schule als dritte Fremdsprache gelernt hatte und es nicht perfekt beherrschte. Sylvia hat dazugelernt, hieß es. Endlich eine gute Wahl!

Er ritt mehr schlecht als recht. Mit seinem Schimmel, der Octavio hieß, hatte er in Nordfriesland Ringreiten bestritten. Zum Verkaufspferdereiten reichten seine Kenntnisse nicht aus, was mir nichts ausmachte. Denn es gab ja so viel anderes zu tun. Und er fing auch gleich damit an, tischlerte, schweißte Gitter für ein paar neue Boxen, legte im Garten Beete an, baute Vogelvolieren und einen Taubenschlag und erwies sich als tüchtig und fleißig. Dieser Mann, daran zweifelte bald niemand im Dorf, war auf einem Hof wie meinem so etwas wie ein Hauptgewinn. Ständig baute und bosselte er, wenn auch auf meine Kosten, denn Geld hatte er keines. Doch das wusste niemand außer mir, und wer dachte schon in Liebesdingen an materielle Werte? Und dass die Liebe scheu ist und ein Rätsel bleiben oder sterben will, auch das stammte von Theodor Storm. Ein vager Trost, doch ich versuchte, mich daran zu halten.

In seinem nordfriesischen Vorleben hatte er Tage und Nächte auf dem Trecker verbracht und in Lohnarbeit Kunstdünger auf die Äcker gestreut. Und es war fast, als könnte er davon nun nicht mehr lassen, denn unter seinen Händen begann auch mein heiliger, einsamer Kiebitzhof bald wie ein Hefeteig aufzugehen, und ich erkannte ihn so aufgebläht kaum wieder. Alles platzte ein bisschen aus den Nähten. Stallungen, Beete, Pflanzen, Zäune, Nebengebäude, alles schwoll an. Neues wurde errichtet. Bald waren die Stallungen doppelt so groß, und in allen neuen Boxen standen ständig neue Pferde. Aus zwanzig Pferden wurden dreißig, dann fast vierzig, wenn man alle Jungpferde mitzählte.

Dann zogen Deckhengste ein. Almero. Ein bunter, hübscher Fuchs, Hannoverscher Beschäler. Ein Dressurhengst mitten in Holstein, das war eine Marktlücke, ganz zweifellos. Und die Züchter wussten zu schätzen, dass unser Hengst noch im Natursprung deckte in einer Zeit, in der die künstliche Besamung sich überall durchsetzte. Almero versah seinen Dienst gewissenhaft und fleißig und war nicht wählerisch, was die Stuten betraf. Die waren während des ernüchternden Paarungsaktes ausgebunden und an einem Bein gefesselt und hatten keine andere Wahl.

Zu Almero gesellte sich bald der Hengst Belmondo xx, ein schwarzbrauner, für die Reitpferdezucht zugelassener Vollblüter. Im Frühjahr war nun Hengstvorführung auf dem Kiebitzhof, und das ganze Dorf war auf den Beinen.

Mein Leben bestand einzig aus Pferden. Ich ritt von morgens bis abends. Doch das schaffte keine Nähe zu den Pferden, eher im Gegenteil. Es war unmöglich, eine persönliche Beziehung zu so vielen Pferden gleichzeitig zu etablieren und sich auf alle wirklich einzustellen. Es gab da eine Grenze, spätestens ab dem sechsten, siebten Pferd stumpfte man innerlich ab. Das Reiten wurde dann seelenlos, geschah nur noch rein mechanisch, und leicht verlor man die Geduld und den Respekt. Auch die Pferde gingen auf Distanz, und die Magie kam ganz abhanden.

Nun hatte es ein Ende mit dem Tielenhemmer Idyll und dem Zauber der einsamen Nächte. Die Stimmen der Wiesenvögel gingen im Echo menschlichen Geschnatters unter. Es wimmelte ständig von Pferdeleuten und Pferdezüchtern auf dem Hof, und fremde Menschen bevölkerten die Küche des Hauses. Nummer zwei, der so viel netter und geselliger war als ich, lud sie alle ein und bewirtete sie großzügig und auf meine Kosten mit Kaffee, Kuchen, Bier und Schnaps, während ich in mein Arbeitszimmer unterm Dach floh, das einst S. gehörte und wo er nachts mit der Inspiration und der widerspenstigen Sprache gekämpft hatte. Es war nun der einzige Platz im Haus, an dem ich meine Ruhe hatte, allein und nicht unter Menschen einsam war, und meine Zuflucht war die Literatur. Ich hatte ein paar Skizzen zu einem Roman gemacht, der in einem Dorf in Dithmarschen spielte, und meine Mentorin hatte mich im Funkhaus Hannover eine halbe Stunde lang daraus lesen lassen. Kurz darauf kam eine Einladung nach Klagenfurt. Gisela Lindemann war Jurymitglied beim Ingeborg-Bachmann-Preis und hatte mich vorgeschlagen.

Der Ingeborg-Bachmann-Preis und die damit verbundenen dreitägigen Lesungen in Klagenfurt waren für junge Autoren eine einmalige Chance, sich Gehör zu verschaffen. Die Spontankritik der prominenten Jurymitglieder nach jeder Lesung war der Gruppe 47 nachempfunden, die Veranstaltung Literaturzirkus im großen Stil und die Zirkuspferde zweiundzwanzig jüngere und nicht mehr ganz junge Autoren. Ich hatte meinen Text, der ungefähr fünfundzwanzig Minuten lang und unveröffentlicht sein musste, nachts nach meinem Arbeitspensum im Stall gerade noch rechtzeitig fertigbekommen.

Ein großes Spektakel. Bei der Präsentation der Teilnehmer waren alle anderen Autoren Akademiker. »Ausbildung junger Pferde?« Der Moderator hielt meine Berufsangabe für einen Scherz. »Womit beschäftigen Sie sich denn nun wirklich?«

Es war die Zeit, in der viele, anstatt zu erzählen, mit Sprache experimentierten, und die Jury war müde nach einem langen Tag. Meine Geschichte hingegen hatte einen Anfang und ein Ende, und mein Erzähler war ein Wir, das Dorf. Nach nur wenigen Minuten konnte ich spüren, dass man mir gutwillig zuhörte. Die Spontankritik fiel unerwartet freundlich aus. Ich kam mit einem Blumenstrauß, einem Förderpreis und einem Scheck nach Hause. S., der meinen Text noch nicht kannte und den ich direkt vom Bahnhof aus anrief, war mindestens so froh und stolz wie ich. Schließlich kam ich aus seiner Schule. Auch Nummer zwei freute sich; hauptsächlich über den Scheck. Was ich schrieb, las er nie.

28. *Juni*

Småland. In einer exklusiven Reitanlage helfe ich Anna, einer Lehrerin aus Kalmar, regelmäßig mit ihrer temperamentvollen Stute Rosanne. Mit zwei großen Reithallen und entsprechenden Außenanlagen ist dieser Stall mit allen Bequemlichkeiten ausgerüstet, die die Arbeit mit Pferden erleichtern. Ich fühle mich in Anlagen dieser Größenordnung nie recht wohl. Zu viele Pferde, vor allem aber zu viele Frauen für jemanden wie mich, der die Einsamkeit liebt. Doch ich schätze die sympathische und gewissenhafte Anna und auch ihre schöne Stute, die einst ein richtiges Problempferd war.

Rosanne: ein schwedisches Halbblut von nobler Abstammung, intelligent und explosiv. Als Springpferd für die Vorbesitzerin zu heiß, dann an ein sogenanntes »Reitgymnasium« als Schulpferd verkauft, wo die hochempfindliche Stute unter allen dilettantischen Reitanfängern ihren Glauben an die Menschheit aufgab und schließlich niemand mehr wagte, sie zu reiten. Danach günstig von Anna erworben, die jedoch bald feststellte, dass die Nervosität der Stute nicht unter Kontrolle zu bekommen und sie nicht mehr reitbar war. Der Dressurtrainer der Anlage hatte bereits nach wenigen Versuchen aufgegeben. Die Stute reagierte hysterisch, wenn sie ihn im Inneren der Reitbahn stehen sah, und versuchte durchzugehen, sobald seine Stimme ertönte. Das Reiten wurde, selbst mit der Sicherheitsweste, die Anna sich bereits angeschafft hatte, zu einer gefährlichen Angelegenheit. Was tun? Auf Anraten ihres Hufschmieds rief Anna mich dann vor gut einem Jahr als letzten Ausweg an.

Die Rehabilitation dieser Stute war eine Geduld erfordernde und aufschlussreiche Erfahrung. Im Gegensatz zu Nero litt Rosanne an keiner angeborenen Verhaltensstörung. Ihre Neigung, durchzugehen und zu steigen, hatte nicht mit

Überaktivität, sondern schlicht und einfach mit schlechten Erfahrungen zu tun. Sie ist empfindlicher und wohl auch intelligenter als andere Pferde und setzte sich deshalb rein prophylaktisch gegen die eventuellen Grobheiten eines Reiters zur Wehr.

Begonnen habe ich meine Behandlung damals mit entspannenden Massagen (bei Pferden wie Rosanne ist oft die gesamte Muskulatur des Halses und Rückens in einem hohen Spannungszustand, der der inneren Spannung entspricht). Danach dann Arbeit an der Hand und an der Doppellonge, wo ich Rosanne ohne Reitergewicht Seitengänge beibrachte, die sie erstaunlich schnell lernte. Die ruhige Arbeit und meine Unbeirrbarkeit fingen schließlich ihre Aufmerksamkeit und ließen sie nach und nach ihre Hysterie vergessen. Anfangs galt es dabei, auf der Hut zu sein, denn die Stute reagierte unerhört schnell, wenn ihr eine Bewegung unangenehm war, und schlug dann heftig aus. Doch allmählich fasste sie Vertrauen. Sie war so feinfühlig, dass sie in einigen Metern Abstand noch auf den Rhythmus meines Atems zu lauschen begann. Bald reagierte sie auf für andere völlig unsichtbare Signale, fast auf Gedankenübertragung. Ich kann sie inzwischen mit einer minimalen Bewegung meines Körpers veranlassen, sich seitwärts zu bewegen, und brauche sie dabei kaum noch mit den Leinen meiner Longe zu berühren. Ein etwas tieferes, kürzeres Einatmen verstand sie sehr bald als Aufforderung anzugaloppieren. Inzwischen ist diese Arbeit an der Doppellonge mit Rosanne für mich eine reine Freude, fast wie ein Tanz und immer etwas magisch, da die Kommunikation (oft jedenfalls) so spielerisch und leicht verläuft. Oft reicht ein Gedanke aus. Solche sensiblen und empfindlichen Pferde sind wunderbar, solange man sie auf seiner Seite hat, doch gefährlich, wenn es zu Missverständnissen kommt.

Anna reitet Rosanne inzwischen mit leichten Hilfen und großem Vergnügen. Sie hat seit ihrer Kindheit auf Pferden gesessen, was man ihrem geschmeidigen Sitz ansieht, und ist zudem unermüdlich. Auch das trägt zur Rehabilitation von Pferden wie Rosanne bei: Geduld und Engagement eines Besitzers, der auch bei Rückschlägen nicht gleich aufgibt. Ohne das entsprechende Engagement des Pferdebesitzers ist meine Arbeit mit Problempferden selten auf Dauer erfolgreich …

DIE LEBENDEN UND DIE TOTEN

Ich lebte mit einem Fremden, für den auch ich eine Fremde war. Meine Lebenslust verließ mich. Ich versuchte zu schreiben. Doch mir fehlte die Inspiration. Zudem war mir ständig schlecht.

Ich war schwanger. Mit neunundzwanzig, warum nicht? Nummer zwei bezog, so wie es im Allgemeinen seine Art war, auch in dieser Frage keine Position. Zeigte weder Freude noch Verdruss. Das Ganze war ihm zu persönlich, er wollte nicht darüber reden und wich in praktische Belange aus. Allerdings kaufte er im Nachbardorf ein Pony. Es war ein Schimmel. »Für den Schimmelreiter Nummer drei?«, fragte ich, und er wiegte ein wenig den Kopf. Was mich freute, ich fing fast an zu weinen. Vielleicht würde ja doch noch alles gut.

Wie sehr verachtete und beneidete ich die Frauen, die mit ihren schwangeren Bäuchen stolz durch die Gegend zogen. Ich hasste meinen, der mich so hässlich und den anderen Frauen unterlegen machte, und versteckte ihn, so gut es ging. Und dennoch hieß ich dieses ungeborene Menschenwesen heimlich willkommen.

Ein Kind. Ein Verbündeter in dieser Einsamkeit zu zweit, in der ich allmählich unterging. Ich verwarf diesen törichten Gedanken und konnte doch nicht von ihm lassen. Ein kleiner Mensch, der mit mir eine Seele teilte, jemand, so stellte ich mir vor, der so dachte und so war wie ich! Ein Mensch auf meiner Seite, auf den ich mich verlassen konnte, wenn Nummer zwei mich, wie ich herausgefunden hatte, betrog. Er kannte mich nicht gut genug, um zu wissen, dass ich ihn seit langem schon beobachtete, wenn er sich ungesehen glaubte, und dass ich alles registrierte. Armes, ungeborenes Kind. Wenn es nur erst da wäre und ein Gesicht und einen Namen hätte.

Doch da war noch ein Problem zu lösen, das schwierigste von allen, bevor dieser kleine Mensch zur Welt kommen durfte. Ich musste S. vorbereiten. Davor versuchte ich mich, solange es nur ging, zu drücken. Wie würde er diese Neuigkeit verkraften? Ein Kind mit einem anderen. Das war so endgültig. All seine unausgesprochenen Hoffnungen würde dieses Baby zunichtemachen; er würde es hassen, noch ehe es geboren war. Ich kannte ihn gut genug, um seine depressive Reaktion zu fürchten. Seine Stimmungstiefs, für die ich mich noch immer verantwortlich fühlte. Wochenlang schob ich unser Treffen beim Kieler Griechen hinaus, bis mir schließlich die Ausreden ausgingen.

Ich war nun im siebten Monat. Der griechische Kellner sah besorgt aus; er hatte ein geübtes Auge für Frauen. Nun war die widerspenstige Tochter schwanger. Sicher ein uneheliches Kind aus einer losen Verbindung. Was sollte der arme Vater dazu sagen? Er schlich auf Zehenspitzen heran, um unsere Bestellung aufzunehmen. Nur S. war ahnungslos. Er freute sich, dass ich nach so vielen verschobenen Treffen endlich gekommen war.

»Ich bin nicht fett geworden, falls du das von mir denkst«, sagte ich mit starrem Blick auf die Speisekarte. »Fett? Wovon redest du? Du siehst wunderbar aus.« Das fand er immer.

»Der Grund ist – ich bekomme ein Kind.« Nun war es endlich heraus.

Er starrte mich fassungslos an. Sein graues Gesicht verzerrte sich, und er sprang auf. Warf fast den Tisch dabei um, und der Kellner ging sofort in Deckung.

»Ein Kind?« Er konnte es nicht glauben. Ich nickte trotzig und schuldbewusst. »Mein liebes Herz, wie ist das möglich?« – »So was passiert eben«, sagte ich.

Er strahlte. Und umarmte mich und lachte laut, und dann rief er den Kellner und bestellte Champagner, egal welche Sorte, egal welcher Preis. Das Blut strömte zurück in sein eingefallenes, graues Gesicht mit den farblosen Lippen und den bläulich umschatteten Augen, in dem der Tod sich bereits eingenistet hatte, und er rief: »Wie wunderbar! Freust du dich denn?« Doch die Antwort wollte er gar nicht hören, die spielte keine Rolle, denn seine Freude reichte leicht für zwei.

»Es wird ein Junge«, sagte er. Woher er das wissen wollte? »Frag nicht. Und dir ist wohl auch klar, wie er heißt?« – »Natürlich«, sagte ich. »Wie soll ein Schimmelreiter schon heißen?« Und endlich fiel mir ein Stein vom Herzen. »Wenn du willst, kannst du der Erste sein, der ihn zu sehen bekommt.«

Und ob er das wollte. Sofort wollte er, wenn es so weit war, ins Krankenhaus kommen, um Baby Hauke, Schimmelreiter Nummer drei, zu sehen.

Dem anderen, dem biologischen Vater, würde ich erst später Bescheid geben. Es war eine unausgesprochene Selbstverständlichkeit, dass er bei der Geburt nicht mit dabei sein würde. Er konnte, wenn er wollte, dann der Zweite sein, der Hauke sah. S. wusste nicht, dass ich unglücklich war. Ich hatte mich aus Gründen der Loyalität nie bei ihm über Nummer zwei beklagt. Ahnte er etwas? Ich glaube kaum. Er war allzu selig, um nun von anderen Männern zu reden.

Wir stießen mit klebrigem, lauwarmem Champagner, dem besten, den ich je getrunken habe, auf den ungeborenen Hauke an. Es war das einzige Mal, dass ich während meiner Schwangerschaft Alkohol trank.

Wir waren so glücklich, einander so verbunden. Unter dem erleichterten Blick des wissenden Griechen fand das glanzvolle Finale einer schwierigen Liebe statt, ihm kam die Ehre zu, alles zu bezeugen. Denn es war unser letzter Abend, und ich würde weder den mageren Kellner, noch S. jemals wiedersehen. Doch das ahnte noch niemand von uns.

Noch und in diesem Augenblick ist die Zeit gezähmt, der Tod ist aufgeschoben. Und die Liebe ist langmütig und gütig, eifert nicht und prahlt nicht, sie bläht sich nicht auf, sie verhält sich nicht ungehörig, sie entschuldigt alles, sie glaubt alles, sie hofft alles, sie duldet alles. Denn die Liebe ist schwanger, und die Liebe bekommt ein Kind.

DIE SPRACHE DER PFERDE

HAPPY BIRTHDAY?

S. war tot. Sein Herz war ausgewachsen. Wer sollte nun mit mir der Geburt des kleinen Schimmelreiters entgegensehen? Wem sollte ich mich in der Zukunft anvertrauen? Ich wusste, es war vermessen zu klagen. Unseren Abschied hatte das Leben ja perfekt inszeniert, ein besserer wäre nicht möglich gewesen.

Doch wer wie S. den Blick in die Zukunft scheute, den holte die Vergangenheit leicht ein. Die freie Liebe zu seiner Windsbraut sollte jedenfalls nun ungeschehen gemacht und aus dem Nachlass eilends alles getilgt werden, was an mich und unsere gemeinsamen Jahre erinnerte. In seinem Zimmer mit Kochnische war ich zum ersten Mal nicht mehr willkommen. Fotos, Briefe, ein mir gewidmetes Tagebuch seiner letzten Kieler Jahre und sein handschriftliches Vermächtnis wurden als Sondermüll entsorgt und seine offizielle Biographie von jener heiklen Dekade mit mir gesäubert. Ende schwarz, alles finster?

Die Pferde, die mich bislang stets auf ihre Art getröstet hatten, versagten mir nun ihren Zuspruch. Auch das war selbstverschuldet. Denn unser Verhältnis hatte sich mit der Vergrößerung des Tielenhemmer Stalles verändert. Es besteht ein grundlegender Unterschied zwischen einem Intimus und einem Arbeitskameraden. Dem Ersten schüttet man nach Bedarf sein Herz aus, dem Letzteren gegenüber wahrt man den gebührenden Abstand, der für ein effektives Arbeitsklima unerlässlich ist. Statt einiger mir engvertrauter Pferde hatte ich nun vierzig, mit denen ich auf eine viel unverbindlichere Art bekannt war. Sie sahen mich an mit ihren schwarzen Augen voller Welt, bliesen mir aus geweiteten

Nüstern ihren warmen Atem ins Gesicht, doch sie redeten nicht mehr mit mir. So viel vergeudetes, gutes Leben; so viel törichter, menschlicher Tod. Damit konnten sie nichts anfangen. Ihre Existenz war anders, Leben, Liebe, Tod nicht voneinander abgegrenzt, keine Gegensätze, sondern Gegebenheiten, die einander bedingten und auseinander entstanden. Wie der Tag aus der Nacht. Wie schwarze Pferde in einem hippologischen Schachbrett wie meinem der weißen bedurften, damit das Muster entstehen konnte.

Zeit der guten Hoffnung – ersoffen in einem See aus Tränen. Eine Mutter, die trauerte. Zwei Väter: vom einen verlassen, vom anderen ignoriert. Unser Liebeskind würde ein schönes Schreikind werden. Der Geburtstermin verstrich, es ließ auf sich warten. Freiwillig wollte es nicht den Schutz der Dunkelheit verlassen, und ich verstand es. Wer wollte schon in eine solche Welt geboren werden?

Doch Weigern galt nicht. Nach gut drei Wochen Verspätung nötigte man den kleinen Schimmelreiter via Kaiserschnitt ans Licht der Welt. Die Narkose misslang, und machtlos hörte ich die Ärzte über Mütter vaterloser Kinder lästern.

»Die hier hat auch keinen Mann«, sagte der eine. »Skalpell«, der andere. »Patientin ist nun ganz weit weg«, und ich spürte, wie man wir den Bauch aufschnitt. Aufbegehren unmöglich. Meine Stimme versagte, und ich konnte mich nicht mehr bewegen.

»Ein Junge«, sagte jemand. Doch das wusste ich ja schon, und ich driftete im anästhetischen Delirium in eine Vorhölle zum Totenreich. Weit draußen auf einer anderen Spur schlingerte S.; auch er war unterwegs wie ich, nahm mich nun wahr, doch meine Angst hielt ihn nicht auf. Die Liebe ging ihn nichts mehr an. Der Sog des Todes war stärker. Da gab ich auf, und mit der Kapitulation wurde alles plötzlich unerwartet leicht. So also war die Sache mit dem Tod, wenn man nur bereit war, endlich loszulassen: schlicht und schwerelos. Ich war wieder kleine Schwester und hörte eine vertraute Stimme meinen Namen rufen: »Bibo!« Eine heitere Halluzination wurde im Nebel sichtbar: meine große Schwester mit einer lebensgroßen Babypuppe mit Echthaar im Arm.

Sie war gekommen, um mir bei der Geburt beizustehen. Inzwischen war sie in England eine etablierte Künstlerin, und Zeit und Raum hatten sich zwischen uns gestellt. Doch das ist das Gute an Schwestern, mit denen man einen Pakt abschließt: Wenn man sie braucht, sind sie da.

Das kleine Wunderwesen da in ihrem Arm nuckelte friedlich an seinem Daumen und schlief. Es sah ganz danach aus, als wäre das alles, was es in seinem weiteren Leben zu tun gedachte. Die Theorie, dass ein Kind während der Schwangerschaft das Leben seiner Mutter teilt, konnte nicht stimmen. Dieser Fötus hatte ganz offenbar einen anderen Film gesehen als ich. Er war kein Schreibaby, sondern ein spindeldürrer, bedürfnisloser, lächelnder, kleiner Buddha. Als Kaiserschnittkind hatte er ein hübsches, glattes Gesicht und das Gelächter der Hebammen über seine langen Beine hing noch als Echo im Raum. Sie hatten die Gehreflexe überprüft, und der Kleine war mit nur drei langen Schritten über den Tisch getanzt. Er sah aus wie jene Kreidezeichnung an der Tafel im Klassenraum, mit der meine Mitschüler mich einst karikiert hatten: ein Kopf und ein Paar meterlange Beine. Der Apfel fiel ganz offenbar nicht weit vom Stamm. Nach einem knappen halben Jahr jedenfalls saß der kleine Schimmelreiter zum ersten Mal auf einem weißen Pferd; allerdings nicht auf dem Pony, das sein biologischer Vater im Nachbardorf gekauft hatte, sondern standesgemäß vor mir im Sattel auf einem barocken Hengst; auf Español, dem Spanier.

1. Juli

Im Juli ist auf Öland Hochsaison. Die schwedischen Industrieferien haben begonnen, und die sonst stets leere Landstraße 136, die auf der schmalen, gut hundertdreißig Kilometer langen Insel von Norden nach Süden führt, ist nun stark befahren. Meine Reisezeiten zu den Ställen, in denen ich erwartet werde, sind bis zu doppelt so lang. Borgholm, unseren den Rest des Jahres über verträumten und gemütlichen Zentralort, meidet man nun tunlichst. Im Gegensatz zu mir liebt Hansen den Juli, wenn die Stockholmer sich auf dem Land befinden (viele davon auf Öland). Dann flaniert er stundenlang durch die menschenleeren Straßen der Hauptstadt und genießt die ungewohnte Stille. Ein sonderbarer Großstädter.

Doch die Touristen haben auch ihr Gutes, denn sie beleben die Insel und ihre Infrastruktur. Die Sommerhäuser sind nun fast alle bewohnt, und einige Städter haben ihre Pferde mitgenommen. Eines dieser Stockholmer Pferde, die fünfjährige Friesenstute Yvette, steht nun für drei Wochen in meinem Stall. So lange will ihre Besitzerin auf Öland Urlaub machen.

Yvettes Problem manifestiert sich im Galopp. Sie kann seit geraumer Zeit nur noch links galoppieren. Auf der rechten Hand galoppiert sie stets im Außengalopp. Die Stockholmer Reitlehrerin hat das zunächst für ein einfach zu lösendes Problem gehalten, doch nach ein paar erfolglosen Versuchen aufgegeben. Eine Dressurreiterin hat die Stute vergebens zu korrigieren versucht. Die tierärztliche Untersuchung ergab keinen besonderen Befund. Danach hat Besitzerin Mona die Sache erst einmal auf sich beruhen lassen, und es ist ein gutes Jahr vergangen. Sie schämt sich über ihr eigenes Unvermögen und ist erleichtert, dass ich mich des Falles annehmen will.

Yvette ist ein edles und lebhaftes Pferd. Ich gebe ihr ein paar Tage Zeit, um sich hier bei mir einzuleben, und werde sie dann genauer in Augenschein nehmen. Die erste Nacht in Hörlösa verbringt sie zusammen mit Gabe auf der Weide. Anfangs noch ängstlich, legt sie bei der Begrüßung nervös die Ohren an und schlägt nach ihm aus. Er wendet sich in aller Seelenruhe ab und sieht demonstrativ in eine andere Richtung. Ich weiß, es wird kaum zehn Minuten dauern, und die Stute folgt ihm auf Schritt und Tritt. Gabes Gesellschaft wird ihr während ihres Aufenthalts in meinem Stall guttun und sie beruhigen, dessen bin ich mir sicher. Er ist der beste Psychotherapeut für Pferde, der sich denken lässt. Was wäre ich nur ohne ihn?

SCHWARZE PERLEN

Barocke Pferde. Das war für mich, seit Español in meinem Stall Einzug gehalten hatte, eine verlockende Alternative zu der Pferdewelt, die mich umgab. Mein Alltag bestand aus deutschen Warmblütern von morgens bis abends. Noch vor fünf Uhr morgens saß ich auf dem ersten Pferd, in der Hoffnung, dass Baby Hauke in seinem Korb ruhig weiterschlief, bis ich in der kommenden kurzen Pause vor dem nächsten Pferd wieder nach ihm sehen konnte. Er schlief, und er lächelte immer.

Verglich man sie miteinander, so verhielten sich deutsche Warmblüter zu iberischen Pferden ungefähr so wie Prosa zu Poesie. Muskulös und wendig, erhaben und stolz waren diese Iberer mit ihren ausladenden und üppig gerundeten Formen, die ganz dem Schönheitsideal jenes Zeitalters entsprachen, in dem die Reitkunst als höfische Disziplin entstand. Wie wäre es, überlegte ich, sich in Zukunft ganz auf solche Pferde zu spezialisieren? Warum nicht neue Wege gehen?

Was die spanischen Pferde anbetraf, so musste ich jedoch bald klein beigeben. Anfang der neunziger Jahre grassierte in Andalusien die afrikanische Pferdepest. Das Virus wurde von Mücken übertragen, die Krankheit endete oftmals tödlich. Der Import spanischer Pferde ins übrige Europa war seit geraumer Zeit untersagt. Ich musste mich nach Alternativen umsehen. Wie war es mit Friesen, die ja auch zu den barocken Pferden zählten?

Ich kannte diese Pferde bislang eher vom Hörensagen. Mehrfach bereits vom Aussterben bedroht, stand diese gut zweitausend Jahre alte Rasse nun im Begriff, auf dem internationalen Pferdemarkt einen regelrechten Boom zu erleben.

Die große Essener Pferdemesse »Equitana« hatte sie 1980 zum ersten Mal einem größeren Publikum gezeigt, und seitdem hatten die majestätischen und mit ihren üppigen Mähnen und Fesselbehängen leicht exotisch anmutenden Rappen in Europa und in Amerika ständig mehr Liebhaber und Enthusiasten gefunden. Auch Inge, eine gute Bekannte, die in Heide ein Reitsportgeschäft betrieb, hatte seit kurzem ein solches Friesenpferd in ihrem Stall und wurde lyrisch, wenn sie von ihm und seiner unerhörten Gelehrigkeit und Klugheit redete. Das Pferd selbst war recht grob und schwerfällig und erinnerte eher an einen Kaltblüter. Man konnte es wahrlich keine Schönheit nennen. Doch es gab durchaus »modernere«, will sagen: edlere und elegante Friesen, versicherte mir Inge, und wies auf das iberische und arabische Blut hin, das ja schließlich dank der einstigen spanischen Besatzungsmacht seit einigen Jahrhunderten auch in den Adern der friesischen Pferde floss. Wir planten ein gemeinsames Wochenende in Groningen, wo sie einen friesischen Pferdehändler kannte. Auf dessen von Wassergräben umsäumten, roten Backsteinhof mit Holzschuhen und Fahrrädern in der Diele und Pferden und Schafen rund ums Haus quartierten wir uns für zwei Tage ein.

Schwarz und Weiß, das Muster meines Pferdelebens. Nordfriesland, der nördlichste Landkreis Schleswig-Holsteins, war die Heimat des Schimmelreiters. Friesland im Norden Hollands, eine Provinz mit einer eigenen Sprache und einem ausgeprägten Hang zur Unabhängigkeit, das Gelobte Land der schwarzen Pferde.

Zwölf schwarze Hengste und ein einziger Wallach standen im Groninger Stall unseres Gastgebers Bert. Im Reiten mochten wir Deutschen den Holländern voraus sein. Doch im Fahren waren sie kaum zu schlagen. Bert bewies uns nicht nur seine Geschicklichkeit als Kutscher, sondern auch die Eignung dieser Pferde, die für die Arbeit in der Deichsel geradezu geboren waren. Er fuhr auf seinem Sandplatz ganz undramatisch ein paar junge Hengste ein, die am folgenden Tag bereits auf der Straße und im lebhaften Verkehr zuverlässig vor der Kutsche traben. Nichts schien diese ansonsten so lebhaften und temperamentvollen Pferde zu ängstigen. Auf dem Rückweg unserer Ausfahrt übergab Bert mir die Leinen. Der junge Hengst war leicht zu dirigieren, es war ein erhebendes Gefühl, seine Energie und sprudelnde Lust, mit großer und hoher Aktion zu traben, vom Kutschbock aus lenken zu dürfen.

Vor der Heimreise nahm unser Gastgeber uns zu mehreren bäuerlichen Friesenzüchtern mit, um uns junge Pferde zu zeigen, die eventuell zu verkaufen waren. Die Bauern beäugten uns misstrauisch. Auf Berts Geheiß hin hielten wir den Mund. Deutsch hörte man hier noch immer nicht gern. In dunklen Ställen neben Jungvieh festgebunden, standen schwarze, ungepflegte Stuten; dennoch der ganze Stolz ihrer Besitzer. Die Mähnen waren verfilzt, die Hufe allzu lang und ausgefranst. Einen Hufschmied hatten sie wohl kaum jemals in ihrem Leben gesehen. Dennoch waren sie mild und majestätisch und von einer Freundlichkeit, die mich beschämte. Hatten wir Menschen diese Nachsicht und solchen Sanftmut wirklich verdient?

Schwarze Pferde. Dunkle Kräfte. Heimliche Magie. Auch mich hatten sie verzaubert. Die Ausstrahlung dieser Pferde war mit nichts anderem in der Pferdewelt zu vergleichen. Ich hatte mein Herz verloren. Fortan würde ich von diesen Pferden träumen.

2. *Juli*

Nero hat sich sehr verändert. Bevor ich komme, lässt Elisabeth ihn zwanzig Minuten lang auf der Stallgasse stehen und warten. Sie steht in seiner Nähe, ohne ihn zu berühren, und er senkt gelassen und mit freundlichem Ausdruck seinen Hals. Für sie ist das eine fast ebenso schwere Übung wie für ihr hyperaktives Pferd: einfach dastehen und nichts tun. Ständig aktiv und beschäftigt sein zu müssen ist ja ein Symptom unserer Zeit. In gewissem Maße sind auch viele Menschen heute, so wie Nero, gleichzeitig unterfordert und hyperaktiv. Ein doppelter Stress. Unsere domestizierten Tiere sind ja in vielem ein Spiegel unserer selbst.

Das erste Aufsitzen war für Nero kein Problem. Elisabeth wiegt nicht viel, und sie ist Nero so vertraut, dass es ihn nicht weiter ängstigte, sie nun statt neben sich auf seinem Rücken zu wissen. Sie sitzt sehr passiv. Bei jungen Pferden ist es eine große Hilfe, wenn man beim Anreiten zu zweit ist, und ein Helfer vom Boden aus anfangs das Pferd zum Vorwärtsgehen veranlasst. Doch heute habe ich meinen Job an Gabe delegiert, ihn auf den Hänger geladen und mitgenommen. Nero, der Gabe nie zuvor getroffen hat, begrüßt ihn kauend und mit leicht gesenktem Kopf als Zeichen seiner Untergebenheit. Gabes natürliche Autorität nicht zu hinterfragen ist für Nero eine Selbstverständlichkeit, und er folgt Gabe auf seinem ersten Ausritt furchtlos und ohne zu zögern.

Dominanz ist ja ein in den vergangenen Jahren vielzitierter Begriff in Sachen Pferde, der in meinen Ohren keinen allzu positiven Klang hat. Diese subtile Form von Unterdrückung ist mir im Umgang mit Pferden zu aggressiv. Ich glaube, auch was das Reiten betrifft, eher an ein »elastisches« Führen. Ein guter Führer muss zugleich auch folgsam sein. Sich vertrauensvoll an die Hand nehmen zu lassen ist beileibe nicht dasselbe, wie sich demütig zu unterwerfen.

Ein großer Tag für Nero und Elisabeth: der erste Ausritt, völlig unspektakulär und ganz entspannt. »Du darfst mich jetzt nicht im Stich lassen, nun, wo alles so problemlos funktioniert«, sagt Elisabeth, was mich ein wenig rührt, und ich verspreche es ihr. Ich werde Nero und sie in Zukunft in meinen wöchentlichen Stundenplan einbauen. Während dieser Wochen gemeinsamer Arbeit sind auch Elisabeth und ich gute Kameraden geworden. Die Arbeit mit problematischen Pferden schafft oft auch eine spezielle Nähe zu ihren Besitzern. In meinem Job geht es niemals nur um Pferde. Die Probleme und deren Lösungen haben stets mit Partnerschaft zu tun. Einem Bereich, in dem man (vermutlich) einzig durch begangene Fehler klug wird.

4. *Juli*

Yvette steht auf der Stallgasse, lose angebunden (besser ist es, wenn das Pferd während einer Untersuchung von jemandem gehalten wird, doch hier zu Hause bin ich ja meist allein), und ich untersuche sie, taste ihre Muskeln ab, teste die Beweglichkeit ihrer Gelenke und der Wirbelsäule. Bei allen Pferden sagt der Spannungszustand der Muskeln in Ruhe sehr viel über ihre generelle Befindlichkeit aus. Selbst ein Muskel, der gerade keine aktive Arbeit leistet, muss ja seiner Erschlaffung und Ausdehnung stets mit einem Grundtonus entgegenwirken. Es sind schließlich die Muskeln, die das Skelett zusammenhalten. Diese Spanne zwischen der totalen Erschlaffung im (REM-)Schlaf und dem Spasmus beim Krampf ist groß. Oft verrät einem das Abtasten des Pferdes bereits etliches über seinen Charakter und sein Temperament. Meine Fingerspitzen und Handflächen werden dann zu meinen Augen und vermitteln mir wichtige Grundinformationen über das zu untersuchende Pferd. Dafür, wie sich ein Muskel im Ruhezustand anfühlt, gibt es keine feste Norm. Ob ein Pferd allgemein nervös oder verspannt ist, kann man jedoch unschwer fühlen. Sind hingegen nur bestimmte Bereiche eines Muskels wärmer oder härter, so ist das stets ein Krankheitszeichen und ein alarmierendes Signal.

Yvette ist steif und etwas überreizt und angespannt. Doch nichts weist auf eine körperliche Störung hin, die ihr das Galoppieren auf der rechten Hand unmöglich machte. Ich werde sie mir in der Bewegung ansehen und von ihrer Besitzerin vorreiten lassen müssen. Der Reiter ist in vielen Fällen die Hauptursache der Probleme eines Pferdes.

6. Juli

Vincent, das ehemalige hässliche Entlein, macht nicht nur kontinuierliche Fortschritte unter dem Sattel, sondern hat sich hier in Hörlösa zudem auch bestens wieder eingelebt. Dazu trägt vermutlich bei, dass er sich verliebt hat. Whita, die Stute seiner Wahl, ist das letzte von Sandströms Pferden, das im vergangenen Herbst zu mir kam; eine edle, relativ kleine Friesenstute mit den elastischen Gängen, für die ihr Vater Jasper so berühmt ist. Er gilt als Vererber exklusiver Dressurpferde und hat in Friesland bereits zu Lebzeiten Geschichte geschrieben. Auch seine Tochter Whita ist eine richtige Schönheit. Mit einem Stockmaß von rund 1,58 Meter ist sie für viele Reiterinnen immer noch groß genug. Und auch Vincents Besitzerin Helen hat begonnen, sich für Whita zu interessieren. Der Traberwallach, der Vincent in ihrem Stall Gesellschaft leistet, ist alt und hat Lungenprobleme. Vermutlich wird er nicht mehr lange leben. Und ein Friese fühlt sich am wohlsten in der Gesellschaft eines anderen Friesen. Das ist so deutlich sichtbar, dass es von keinem Skeptiker zu leugnen ist, und es beleuchtet eine interessante Frage: Woher weiß ein Pferd, wie es aussieht? In zahlreichen Tests haben Verhaltensforscher längst bewiesen, dass Pferde derselben Art und Farbe sich in einer Herde unterschiedlichster Pferde stets finden und beisammen halten.

Weitere Fragen: Hat ein Pferd ein Ich-Bewusstsein? Kann ein Pferd rassistisch sein? Sind es also doch nicht Gegensätze, sondern Gleichheit und Gemeinsamkeiten, die sich anziehen und eine glückliche Partnerschaft begünstigen?

LANDUNTER

Meiner Liebe zu Pferden ging es schlecht. Der Tielenhemmer Hof war allzu groß geworden, die Arbeit mit so vielen Pferden zu hektisch und zu umfangreich, um sie noch allein bewältigen zu können. Nummer zwei wusste das. Seine Arbeitskraft wurde gebraucht, er fühlte sich sicher im Sattel. Ich träumte derweil von Friesenpferden. Wer in einer glücklosen Partnerschaft lebt, muss sich sein Herz tunlichst anderswo erwärmen.

Meiner zweiten Liebe ging es nicht viel besser. Meine trostreiche Insel, die Literatur, hatte nun plötzlich keine Anschrift mehr. Auch Gisela Lindemann vom Norddeutschen Rundfunk war tot. Ein Unfall während einer Bergwanderung. Sie war gerade einundfünfzig Jahre alt geworden. »Sie war eine Liebende, und ganz unbestechlich – eine Närrin der Literatur«, schrieb Fritz J. Raddatz in seinem Nachruf in der »Zeit«. »Eine, die sehr leise sehr fanatisch der Literatur diente.«

Ein letzter Auftrag noch, ursprünglich erneut als offizielle Koautorin von S. geplant und für denselben Schweizer Verlag. Das Thema war diesmal Friedensnobelpreisträger Andrej Sacharow, kein Mann, in den man sich beim Schreiben verlieben konnte wie in Fridtjof Nansen. Auch Sacharow war kürzlich gestorben. Das erschwerte die Recherchen. Alle starben, und Moskau im März war kalt. Eine unwirtliche und auch unwirkliche Stimmung herrschte in dieser abweisenden Stadt, die meine Neugier direkt bei meiner Ankunft im Keim erstickte. Junge, einsame Frauen aus dem Westen gehörten 1990 zu den ungewöhnlichen und unwillkommenen Besuchern hier. Im Interhotel kam ich mir ständig überwacht vor, die Concierge durchwühlte in meiner Abwesenheit mein Gepäck, und ich bekam Telefonanrufe von anonymen Männern, die gebrochenes Englisch sprachen und in der Hotelhalle auf mich zu warten vorgaben. Ich versuchte, sie zu ignorieren, ließ fortan das Telefon klingeln, stellte meinen Koffer innen vor die Zimmertür und schlief stets vollbekleidet.

Eine Gruppe bettelnder Kinder mit einem Baby in Haukes Alter, das ein etwa sechsjähriges Mädchen sich in einem Tuch auf den Rücken gebunden hatte, verfolgte mich durch die ganze Stadt. Ich hatte ihnen ein paar Rubel gegeben, und sie erkannten mich stets wieder. Kamen, wo immer in Moskau ich mich befand, stets aus der Ferne auf mich zu, um sich theatralisch vor mir auf die Knie zu werfen und mich und meine Luxusprobleme zu beschämen. »Please, Misses, please!« Bald war ich ständig vor diesen Kindern auf der Flucht.

Wieder zu Hause, schrieb ich diesen letzten Auftrag, den ich S. verdankte. Dann nahmen die Pferde mich wieder voll in Anspruch. Dass ausgerechnet sie mir helfen sollten, zur Literatur zurückzufinden, wer hätte das gedacht?

Ute Blaich, eine Kapazität in Sachen Kunst und Kinderbuch, rief mich aus Hamburg an. Ich hatte ab und zu für ihre Kinder- und Jugendbuchseite in der »Zeit« Rezensionen geschrieben. Für Ute hatte eine Kluft zwischen Literatur und Kinderbuch nie existiert. Nun hatte sie den Sprung von der Kritik zur Kreativität gewagt und das Verlagslektorat einer renommierten Kinder- und Jugendbuchreihe übernommen. Sie suchte nach neuen, unverbrauchten Autoren, die ihren Ansprüchen genügten, und dass sie ein großes Faible für Tiere hatte, war allgemein bekannt. Mein Preis in Klagenfurt und meine Arbeit mit Pferden; genau diese ungewöhnliche Kombination war es, wonach Ute suchte, und sie fragte, ob ich Lust hätte, Bücher für Kinder zu schreiben. Besonders in Sachen Pferde gäbe es einen so großen Bedarf an Büchern und ein so unendliches Ausmaß an Kitsch und verlogener Jungmädchenromantik auf dem Markt.

Natürlich wollte ich für Kinder schreiben! Ich fühlte mich ja selbst oft nicht sonderlich erwachsen und hatte zudem

Hauke so viele Geschichten versprochen, dass es an der Zeit war, mit dem Erzählen anzufangen. Ute schlug ich einen Plot vor, der von traurigen Pferden und einsamen Männern handelte. Und von einem andalusischen Hengst. »Español« lautete der Titel meines ersten Jugendbuches, das ich für Utes Verlagsprogramm schrieb.

Auch Ute lebt inzwischen nicht mehr. Ich denke oft mit leichter Wehmut an die Jahre unserer engen Zusammenarbeit zurück. Unsere ähnlichen Interessen und persönlichen Gegensätze waren ein gutes Rezept für eine Freundschaft, die mir damals viel bedeutete.

Ute war kämpferisch und quick und immer auf dem Sprung; stets bereit, die Welt zu retten und sich bei dieser Aufgabe zu verausgaben. Sie war Pessimistin, ich Optimistin, und somit ergänzten wir einander gut. Als Lektorin war sie für mich unersetzbar. Engagiert und dennoch unaufdringlich hielt sie trotz Stress und Zeitnot mit ihren Autoren stets Kontakt. Fortan verging keine Woche ohne einen Anruf, einen Brief, eine aufmunternde, kleine Zeichnung oder ein Bücherpäckchen von ihr. In meiner Tielenhemmer Einsamkeit unter Menschen war das für mich mehr wert, als sie ahnen konnte. Auch ihren Mann, den Schauspieler Gert Haucke, der im Fernsehen meist als Bösewicht agierte, lernte ich bald besser kennen. Die beiden waren ein Paar der Gegensätze, das schwer miteinander und nicht ohneeinander leben konnte und allmählich immer exzentrischer wurde; theatralisch, unterhaltend, komisch, verzweifelt und mit den Jahren immer tragischer.

Er wäre lieber Tierarzt als Schauspieler geworden, eröffnete Gert mir gleich bei unserer ersten Begegnung, und Pferde waren ein Thema, bei dem er stets nostalgisch wurde. In seiner Kindheit war er geritten, und die Nähe von Pferden entledigte ihn seiner bullerigen Fassade und ließ den zartbesaiteten und leicht verletzbaren Menschen zum Vorschein kommen, der er für die, die ihn besser kannten, war.

Einmal besuchte er mich während einer Drehpause in Tielenhemme, und wir verbrachten einen Nachmittag bei meinen Jungpferden auf ihrer großen Weide im Anschluss an den Eiderdeich. Da waren sie wieder: die Kiebitze und Bekassinen. Sie ersparten uns das Wortemachen. Gert seufzte und holte tief Luft.

Die jungen Pferde hatten uns entdeckt und kamen zögernd näher. Im Sommer lebten sie draußen ihr eigenes und von uns Menschen weitgehend unabhängiges Leben. Sie betrachteten uns Eindringlinge etwas scheu, streckten ihre Hälse und schnaubten. Dann senkten sie wieder die Köpfe. Bald quietschte das feuchte Gras erneut unaufhörlich zwischen ihren Schneidezähnen, und das behagliche Geräusch wurde vom Summen einer Hummel begleitet, die ich im warmen Licht der sinkenden Sonne durch meinen letzten Tielenhemmer Sommer taumeln sah.

8. *Juli*

Manchmal ist mein Job mit Pferden deprimierend. So wie heute Nachmittag.

Ich werde zu einem Stall im Norden der Insel gerufen und soll mir dort ein lahmes Pferd ansehen. Es wurde bereits in einer Pferdeklinik auf dem Festland ohne Befund untersucht, hat entzündungshemmende und schmerzlindernde Medikamente bekommen und ist nun, drei Wochen später, wieder auf dieselbe Weise lahm. Können das verspannte Muskeln oder gar Rückenprobleme sein?

Der Wallach ist Engländer und heißt Sam, ein New Forrest Pony. Ich mag diese meist kastanienbraunen, kräftigen Ponys, die groß genug sind, um von Erwachsenen (Frauen) geritten zu werden, und in den meisten Fällen einen liebenswerten, recht gelassenen und gutmütigen Charakter haben. Sam, mein Patient, sieht klug und abgeklärt und ein bisschen müde aus. Seine Unterlippe hängt ein wenig schlapp herab, sein Gesicht ist eingefallen mit tiefen Löchern über den Augen, deren Glanz zu wünschen übrig lässt. Er hat vermutlich das meiste bereits gesehen, was man als Reitpferd in dieser Welt erfahren kann.

Ich erkundige mich nach seinem Alter. »Er ist dreiundzwanzig«, teilt mir die Besitzerin mit, die sich in Sachen Pferde als sehr naiv und unbedarft erweist. Es stellt sich nämlich heraus, dass sie Sam vor einem halben Jahr erst erworben hat. Als Anfängerin wollte sie ein sicheres erstes Pferd, und Sams Alter schien ihr dafür eine Gewähr zu sein. Die Vorbesitzerin hatte mit ihm an zahlreichen Springturnieren teilgenommen und sich mehrfach bei den schwedischen Ponymeisterschaften platziert, doch nun ein neues, jüngeres Pferd gekauft. Da war für Sam kein Platz mehr im Stall. »Er ist sehr rüstig, und er wird dich allemal das Spring- und

Dressurreiten lehren«, hatte sie Sams Käuferin versprochen.

Ein Pferdejahr entspricht dreieinhalb Menschenjahren. Demnach ist Sam achtzig Menschenjahre alt. Ponys werden in der Regel älter und sind länger fit als große Reitpferde. Einem unelastischen Reitanfänger das Springen beizubringen, ist dennoch keine Aufgabe für einen achtzigjährigen Pferdegreis mit Arthrose, Senkrücken, erschöpften Muskeln und Ligamenten. Denn genau nach einer solchen Übungsstunde ist die Lahmheit aufgetreten, wie sich nun erweist. Ich erteile Sam und seiner zerknirschten Besitzerin von nun an striktes Springverbot. Sam sollte keinen Erwachsenen mehr auf seinem Rücken tragen müssen. Die Besitzerin schämt sich. Zu Recht, auch wenn sie aus reinem Unverstand gehandelt hat. Sie verspricht mir, dem alten Pony einen guten Lebensabend zu geben. Mit Spaziergängen und hin und wieder Ausfahrten mit einem leichten Sulky. Ob das in Ordnung sei, will sie verschüchtert wissen. Es ist gut, dass ich ganz offenbar so etwas wie natürliche Autorität besitze, die meisten Kunden halten sich an meine Weisungen.

Dennoch bin ich deprimiert. Dieses alte Pony wurde im wahren Sinne des Wortes von der Vorbesitzerin verraten und verkauft. Ich streiche ihm über die Stirn und lege einen Arm um seinen Hals. Ich könnte heulen …

9. *Juli*

Sara, ein junges, energisches und sehr sympathisches Mädchen aus Degerhamn auf Südöland, kommt, um sich meine Friesen anzusehen. Ihr Pferd ist an einer Darmverschlingung gestorben. Sie hat das Lebensversicherungsgeld ausbezahlt bekommen und ist nun auf der Suche nach einem neuen Pferd; womöglich einem Friesen. Im Internet sind stets einige Friesenpferde zum Verkauf angezeigt, doch sie hat kein rechtes Vertrauen zu den Verkäufern und will lieber, dass ich ein Pferd für sie finde. Um ihr die Variationsbreite der Friesen vor Augen zu führen, zeige ich ihr Vincent und Whita, reite Ulrig und Gabe vor; alle vier Pferde sind unterschiedlich in Gangarten, Temperament und, außer der Tatsache, dass sie alle Rappen sind, auch im Aussehen. Nachdem sie Gabe ausprobieren darf, ist sie sich sicher: Sie will einen eigenen Gabe haben. Darüber wundere ich mich nicht. Es ist fast immer der Fall. Gabe ist der beste Botschafter für Friesenpferde, den ich mir denken kann. Da ich Whita und Vincent nicht gern trennen will und auf Helens Entschlusskraft hoffe, bitte ich Sara, mit Sandström Kontakt aufzunehmen. Sara reitet gut, und als sie von der geplanten Friesenquadrille hört, ist sie Feuer und Flamme. Wenn Sandström einverstanden ist, ist es wohl an der Zeit für einen baldigen, kurzen Frieslandtrip. Schließlich muss er das Pferd vorfinanzieren. Und auch Hansen, der während der Sommermonate ungern den Kontinent bereist, muss mit von der Partie sein. Ohne den Financier und seinen Vermögensberater läuft nichts in Sachen Pferdekauf. Ich bin froh, inzwischen nur noch Ratgeber und von allem Finanziellen befreit zu sein. Von Pferden verstehe ich eindeutig mehr als von Geld …

DICHTUNG UND WAHRHEIT

Ich redete, er schwieg. Auf diese Art wurde zwischen uns alles Wesentliche ausgehandelt. Allerdings wog sein Schweigen oft viel schwerer als mein Reden. Die Regeln, die unser Zusammenleben ordneten, hatten wir auf diese lähmende Art errichtet und befolgten sie kleinmütig; er wachsam, um allzu viel persönliche Nähe zu mir zu vermeiden, ich zaghaft in der vergeblichen Hoffnung auf ein Ende seiner Einsilbigkeit.

Im Alltagsleben hingegen war Nummer zwei keineswegs auf den Mund gefallen. Er galt als freundlich, als ein guter Kerl, kulant, gesellig und gefällig; nachgiebiger als ich allemal, denn er wollte beliebt sein und nirgendwo anecken. Zur Wahrheit hatte er ein kompliziertes Verhältnis.

Er erzählte Dinge, die er erfunden hatte, und verschwieg, was wirklich gewesen war. Die Dinge, die er erfunden hatte, berichtete er so glaubwürdig, dass keiner sie in Frage stellte. Die Dinge, die sich wirklich ereignet hatten, verschwieg er derart lauthals, dass niemand mehr nach ihnen fragte. Die Lüge war sein Lebenselixier, sie machte ihm das Unbequeme bequem, und mit ihr machte er sich die Wirklichkeit gefügig. Seine Krankheit hieß Mythomanie, die Sucht zu lügen, und wer mit einem Abhängigen lebt, der wird leicht ko-abhängig; vertuscht und kompensiert beflissen vor der Außenwelt, damit das Kartenhaus nicht einstürzt. Er war ein Mann, ich eine Frau, er war schwach, und ich war stark, er verloren, ich verpflichtet, ihn zu retten, auch wenn er mich betrog; all das redete ich mir ein, ohne zu wissen, wie ihm oder mir zu helfen war.

Mit mir hatte er bekommen, was er haben wollte; für viele Menschen das Schlimmste, was ihnen passieren kann. So sehr ich mich an seiner Seite auch verringerte, damit er seinen Frieden hatte, so war ich ihm doch immer noch zu farbenfroh. Das Glück vermieden viele, das hatte ich inzwischen begriffen. Alle glaubten, es sich zu wünschen, doch kaum jemand wollte es wirklich haben. Es war der Schwarze Peter im Kartenspiel, um den sich alles drehte und den doch niemand in der Hand halten wollte, weil man dann so viel zu verlieren hatte. Ankunft war stets ein Ultimatum. Unterwegssein hingegen ein schöner Betrug …

10. Juli

Manchmal frage ich mich, warum es vielen schwedischen Tierärzten offenbar so schwerfällt, den Besitzern ihrer Patienten die Wahrheit zu sagen. Warum hat Sams Besitzerin meine Weisung und das Reitverbot nicht bei ihrem Besuch in der Pferdeklinik zu hören bekommen? Will man sich vielleicht bei zahlenden Kunden nicht unbeliebt machen?

Ich bin meiner Grundhaltung zum Leben nach Optimistin. Doch wenn ich zu Pferden gerufen werde, deren Beschwerden ich als nicht behandelbar ansehe, mache ich den Besitzern gegenüber daraus kein Geheimnis. Ich will keine Therapie beginnen, die ich von vornherein als aussichtslos ansehe. Leider gibt es immer wieder Pferde, denen ich nicht helfen kann. Je länger ich mich mit Pferden befasse, desto mehr lerne und verstehe ich auch, wie wenig ich im Grunde kann. Und desto besser will ich einmal werden. Ich glaube, mit dieser Tatsache hat auch zu tun, dass mein Lebensgefühl so viel jünger als mein Kalenderalter ist; ich bin so etwas wie eine ewige Schülerin oder Studentin in einem Fach, in dem noch viele praktische Examen zu bestehen sind. Meistens bin ich froh darüber!

12. Juli

»Hallo in Hörlösa!

Ein junges Mädchen hat mich angerufen, das unsere Pferde angesehen hat. Zwanzig Jahre alt, jobbt an der Kasse eines Supermarkts in Kalmar, frisch und energisch, will sicher irgendwann mal etwas Großes werden, wenn mich nicht alles täuscht. Aber erst mal braucht und will sie ein Friesenpferd. Sie sagt, Sie haben sie reiten sehen und wissen, was sie mag und braucht?

Von mir aus können Sie gern nach Friesland reisen und auf Pferdeeinkaufsbummel gehen. Auch wenn es meinem Vetter mit Sicherheit nicht passt, Stockholm nun im Juli zu verlassen. Denken Sie sich etwas aus, um ihn zu locken.

Viel Glück! Sandström

P. S.: Verführen Sie mir ja den Vetter nicht. Oder – von mir aus, tun Sie, was Sie nicht lassen können. Es bleibt ja schließlich in der Familie …

Der Obige«

PIET

Inge sollte ein paar Sättel ausliefern. Die gut zweistündige Autofahrt war trist ohne Gesellschaft, und ich begleitete sie gern, zumal das Ziel ein Friesenstall war. Er befand sich in der Lüneburger Heide; das erste größere Friesengestüt in Deutschland.

Der Gestütsbesitzer wollte gern Geschäfte machen. Er zeigte uns ein paar Jungpferde, die allerdings das attraktive Alter von drei Monaten, in dem man Fohlen am besten beurteilt, bereits überschritten hatten. In ihren verrutschten Proportionen sahen sie wie die meisten Pferde ihres Alters recht erbärmlich aus. Pubertierende Teenager mit kantigen Körpern, dünnen Putenhälsen und verwirrten Augen.

»Wartet, bis sie dreijährig sind«, sagte der Gestütsbesitzer, ohne seiner eigenen Emphase Glauben zu schenken, und zählte ganz umsonst Blutlinien und alle Generationen der mit dem Prädikat »ster« prämierten Mütter auf. Werberufe, die im Staub der Reithalle ganz ohne Echo verhallten.

»Hol den Falke-Sohn«, herrschte er schließlich die junge Pferdepflegerin an, deren Unbedarftheit ihm auf einmal auf die Nerven ging. »Hol Piet.«

Er hatte in letzter Zeit erfolgreich Friesenpferde verkauft, bevorzugt in die neuen Bundesländer, war bewundernde Kommentare gewohnt, und irgendjemandem musste er ja die Schuld an der ausbleibenden Kauflust und Magie zuschieben.

Dann rollte die Hallentür beiseite, ein Lufthauch streifte mich, und ich erwachte aus meiner Apathie. Die Pflegerin war plötzlich klein geworden. Unbedeutend und belanglos stand sie neben einem schwarzen Wesen, das mit erhobenem Kopf nun die Szene betrat.

Der junge Hengst schüttelte seine üppige Mähne. Hatte Peter Paul Rubens' Pinsel diesen Ausdruck dramatischer Lebenskraft in seinem Atelier in Antwerpen erschaffen? Der Hengst, der in pompösem Trab nun an uns vorbeischwebte, schien einem seiner Gemälde entsprungen zu sein. Ob die Vermählung spanischer und friesischer Gene, eine Synthese aus Macht und Unterwerfung oder eine Allegorie von Liebe und Tod; was auch immer dieses lebende Sinnbild symbolisieren sollte – ich streckte augenblicklich meine Waffen.

Auf seiner Kruppe gleißten Lichtreflexe. Der dramatische, schwarze Schleier seines Schopfhaars lüftete sich für kurze Augenblicke im Rhythmus der Gangart. Sein Blick war nicht in jene undefinierbare Ferne gerichtet, die fast alle schönen Pferde anvisieren. Er sah mich an. Er war mein Pferd. Und alles andere waren reine Formalitäten.

13. *Juli*

Yvette scheint das Leben in Hörlösa mit den lauen Sommernächten an Gabes Seite draußen auf der Weide zu gefallen. Gegen elf Uhr, wenn die sommerliche Hitze einsetzt, gehen beide, wie die anderen Pferde, gern in den kühlen Stall. Dass das Klima in meinem Stall so angenehm ist, hat mit dem Geiz des alten Mannes zu tun, von dem ich den Hof kaufte; Geiz-Ernst wurde er hier in der Nachbarschaft genannt. Die Scheune, die heute mein Pferdestall ist, war ursprünglich mit Reet gedeckt. Als das Dach leck wurde und zu erneuern war, entschied er sich für ein billigeres Blechdach. Die Kosten, das Reetdach vorher abzureißen, wollte er sparen und legte daher das Blech einfach über die nunmehr recht dünne Reetschicht; heute die beste Isolierung, die meine Pferde sich wünschen können!

Ich habe die Stute Yvette während der letzten Woche longiert und mehrfach massiert und vor allem ihre aktiven Stresspunkte in der Muskulatur behandelt. Auch ohne Reiter wählt sie auf der rechten Hand fast ausschließlich den Linksgalopp. Der ungleiche Muskelaufbau an ihrem Becken zeugt davon, dass die Mechanik ihrer Gänge über einen längeren Zeitraum von Störungen beeinträchtigt war. Das sogenannte »schiefe Becken« eines Pferdes, von dem heutzutage so oft geredet wird, hat seine Ursache meist in der Lendenmuskulatur. Es ist natürlich in den seltensten Fällen das Skelett, das schief ist, sondern die Ursache sind in der Regel die schmerzhaft verspannten Muskeln, die den Hüfthöcker auf einer Seite nach vorn ziehen und das Becken, wenn man hinter dem Pferd steht, dann asymmetrisch erscheinen lassen. Diese Verspannungen in der Muskulatur zu lösen, ohne ihre Ursachen zu finden, ist sinnlos. Sie hängen bei Pferden oft mit dem Reiten zusammen. Deshalb ist es wichtig, dass ein Equitherapeut etwas vom Reiten versteht. Gelingt es einem nicht, die Anlässe für die Beschwerden aufzudecken und abzustellen, wird eine Störung in den meisten Fällen immer wiederkehren. Die Ursachen menschlicher arbeitsbedingter Erkrankungen müssen ja auch ermittelt werden, wenn man die Symptome langfristig beseitigen und heilen will. Aus diesem Grunde glaube ich nicht an die spektakulären Methoden sogenannter »Knochenbrecher« oder Pferdeflüsterer. Es wäre zu schön, wenn man mit einer einmaligen Behandlung, etwa einem kraft- und effektvollen Drücken, Reißen oder Ziehen einen komplizierten Dauerschaden beheben könnte. Die Wirklichkeit sieht anders aus.

Morgen kommt Yvettes Besitzerin Mona, um mir die Stute vorzureiten. Sie ist nervös, bekennt sie am Telefon. Mir fällt oft auf, wie viele Frauen unter Minderwertigkeitskomplexen leiden. In meiner Branche habe ich ja außer mit Pferden täglich meist mit Frauen zu tun und treffe bemerkenswert selten auf solche, die mit sich selbst im Einklang und zufrieden sind. An Frauen werden viele und hohe Anforderungen und Erwartungen gestellt. Ein ungerechtes und verzerrtes Selbstbild ist ein großes Handicap. Ich fokussiere meine Wahrnehmungen gern auf das Positive. Was meine Auftraggeberinnen und das Reiten betrifft, so versuche ich, sie nach Möglichkeit in ihren Fähigkeiten zu bestärken, statt ihr Unvermögen in den Mittelpunkt zu stellen. Ohne den Glauben an sich selbst kann man sich schwer verbessern und verändern.

GEFLÜGELTER RAT

Piet zog auch in Tielenhemme alle Blicke auf sich. Die modernen Sportpferde in meinem Stall wirkten im Vergleich zu ihm auf einmal schlicht und bescheiden. Selbst Nummer zwei, der über meinen spontanen Pferdekauf ein wenig murrte, konnte sich Piets Charisma kaum entziehen, wenn dieser sich mit hoher Knieaktion elastisch durch die Reithalle bewegte; stets aufmerksam auf meine Hilfen achtend, gehorsam und dennoch kein Untertan des Menschen, sondern eher ein König der Pferde.

Im Stall waren die beiden barocken Pferde nun Nachbarn und standen nicht, wie die meisten anderen Pferde, zum Verkauf. Die ausladenden Rundungen ihrer Körper, die geschwungenen Hälse, die langen Mähnen und das seidige Schweifhaar ließen keinen Zweifel an ihrer Verwandtschaft aufkommen; der eine schwarz wie Ebenholz, der andere weiß wie Schnee. Piet hatte nicht ich als mein Pferd, sondern er hatte mich als seinen Menschen ausgewählt. Da nahm es kaum Wunder, dass er bald auch in anderen entscheidenden Fragen auf mein Leben Einfluss nehmen sollte.

Sechs Pferde gingen an der Führmaschine in Tielenhemme monoton im Kreis. Der Motor drehte die Maschine acht Minuten lang rechtsherum, hielt dann eine halbe Minute lang an und drehte sich danach linksherum weiter. Die Pferde begriffen schnell, der kurze Stopp bedeutete, dass sie sich umdrehen mussten. Die Bewegung an der Führmaschine war seelenlos, jedoch immer noch besser für die Pferde, als in der Box zu stehen oder im Paddock zu dösen. Ein Pferd ist ein Lauftier mit einem Körper, der Bewegung fordert.

Piet bewegte sich nur zögernd. Er fand an dieser Schrittmaschine kaum Gefallen. Bald hatte er herausgefunden, dass es für ihn mit seinen gut sechshundert Kilo Lebendgewicht ein Leichtes war, die Anlage nach eigenem Dafürhalten zu stoppen. Wenn alle anderen Pferde sich in Erwartung der Kursänderung umgedreht hatten, ließ er die Maschine wieder los und schritt als einziges Pferd in der gegebenen Richtung weiter. Schadenfreude ist eine Regung, die einzig dem Menschen eigen ist. Dennoch schien Piet das folgende allgemeine Durcheinander zu unterhalten. Er, der seiner Natur nach ein Herdentier war, agierte dennoch gern als Sand im Getriebe. In stillen Stunden gab mir das zu denken.

Nummer zwei war von Piets Selbständigkeit weniger angetan als ich. Der Jähzorn seines Vaters, unter dem er als Kind zu leiden gehabt hatte, saß auch ihm im Blut, und als er Piet erneut bei seinen Sabotageakten überraschte, gingen ihm die Nerven durch. Er glaubte sich unbeobachtet und schlug ihn hart. Doch die Striemen der Peitsche waren in die Kruppe des Hengstes wie eingraviert. Als ich sie entdeckte, wurden sie für mich der Tropfen, der das Fass zum Überlaufen brachte. Ich kühlte diese Spuren menschlicher Wut mit kaltem Wasser, brachte Piet in seinen Stall und teilte Nummer zwei meine Entscheidung mit, die längst überfällig war: Trennung.

Allein konnte ich den Hof kaum halten. Das Arbeitspensum war für mich nicht zu bewältigen, das Anstellen von Personal zu teuer. Verkauf schien die vernünftigste Alternative, doch gefühlsmäßig fiel mir der Abschied schwer. Ich hing an Tielenhemme. Wen sollte ich um Rat fragen? Ich traf täglich so viele Menschen und hatte dennoch keinen einzigen Vertrauten. Bis auf einen Mentor, fiel mir ein, der mir hoffentlich geblieben war.

Es war der späte Abend des elften Mai. Nummer zwei schlief, und auch Hauke lag in seinem Bett, lächelte und träumte. Daraus bestand noch immer ein Großteil seines wundersamen kleinen Lebens. Ich ging leise aus dem Haus. Piet lag nicht wie die anderen Pferde im Stroh und döste. Er stand hellwach in seiner Box und blickte mir entgegen.

Es war fast Vollmond, das fahle Rund war nur ein wenig

eingedellt, und sein Licht wie geschaffen für einen nächtlichen Ausritt. Allzu laut klapperten bald Piets beschlagene Hufe auf dem Asphalt des Schüttingdeichs. Ich war froh, als wir endlich in die Feldmark kamen. Die Wiesenvögel waren zurückgekehrt, ein neuer Sommer stand bevor. So lange hatte ich ihre Stimmen und Schreie nicht mehr vernommen.

Kurz vor Mitternacht war ich wieder auf dem Heimweg und ritt an einer Gruppe von Pappeln vorbei, die die Hauskoppel des Hofes säumte. Einer der Bäume stand ein wenig abseits, seine dürren, kümmerlichen Äste waren kaum belaubt. Von dort aus hörte ich einen ersten, zögerlichen Ton. Ich brachte Piet zum Stehen und richtete mich im Sattel auf, um der Stimme zu lauschen, auf die ich gehofft und gewartet hatte: Sie war es, meine Nachtigall, die nun begann, sich für ihr Konzert einzusingen.

Dann schmetterte sie eine Strophe nach der anderen. Nie zuvor war sie erfindungsreicher und verschwenderischer gewesen und hatte mir ein solches Repertoire geboten. Sie flötete in hellen Tönen, seufzte tief, ließ ihre Triller wie perlendes Wasser glucksen und wie Kieselsteine auf dem Grund eines Baches rollen. Und zum ersten Mal in all den Jahren zeigte sie mir dort im fahlen Mondlicht ihre Silhouette, die bei jedem langen Ton ein wenig wippte und sich streckte; so unscheinbar und doch so mächtig.

Mitternacht war vorbei. Ich war nun dreiunddreißig Jahre alt. Hauke wurde in diesem Sommer drei. Die magische Zahl in unserem wie in so vielen anderen Märchen. Ich hatte den Trost vernommen und die Botschaft meiner Mentorin verstanden. Solange sie mich finden wollte, würde ich überall zu Hause sein.

Am kommenden Tag zog ich alle Vollmachten ein, die ich Nummer zwei gegeben hatte, und verhandelte mit dem ortsansässigen Makler.

»Was willst du?«, fragte er mich. »Den höchsten Preis oder einen schnellen Verkauf?«

»Meine Freiheit«, sagte ich.

14. Juli

Mona, Yvettes Besitzerin, hat ihren Sattel mitgebracht, legt ihn auf die Stute und sitzt auf. Und sofort offenbart sich eines der Probleme: der Sattel passt nicht optimal. Noch heikler ist der Grund: Die Sitzfläche des Sattels ist zu klein oder auch Monas Gesäß zu kräftig und zu breit. Dadurch sitzt sie zu weit hinter dem Schwerpunkt des Pferdes und drückt auf die empfindlichen Lendenwirbel, denn die Stute hat einen relativ kurzen Rücken. Da Mona ihrer eigenen schiefen Haltung wegen zudem auch den Pferderücken einseitig belastet, ist mir die Ursache der Schwierigkeiten auf einmal klar.

Ich lasse sie absitzen und überdenke meine Formulierungen. Gewicht und Figur sind ja für viele Frauen ein empfindlicher Punkt. Die Stute nimmt, sowie ihre Besitzerin im Sattel sitzt, automatisch eine Schonhaltung ein. Ein Reiter, der einem Pferd in den Rücken fällt, ist ein nicht zu unterschätzender Störfaktor. Er kann ein Pferd und dessen Rücken auf die Dauer unwiederbringlich ruinieren.

Mein geringeres Problem wird die Korrektur der Stute sein. Ich werde sie zuerst ohne Reitergewicht an der Doppellonge rechts und links galoppieren lassen und in entspannter Haltung mit langem, tief eingestelltem Hals im Trab reiten, durch Seitengänge beweglich machen und mit dem Galoppieren warten, bis sie sich besser und elastischer anfühlt. Für das entscheidende Gespräch mit Mona bleibt mir so noch etwas Zeit …

15. Juli

Willkommener Besuch von Hauke, der heute vierundzwanzig Jahre alt wird. Er hat Johan mitgebracht, mit dem er seit seinem sechsten Lebensjahr befreundet ist und der als Kind sehr oft bei uns zu Hause war. Uns allen dreien wird ein wenig nostalgisch zumute, als wir auf der Veranda sitzen und Eis essen, während Hobbit uns einen Besuch abstattet und seinen nachmittäglichen Zwieback und Keks einfordert.

»Hier in Hörlösa ist alles wie gehabt«, stellt Johan zufrieden fest. »Bei euch war es immer ein bisschen wie in Pippi Langstrumpfs Villa Kunterbunt.« Dann hat er eine große Neuigkeit zu berichten: Er wird im September Vater. Er weiß bereits, dass es ein Junge ist. Unglaublich. Ich komme mir plötzlich ein bisschen älter vor, als ich eben noch zu sein glaubte. Kann das wirklich wahr sein?

»Was ist das für ein Gefühl?«, will ich wissen. »Fühlst du als werdender Vater denn ein bisschen so was wie Beklommenheit?«

Johan schüttelt ernst den Kopf. Er war bereits als kleiner Junge stets sehr freimütig und offenherzig und ist in unserem Haus stets wie ein Familienmitglied willkommen gewesen.

»Wenn du nur wüsstest, Sylvia, wie sehr ich den Tag der Geburt herbeisehne!«, sagt er nun völlig ungekünstelt. »Was für ein bewegender Augenblick wird das sein, diesen kleinen Jungen im Arm zu halten und zu erfahren, wie das sich anfühlt: ein kleines Menschenwesen so ungeheuer liebzuhaben, lieber als alles andere auf der Welt.«

Ich wische mir verschämt eine Träne aus dem Augenwinkel. Die Zeiten, die Männer und die Generationen ändern sich. Sage jemand, es gäbe keine Hoffnung in dieser unfassbaren Welt …

16. Juli

Ich habe noch eine Woche Zeit. Yvettes Muskulatur ist nun elastisch und entspannt, ihr Rücken scheint nicht mehr zu schmerzen. Von nun an arbeite ich mit ihr in der Bewegung, zwei Mal täglich jeweils etwa zwanzig Minuten: morgens an der Doppellonge, abends unter dem Sattel. Pferde sind in vielerlei Hinsicht ähnliche Schüler wie Menschen; sie lernen am besten durch Lob, und sie können sich nicht sehr lange konzentrieren. Deshalb sind zwei kürzere tägliche Trainingseinheiten immer effektiver als eine lange.

Was die Stute jetzt noch davon abhält, wie von mir erbeten anzugaloppieren, ist in der Hauptsache die Macht der Gewohnheit, und diese ist nicht zu unterschätzen. Seit einem guten Jahr ist ihr Körper auf dieses falsche Bewegungsschema programmiert. Jedem Pferdekörper wohnt ein solches Gedächtnis für Schmerz und für Bewegung inne. Man muss es behutsam und geduldig umprogrammieren und darf nichts erzwingen, wenn man mit dem Pferd nicht auf Konfrontationskurs gehen will; und damit ist ja niemandem geholfen. In all den Jahren habe ich allerdings keinen so hartnäckigen Fall wie Yvette erlebt; die meisten Pferde geben schneller nach. Ich beginne, die Verzweiflung ihrer Besitzerin allmählich etwas besser zu verstehen.

Der Zeitdruck macht mich etwas nervös. Bei ihrer Abreise muss die Umprogrammierung Yvettes so sicher und zuverlässig sein, dass Mona auch ohne meine Hilfe in Stockholm zurechtkommt. Ich fühle mich nicht sehr typisch deutsch und bin beileibe kein Pedant. Nach über zwanzig Jahren in Schweden ist meine Heimat eher ein Niemandsland, meine Nationalität eine Art Weder-noch. Doch bei meinen Kunden bin ich für meine »deutsche« Effektivität und Gründlichkeit bekannt. Wenn ich mich eines Pferdes annehme, dann will ich gern ein Resultat meiner Bemühungen sehen; koste es so viele Arbeitsstunden, wie es wolle. Ich muss mir in Sachen Yvette rasch etwas Effektives einfallen lassen, wenn ich meinem Ruf zur Ehre gereichen will …

ABSCHIEDE

Alles war gepackt. Haukes Tiere, seine Kuscheldecke, meine Kleider, ein paar Bücher, meine Schreibmaschine. Den Hof hatte ich innerhalb weniger Wochen an einen Tierarzt verkauft, der die beiden Deckhengste und alle Jungpferde mit übernehmen und auf meine Empfehlung hin auch Nummer zwei als Hengstwärter anstellen würde. So war für alle gesorgt. Ich ging von allem fort, woran mein Herz gehangen hatte, und die selbstgewählte Trennung schmerzte. Doch meine wiedergewonnene Freiheit war mehr als ein paar Tränen wert, und ich begrüßte die Tatsache, von nun an wieder selbst über mein Leben zu bestimmen.

An meinem letzten Tag in Deutschland sang Nina Simone im Radio: »He needs me/He doesn't know it, but he needs me …« Ein Abschied stand noch aus. Mein Puls raste, als ich Harm anrief. Wir hatten uns so lange nicht gesehen.

Wir redeten nicht viel, als ich wenig später neben ihm im Auto saß. Er fuhr mit mir zu Otto Tomsens Ponyweiden. Die befanden sich zwischen Heide und Hemmingstedt und waren nur auf schlechten, kaum befahrbaren Wegen zu erreichen. Es war feuchtes Land. Otto hatte damals Welsh Mountain Ponys gezüchtet. Schimmelstuten, deren Fohlen meist als Rappen geboren wurden. Schwarze und weiße Pferde. Da war es wieder, mein Motiv. Ich wusste so manches nicht von dem Mann, mit dem ich ein paar Wochen lang verlobt gewesen war. Was wusste ich über den, für den ich immer noch so viel empfand?

Harm hatte den Motor des Wagens abgestellt und die Fenster heruntergekurbelt. Ein Kuckuck rief in der Ferne. Offenbar hatten wir noch viele Jahre zu leben, er hier im Süden, ich dort irgendwo im Norden. Die Wiesen waren von Unkraut überwuchert. Es war etliche Jahre her, seit die letzten Ponys hier geweidet hatten, und das Grünland verwandelte sich allmählich wieder in Wildnis.

In der Ferne blinkten die Lichter der Hemmingstedter Raffinerie und machten die Idylle hier erträglich. Ich schloss meine Augen, sah Tomsens weiße Ponystuten mit ihren schwarzen Fohlen, die einst wieder weiße Pferde werden würden, und hörte Harm atmen. Er roch gut, und er hielt meine Hand.

»Ich habe ein Buch über Neuseeland auf meinem Nachttisch liegen«, sagte er. »Wenn ich nicht schlafen kann, sehe ich mir die Bilder an.«

»Ich hab sie immer im Kopf«, sagte ich.

Das war alles. Abschiedsworte und Liebeserklärungen müssen kurz sein. Wer die Türen hinter sich zumachen und gehen will, benötigt leichtes Gepäck.

18. Juli

Unsere nächste Frieslandreise ist geplant. Hansen, der im Gegensatz zu mir ein guter Organisator ist, hat unser Stammhotel in Drachten für drei Nächte in der kommenden Woche gebucht. Sara ist aufgeregt und mailt mir jeden Tag. Sie erinnert mich in ihrem Enthusiasmus ein bisschen an mich selbst, als ich in ihrem Alter war.

»Weißt Du schon, welche Pferde Ihr sehen werdet? Hast Du Fotos oder Videos? Weißt Du, wie die Pferde heißen und wie alt sie sind?«

Ich muss sie um Geduld bitten. Ich will die Pferde erst vor Ort begutachten. Fotos sind oft irreführend, und auch auf die Aussagen von Videos kann man sich nicht richtig verlassen. Es ist besser, mit eigenen Augen zu sehen und die Pferde vor Ort auszuprobieren. »Ich vertraue Dir voll und ganz!«, schreibt Sara. Mich rührt das immer wieder, und es freut mich auch. Solche Aufträge habe ich schon oft bekommen. Sie werden für mich nie Routine werden. Ein Pferd für jemanden zu suchen und auszuwählen bedeutet, eine große Verantwortung zu übernehmen. Dieser zukünftige Partner, der hoffentlich die nächsten zwei Jahrzehnte mit seinem neuen Besitzer teilen wird, muss der oder die Rechte sein, zu seiner neuen Besitzerin passen und von ihr hoffentlich nicht nur gemocht, sondern auch geliebt werden. Ich will in diesem Punkt keine Enttäuschungen erleben …

DIALOGE MIT DEM MOND

Weiße Stiere, grüne Wiesen und schwarze Pferde brauche die junge Deutsche als Inspiration zum Verfassen ihrer Kinderbücher. Das Gerücht eilte uns voraus, wie ich später erfuhr, als ich die neue Sprache ausreichend verstand.

Warum ausgerechnet Schweden? Ein dänischer Pferdezüchter, der seine Stute von Almero in Tielenhemme decken ließ, hatte den Kontakt vermittelt. »Tegelvik wird dir gefallen«, hatte er mir versprochen. »Dort gibt es nichts als Schotterwege, auf denen du allenfalls einem Hasen oder einem Dachs begegnest, einem Reh oder, wenn es hoch kommt und du Glück hast, einem Elch. Ein idealer Ort zum Schreiben von Kinderbüchern.« Das einsam gelegene und für zwei Menschen allzu große, weiße Holzhaus mit der vorgebauten Veranda hatte seit vielen Jahren leergestanden. Die etwas abseits vom Wohnhaus gelegene Feldsteinscheune bot mehr als genug Platz für meine beiden Pferde; ein trutziges Gebäude von gut sechzig Metern Länge; ein geisterhafter Ort, den Hauke und ich ehrfurchtsvoll miteinander flüsternd erkundeten.

Der Hof war von Wiesen und Wald umgeben, das Weideland an einen Bauern verpachtet, der dort seine weißen Stiere grasen ließ, und der dunkle Nadelwald alt genug, um der Besitzerin in absehbarer Zukunft ein beträchtliches Vermögen einzubringen. Sie wohnte in Göteborg, war eine Nichte des alten Großbauern und handelte mit exotischen Stoffen; eine vornehme und elegante Dame, einsam und von verhaltener Freundlichkeit, vor allem Hauke gegenüber, der die Sympathien aller rasch gewann und an dessen Namen sich hier niemand gewöhnen konnte. Unsere Vermieterin nannte ihn

Hauki, was ebenso fremdländisch klang wie die Namen der brokatenen Stoffe, die sie aus fernen Ländern importierte.

In Deutschland hatte mir niemand Beifall für meine Umzugspläne gezollt. Mein Kind in der schwedisch-ländlichen Einsamkeit aufwachsen zu lassen, hieß es, würde einen Eigenbrötler aus ihm machen. Auch Ute hatte geseufzt und die Anschaffung eines Faxgerätes zur Bedingung für neue Buchprojekte gemacht. Diese Geräte waren neu auf dem Markt und reinstes Zauberwerk, wie wir fanden. Das Schnellste und Modernste in Sachen Kommunikation, das sich denken ließ.

In Deutschland war ich einsam unter zahlreichen Bekannten gewesen. In Schweden kannte ich niemanden. Gerade das machte für mich den Reiz des Abenteuers aus. Die Sprache, die wir nicht verstanden, klang melodiös und elegisch. Die Menschen waren freundlich, reserviert und etwas scheu. Und was die Einsamkeit betraf, so hatte ich mich seit langem nicht so wenig verlassen gefühlt wie hier in dieser naturnahen Abgeschiedenheit. Tagsüber entdeckten Hauke und ich die lieblich geschwungene Landschaft mit ihren Wäldern, Wiesen und Seen, den wilden Blumen am Wegrand und den jungen Füchsen, die an den Steinmauern spielten. Überall herrschte eine große und besänftigende Stille – in der Natur und in den Menschen, mit denen wir sparsam und per Gebärdensprache kommunizierten. Die Landbevölkerung war überaltert. Englisch sprachen nur die Jüngeren. Doch Haukes Phantasie erweckte selbst das für andere Unbelebte zum Leben. Alles hatte für ihn Augen, um ihn wahrzunehmen, und eine Stimme, um mit ihm zu reden.

»Du, Mond«, rief er, wenn er abends am Fenster stand. »Was isst du am liebsten zum Frühstück, bevor du untergehst?«

»Moose und Flechten«, wisperte der Mond mit einer Stimme, die meiner entfernt ähnelte. »Und eine gute Prise Schnupftabak.«

»Du, kleine Fichte, gefällt es dir, so klein zu sein, wenn alle anderen Bäume im Wald so hoch und groß sind?«

»Klein sein ist groß sein, mein junger, dummer, deutscher

Freund, falls du das noch nicht wusstest!«, lispelte die Fichte, und Hauke war außer sich.

»Hörst du, Mama, was die kleine Fichte sagt?«

»Hab's gehört. Unglaublich!«

Das alte, so lange Zeit verwaiste Haus mit seinen vielen Räumen und dem großen Saal, Wohnzimmer, Esszimmer und Bibliothek in einem, war uns freundlich gesonnen. Ein Specht, der täglich mit Beginn der frühen Morgenstunden an seinem Giebel klopfte, zählte den Rhythmus unserer Tage vor, der Wind in den Wipfeln der hohen Fichten am nahegelegenen Waldrand säuselte seine Melodien. Es hatte durchaus Vorteile, die Landessprache noch nicht zu sprechen. Alles, was die Menschen hier sagten, hielten wir, solange wir es nicht verstanden, für außerordentlich bemerkenswert. Schweden war ein Märchenland unserer Fehldeutungen und vergnügten Phantasie, wir machten die Außenwelt zur Innenwelt und die Innenwelt zur Außenwelt und hatten unseren Spaß dabei. Es ging uns gut im Wunderland, wir spielten uns durch träge Tage und fühlten uns frei.

Abends bereitete ich Hauke aus Kissen und Decken ein Nachtlager auf dem Fußboden meines Arbeitszimmers, und wenn er eingeschlafen war, fing mein Arbeitsleben an.

Ich hatte Verträge für zwei Kinderbücher und schrieb am besten nachts, wenn mein Dachzimmer zu einer behaglich erleuchteten, geborgenen Zelle wurde in dem großen, dunklen Haus, wo es überall tickte und knackte und knisterte. Neben meiner Schreibmaschine dampfte ein großer Becher mit Kaffee, und ich ließ nun Tielenhemme wieder auferstehen, so wie es zu Beginn meiner Zeit dort einmal gewesen war; das Dorf und seine Menschen, die Pferde und die anderen Tiere, denn mein Kinderbuch spielte dort. Gegen fünf Uhr morgens kletterte ich dann über Hauke hinweg in mein Bett und schlief sofort ein. Hauke, der nach dem Aufwachen stets leise mit seinen Tieren und Fahrzeugen spielte, würde mich nicht vor zehn Uhr wecken, denn zu dieser Zeit war auf Tegelvik stets Pyjamapicknick angesagt. Das beinhaltete Limonade, Kekse, Gummibärchen, rote Äpfel und Lakritz, und wir nahmen es, wenn die Sonne schien, auf einer Decke auf der Steintreppe des Eingangsaltans ein und im Saal, wenn es regnete. Ich las Hauke die Geschichten vor, die ich während der Nacht geschrieben hatte und für die er eigentlich mit seinen drei Jahren noch zu klein war. Doch die Figuren waren ihm ja alle bekannt, und die Hauptperson des Buches, Momme, war schließlich er selbst. Johann, Faktotum im Tielenhemmer Stall, zauberte wieder für Hauke, und mein alter Orpheus, der den Umzug nicht mehr erlebt hatte, wurde in den Geschichten wieder lebendig.

Dann trafen nach etlichen pferdeabstinenten Wochen endlich die beiden Hengste in Schweden ein. Die schwedische Bürokratie stand der deutschen in nichts nach, zumal Schweden 1992 noch nicht der EU angehörte, und der Import von Pferden noch mit allerlei Formalitäten und Bluttests verbunden war.

Da waren sie endlich: Piet und Español, langersehnt und mythenumsponnen bereits vor ihrer Ankunft. Die anstrengende Fahrt auf dem Pferdehänger und das Warten an der schwedischen Grenze hatten sie gut überstanden, und als Español als erster den Hänger verließ, blickte er sich in der neuen Landschaft um. Sein lautes Wiehern schallte über Tegelviks waldumsäumte Weiden und ließ alle in der näheren Umgebung wissen, dass mein Leben nun komplett war. Ohne meine Pferde war ich auf die Dauer nur ein halber Mensch. Hauke und ich hatten die Futterkrippen bereits mit Hafer und Mohrrüben gefüllt, und bald standen die beiden Hengste zufrieden kauend in der großen Feldsteinscheune und schienen sich bereits wie zu Hause zu fühlen.

Andalusier und Friesen waren zu dieser Zeit in Schweden kaum bekannte Pferderassen, und so waren Piet und Español Fremdlinge im hohen Norden, genauso wie Hauke und ich.

20. *Juli*

Galopp. Die schnellste Gangart des Pferdes. Im Walzertakt mit einer Schwebephase gesprungen. Ein Synonym für das Freiheitsgefühl, das viele Menschen mit Pferden verknüpfen. Für einige Friesen ist jedoch nach wie vor der Trab die Gangart, in der sie sich am meisten zu Hause fühlen. In den achtziger und neunziger Jahren galt das noch für die Mehrzahl der Friesen und hatte mit ihrer Eignung und Anwendung als Kutschpferde zu tun. Moderne Friesen der jüngeren Generation galoppieren wesentlich besser. Und dennoch ist der Galopp nach wie vor die Gangart, die ein gutes friesisches Dressurpferd von einem weniger geeigneten unterscheidet.

Yvette galoppiert inzwischen ohne Reiter an der Doppellonge rechts und links. Sie scheint selber ein wenig überrascht über die neue Freiheit, sich in dieser Gangart unbehindert bewegen zu können, und hat dies mit ein paar übermütigen Bocksprüngen manifestiert. (Es besteht ein großer Unterschied zwischen Bocksprüngen, deren Anlass Schmerzen und Widersätzlichkeit sind, und solchen, die reiner Lebensfreude entspringen!) Ich bin nun dazu übergegangen, sie drei Mal täglich kurz zu trainieren. Vor der morgendlichen Kraftfutterration fünf Minuten Longenarbeit, sofortiger Abbruch nach einer Runde Rechtsgalopp und etwas Kraftfutter zur Belohnung. Noch drei Tage Zeit, um alles nun unter dem Reiter zu befestigen …

23. *Juli*

Yvettes letzter Tag in meinem Stall. Besitzerin Mona kommt am Nachmittag und hat ihren Pferdehänger mitgebracht, um die Stute abzuholen. Sie hat zudem drei neue Sättel zum Ausprobieren mit dabei. Achtzehn Zoll beträgt die Sitzfläche dieses Mal anstatt der siebzehn Zoll des alten Sattels. Das sollte genügen.

Wie viel Gewicht kann oder sollte ein Reitpferd maximal auf seinem Rücken tragen? In einer Zeit, in der so viele Menschen immer dicker werden, ist diese Frage ebenso heikel wie aktuell, doch es liegt im Interesse der Pferde, sich darüber Gedanken zu machen.

Eine alte Regel besagte, dass ein Reiter im Idealfall zwischen zehn und zwanzig Prozent des Gewichts seines Pferdes auf die Waage bringen, eine andere, dass sein Gewicht ein Sechstel des Pferdegewichts nicht überschreiten sollte. Diese Auffassungen haben Tierärzte, die sich mit diesem Thema befasst haben, heute revidiert und reden von zehn bis maximal fünfzehn Prozent des Pferdegewichts. Viele Schäden, die Pferderücken und Gelenke durch allzu viel Reitergewicht nehmen, wären damit vermutlich zu vermeiden. Doch im Grunde gibt es keine allgemeingültigen Regeln, da es mehr auf den Körper- und Knochenbau des Pferdes als auf sein Gewicht und auch auf die Geschicklichkeit und Folgsamkeit des Reiters ankommt. Ein fettes, untrainiertes Pferd dürfte ja sonst schwerer tragen und arbeiten als ein schlankes, das in Form ist. Und ein dünner, doch ungeschickter Reiter kann mehr Schaden anrichten als ein etwas schwererer, der folgsam und elastisch ist.

Ein sogenannter Gewichtsträger ist ein Pferd mit einem breiten und eher kurzen Rücken und ausladend gewölbten Rippen. Je breiter die Auflagefläche des Sattels auf dem Rücken des Pferdes ist, desto besser wird das Gewicht des Reiters verteilt. Pferde mit langem Rücken sind oft elastischer in den Gangarten, »schwingen« mehr bei jedem Tritt, sind jedoch auch anfälliger für Verspannungen und Erschöpfungszustände der langen Rückenmuskulatur.

Yvettes Rücken ist kompakt und kurz, ihre Gelenke sind groß und kräftig und ihre Knochen stabil. Das ist schon mal ein Plus. Dennoch sollte Mona mindestens zehn bis fünfzehn Kilo abnehmen, wenn ihr das Wohl ihres Pferdes wirklich am Herzen liegt. Das ist eine etwas unbequeme Wahrheit, doch Mona sieht meinen Standpunkt ein. »Ich bin dir dankbar für deine Offenheit«, sagt sie. Auch die gilt als typisch deutsche Eigenschaft in diesem Lande, wo man mit seinen persönlichen Ansichten eher hinter dem Berg hält.

Dann kommt die andere Stunde der Wahrheit: ich reite der Besitzerin ihr Pferd vor, das nun anstandslos rechts und links galoppiert. Spannender wird es, als ich sie aufsitzen lasse. Ich versuche mir meine Nervosität nicht anmerken zu lassen. Die Gefahr ist groß, dass die Stute aus alter Gewohnheit mit ihrer vertrauten Reiterin auf dem Rücken unwillkürlich in ihr altes Bewegungsmuster zurückfällt. Mir entgeht das Zögern der Stute nicht, als ich ihre Reiterin bitte, im Trab nach rechts abzuwenden und sich auf dem Pferderücken völlig passiv zu verhalten. Inzwischen ist Yvette jedoch meine Stimme sehr vertraut, und sie weiß recht genau, was ich von ihr will. Ich nutze das aus, um mehr ihr als ihrer Reiterin das Kommando Galopp zu geben. Es funktioniert. Die Stute erntet überschwängliches Lob. Wir wiederholen dieses Übung drei Mal, beim vierten Mal halte ich mich im Hintergrund. Das Eis ist nun gebrochen, die Stute reagiert auf Monas Hilfen und galoppiert korrekt an. Das erste Mal für sie und ihre Besitzerin seit über einem Jahr. Manchmal ist es gut, ein paar Tricks auf Lager zu haben!

Ich weiß nicht, wessen Freude und Erleichterung größer ist; meine oder Monas. Jedenfalls kann ich nun guten Gewissens meine Rechnung schreiben. Ich weiß, dass sie umgehend und zudem gern bezahlt wird!

24. *Juli*

Koffer packen für die bevorstehende Frieslandreise. Nicht zu vergessen: Reitzeug, Kamera, Telefonliste von Züchtern und Pferdehändlern. Und mein Manuskript, um Hansen abends daraus vorzulesen, wenn wir genügend schwarze Pferde angesehen und ausprobiert haben. Hansen behauptet, er höre gern Deutsch. Ich belästige niemanden außer ihn mit dem Vorlesen unfertiger Manuskripte. Schreiben ist ein einsamer Prozess, zudem in einem Land, in dem ich im Alltag eine andere Sprache spreche als die, in der ich schreibe. Es ist ein bisschen so, wie auf einer ansonsten unbewohnten Insel zu leben. Wie viel Deutsch Hansen eigentlich versteht, weiß ich nicht so ganz genau. Vielleicht reimt er sich ganz andere Geschichten zusammen als die, die ich geschrieben habe? Vielleicht sind seine besser als meine? Ich sollte ihn einmal danach fragen.

GESPRÄCHE OHNE WORTE

Sprache ist ein wunderbares Werkzeug. Im Leben des dreijährigen Hauke hielt sie täglich neue Zauberformeln bereit, um den Schleier der erstaunlich weiten Welt ein wenig mehr zu lüften. Nachts verwandelte sie für mich Vergangenes in Gegenwart und diese, zu Papier gebracht, dann in Märchen und phantastische Geschichten. Tagsüber grenzte sie uns auf recht angenehme Art vom Alltagsleben der anderen aus, obwohl die neue Sprache sich allmählich immer weniger fremd anhörte und Ohren und Zunge sich recht schnell an sie gewöhnten. Schwedisch war mehr dem Plattdeutschen als dem Hochdeutschen verwandt; weniger reich an Synonymen als das Deutsche und in seiner relativen Kargheit melodiöser. Heute, nach gut zwanzig Jahren, ist Schwedisch meine Alltags- und Arbeitssprache, die ich mit meiner Muttersprache kombiniere, wenn ich mit Pferden arbeite und rede: Der schwedische Singsang eignet sich besser, um Pferde zu beruhigen und zu loben, das strengere Deutsche, um sie anzuregen oder aufzuwecken. Die wesentlichen Gespräche zwischen Mensch und Pferd finden sowieso ohne Worte statt.

Español und Piet waren nun unsere Lebensgefährten, unsere unorthodoxe Kleinfamilie bestand somit aus ebenso vielen Menschen wie Pferden. In Zukunft wollte ich nicht mehr mit Pferden arbeiten, sondern nur noch mit ihnen leben. Zwei Pferde konnten mehr als vierzig sein. Jetzt erst lernte ich die beiden Hengste wirklich kennen.

Die Sprache der Pferde zu verstehen, erforderte von einem Menschen Geduld und Aufmerksamkeit; sie beherrschen zu wollen, war ein anspruchsvolles Unterfangen; eine Gabe, über die nur wenige verfügten. Man musste sich ganz absichtslos auf die Gegenwart der Pferde einlassen und durfte keine Hintergedanken haben. Zeit, Effektivität, Ehrgeiz, Prestige; all das galt es zu vergessen, denn es existierte nicht in ihrer Welt. Nach der Seelennähe zu diesen Geschöpfen hatten sich Menschen seit Urzeiten gesehnt; ein archaischer Menschheitstraum, denn das Pferd kam keinem anderen Wesen aus dem Tierreich gleich. Es war von höherer Herkunft, besaß eine andere Anmut, Würde, Grazie und Schönheit als die übrigen Tiere und lockte, wie Joseph Roth einst schrieb, mit seiner »kräftigen Milde und süßen Kraft« zu »Hingabe, Brüderlichkeit, Liebe«.

Español, inzwischen schneeweiß ohne jegliche graue Äpfelung, verkörperte Stolz und Würde. Menschen gegenüber blieb er zeit seines Lebens ein wenig distanziert. Er hatte wohl seine Gründe. Wir hatten eine gute und freundschaftliche Beziehung, und Hauke hatte als Kind Sonderrechte. Doch letztlich gehörte Español niemandem. Der letzte Raum zu seiner Seele blieb stets verschlossen. Hauke und ich liebten diesen Hengst, wir bewunderten und verehrten ihn, der sich stets als loyal und gehorsam erwies, ruhig und gelassen war und vor allem so welterfahren. Anhänglich wie der jüngere Piet war er nicht, und für mich umgab ihn, der doch vor physischer Kraft nur so strotzte, dennoch etwas Ätherisches. In eine Romanfigur hatte ich ihn ja bereits verwandelt. Und ein Geschöpf halb Wirklichkeit, halb Phantasie würde er für mich stets bleiben. Da Español der ruhigere der beiden Hengste war, durfte Hauke ab und zu auf seinem Rücken sitzen. Ich brauchte ihn nicht zu lehren, wie wichtig es war, mit Pferden, die man reitet, zu kommunizieren. Während er da oben auf dem hohen Pferderücken mit seinen kurzen Beinen baumelte, sang er unaufhörlich für den weißen Märchenhengst. »Ich freu mich, dass es dich gibt, ich freu mich, dass es mich gibt, alles ist gut, und alles wird gut!«, lautete der Text eines dieser Endloslieder, an das ich mich erinnern kann.

Piet war bodenständig, schwarz wie die Erde, auf der er auf andere Weise als Español heimisch war. Sein Stolz und Herrschaftssinn waren im Grunde Pose. Lernte man ihn besser kennen, so verstand man, dass er bei weitem nicht so selbstsicher war, wie es seinem Auftreten nach den Anschein erweckte. Er war ein junges, unerfahrenes Pferd mit recht hitzigem Temperament, ein noch unbeschriebenes Blatt, dem Menschen zugewandt und seine Nähe suchend. Anhänglich, mild, sanft und zartbesaitet und mit der weichen, sensiblen Seele des Friesenpferdes ausgestattet, die für diese Rasse so typisch ist. Ein hartes Wort machte ihn verzagt und konnte ihn entmutigen. Er wollte stets alles richtig machen.

Ich hatte mir einen offenen Wagen mit zwei hohen Rädern angeschafft, einen Gig, und spannte abwechselnd beide Pferde an. So fuhren wir durch den Wald und durch die verschlafenen Dörfer, vorbei an falunroten Holzhäusern mit weißen Eckpfosten und Tür- und Fensterrahmen und farbenfrohen Blumenbeeten. Die Gehöfte hatten Namen wie Hügelglück, Eulenbau oder Kleiner Fuchsbuckel. Hauke hockte neben mir auf dem Kutschbock und sang für die Pferde, besonders für Español, und der Schimmelhengst wieherte mit seiner unvergleichlich sehnsüchtigen und kraftvollen Stimme, sobald wir uns einem der Dörfer näherten und er einen Norweger oder ein altes, ausgedientes Arbeitspferd auf einer der Hauskoppeln witterte. Dank der Pferde war ich bald, so wie damals in Tielenhemme, in der Umgebung überall bekannt, und die Nachbarn nahmen zögernd Kontakt zu mir auf. Als Nachbar zählte hier, wer im Radius von wenigen Kilometern wohnte.

Die Hitze der Hundstage war trügerisch. In den Wänden des Hauses begannen die Mäuse bereits, auf und ab zu huschen und sich in der Glaswolle einzunisten. Der Herbst kündigte sich an. Wir würden uns eine Katze anschaffen müssen. Die feuchte Luft trieb überall die Pilze aus dem Boden. Karl-Johan hieß auf Schwedisch der Steinpilz. Mein Nachbar Roland brachte mir so etwas bei. Er wohnte ein paar hundert Meter von Tegelvik entfernt in einem Steinhaus und fuhr täglich in leicht schwankender Spur, da dank des grauen Stars auf beiden Augen halb blind, auf dem Schotterweg an unserem Haus vorbei. Er war auf Tegelvik aufgewachsen, inzwischen sechsundachtzig Jahre alt und hatte den Ehrgeiz, mich im Verfahren learning by doing schnell und effektiv Schwedisch zu lehren. »Hopp in«, sagte er und öffnete die Beifahrertür seines dreißig Jahre alten Volvos, dessen Beifahrersitz genug Platz für Hauke und für mich bot. Dann ging es in langsamer Fahrt durch den zum Hof gehörenden Wald. Immer wieder bremste er und zeigte mit seinem Stock aus dem Wagenfenster hinaus an den Wegrand oder ins Gebüsch, bis auch ich die Pilze sah. »Der da. Nimm den!« So lernte ich stets neue Wörter und zugleich etwas über Pilze und die Lebensart unverwüstlicher, alter schwedischer Herren. Roland murrte und lachte und zeigte unaufhörlich mit dem Stock, an dem er dann später ging, etwas steif, aber recht rasch. Er war starrsinnig, gebieterisch und freundlich. Mit seiner lauten und wohlartikulierenden Stimme brachte er mir die schwedischen Wörter und Ausdrücke für alles bei, auf das sein gebieterischer Stock gerichtet war oder mein zögerlicher Finger zeigte. Ich sprach ihm beflissen und gehorsam nach, während Hauke lauschte und sich seinen Teil dachte.

Rolands »kleiner Bruder« Hugo war gut achtzig, Bauer, Jäger, Tischler, Trinker; laut und streitbar. Sein Lachen dröhnte, seine Stimme schmetterte Schnapsweisen, er konnte alles, wusste alles besser und war langjähriger Ehemann einer guten und häuslichen Frau, die er nicht verdient hatte. Gemeinsam brannten die beiden im Keller ihres Hauses hochprozentigen Schnaps, der einen leicht um den Verstand brachte, und sie kochten reichliche und nahrhafte Mahlzeiten. Sie waren gastfreundlich und großzügig, und Hauke und ich wurden immer häufiger von ihnen bewirtet. Alle mochten Hauke, diesen stets gutgelaunten und dennoch stillen Beobachter, der alles ansah und mit großen Augen registrierte, aber nichts berührte. Der selbstgebrannte Schnaps stieg den beiden Alten bald zu Kopf und machte sie streitsüchtig, und beide buhlten ungehemmt um unsere Gunst: Hugo als ehemaliger Frauenheld und aus alter Gewohnheit um meine,

Jenny mit schwedischen Liedern und Reimen um Haukes, bis sie ihm eines Tages endlich die ersten schwedischen Worte entlockte: En gång till! – Noch einmal! Wieder und wieder ließ sie ihn das soeben Gelernte wiederholen und war selig und entzückt, dass er ihr den Gefallen nicht verweigerte. En gång till! Noch einmal und noch einmal von vorn!

25. *Juli*

Friesland im Hochsommer. Für Hansen und mich eine ungewohnte Jahreszeit für diese dreizehn Stunden lange Reise in den Südwesten. Doch Sara wartet auf ihr Pferd. Und da ist es besser, mit der Suche nicht so lange zu warten, bis das Leben mit anderen Wunschträumen und Anliegen dazwischenkommt.

Gegen Mitternacht sind wir in Drachten. Der Nachtportier des kleinen Hotels hat auf uns gewartet. Hier in Holland gehe ich stets als Schwedin durch. Ich spreche Englisch, niemals Deutsch. Gerade in der Pferdeszene sind die Vorbehalte gegen die Deutschen wieder aktuell. Die Diskussionen um die holländischen Trainingsmethoden, derer sich einige der hiesigen Spitzenreiter bedienen, haben alte Animositäten zwischen Holländern und Deutschen wieder zum Leben erweckt. Und ich gebe zu, dass auch ich ein entschiedener Gegner dieser holländischen selbsternannten Dressurexperten bin, die nun die klassischen Grundsätze des Dressurreitens durch die Zwangsmethoden der sogenannten »Rollkur« ersetzen wollen, bei der man den Pferden mit Hilfszügeln den Kopf an die Brust zieht, um sie gefügig zu machen. Doch das ist ein anderes Thema, es ist spät, und Hansen, der die ganze Zeit gefahren ist, will nun von konstruktiveren Begebenheiten hören, ehe es Zeit zum Schlafen ist. Und ich erzähle ihm (auf Deutsch!) von meiner ersten Zeit in meiner heutigen Wahlheimat Schweden, das ist inzwischen mehr als zwanzig Jahre her …

MESSER-NISSES FESTMENÜ

Ein weiterer selbsternannter Sprachlehrer stellte sich bei uns auf Tegelvik ein: der in der Gegend wegen seines aufbrausenden Temperaments berüchtigte Messer-Nisse, der bei der alten Wassermühle wohnte, direkt gegenüber vom Gutshaus. Er saß eines Tages, als wir nach Hause kamen, auf der Treppe zum Altan und spielte Mundharmonika. Schwarzer Filzhut, allzu offenes Hemd, Dreitagebart, Kugelbauch und Brille mit dicken Gläsern, hinter denen seine ohnehin wässrigblauen Augen leicht verschwammen.

»Guten Morgen, meine Schöne«, sagte er und zog seinen Hut. »Wenn du Schweden richtig kennenlernen willst, darfst du nicht nur auf die Leute hören, die sich für wohlanständig halten. Es gibt auch Parias wie mich.«

Er erbot sich, mir Schwedisch beizubringen, natürlich gratis, setzte er hinzu, als er mich zögern sah. Doch nichts auf dieser Welt ist gratis. Das hatte ich inzwischen gelernt. Es galt also, so schnell und so viel wie möglich zu lernen, ehe es dann ans Bezahlen ging. Nisses Talent als Mundharmonikaspieler erwies sich ohnehin als größer als seine pädagogischen Fähigkeiten als Sprachlehrer. Die Sprache lernte ich sehr bald auch ohne ihn. Doch sein Festmenü, zu dem er Hauke und mich eines späten Abends einlud, wird mir für immer unvergessen bleiben.

Die formelle Einladung fanden wir als versiegelten Zettel auf der Treppe vor, neben einer getrockneten Kornblume. »Heute Abend nach Einbruch der Dämmerung. Festmenü mit mehreren Gängen. Herzlich willkommen bei Niels.« Dass er mit seinem offiziellen Namen Niels und nicht mit Nisse unterschrieben hatte, ließ einiges erwarten.

Die Tage wurden nun deutlich kürzer. Vom Gras her stieg immer mehr Feuchtigkeit auf. Mit beginnender Dämmerung machten Hauke und ich uns auf den Weg. Der Weg zur Wassermühle war einen halben Kilometer lang, doch Hauke hatte am Nachmittag geschlafen und schritt munter aus. Schon von weitem erkannten wir Nisses zweigeschossiges Haus. Es leuchtete wundersam in der beginnenden Dunkelheit. Im Näherkommen sahen wir, dass in allen Fenstern Kerzen brannten. Das sah märchenhaft aus. Die Haustür stand offen. Jemand in Frack, mit weißem Hemd und schwarzer Fliege und einem blütenweißen Tuch über dem rechten Arm empfing uns. Kaum wiederzuerkennen. Doch es war Nisse.

Zwei Tische waren mit weißem Damast gedeckt: ein großer und ein kleiner. Denn auch Nisses Kinder, die im Nachbardorf bei ihrer Mutter lebten, waren eingeladen. Ein schüchterner Junge und ein gutmütiges, dickes Mädchen in einem rosa-weiß gestreiften Rüschenkleid.

Nach diversen phantasievollen Gängen, Champagner am Erwachsenentisch und Zitronensprudel in hohen Gläsern für die Kinder, war es dann an der Zeit für eine Führung durch das alte, etwas unheimliche Haus. Danach sollten wir die Schmiede sehen. Die Werkzeuge und die Messer.

Die lagen ordentlich nebeneinander auf mehreren Regalen. Ihre Griffe aus poliertem Holz waren mit kunstvollen Intarsien verziert. Auch die Lederfutterale hat Nisse selbstgenäht. Er war ein geschickter Handwerker.

»Das hier«, sagt er, als die Kinder außer Sichtweite waren, »ist ein Damenmesser.« Er stand auf einmal hinter mir und legte mir einen Arm um die Schultern. In seiner rechten Hand hielt er das Messer, im Kerzenlicht sah ich seine Klinge blitzen. »So zum Beispiel ist es zu benutzen«, sagte er mit veränderter Stimme, deren Ton mich nun leicht alarmierte. Die Klinge lag an meiner Kehle. Sehr leicht nur berührte sie meine Haut. »Wenn Bedarf dazu besteht.«

»Gut, dass ich meinen Schutzengel bei mir habe«, gab ich so kalt wie möglich zurück, und die Hand mit dem Messer sank herab.

»Schutzengel«, murmelte er etwas abwesend und sah sich nach den Kindern um, die bereits ins Haus zurückgekehrt waren. »Ja. Leider werden auch die so verdammt schnell alt.«

Der Himmel war hoch und schwarz. Ordentliche Kinder gehörten längst ins Bett. Ordentliche Mütter hatten striktere Erziehungsregeln. Doch auf dem Heimweg nach Tegelvik leuchteten uns Mond und Sterne den Weg, und Hauke, der allmählich müde wurde, wollte dennoch selber laufen und keineswegs getragen werden.

»Knallblaue Sahne mit Silberstreuseln. Der Nachtisch war wirklich toll. Aber Nisse ist in Wirklichkeit gar kein bisschen gefährlich, so wie alle sagen«, murmelte Hauke.

Er war das Teuerste, was ich in meinem Leben hatte. Ich drückte seine kleine, klebrige Kinderhand und sagte: »Nicht die Spur gefährlich. Schade. Ja.«

26. *Juli*

Wie oft bin ich in meinem Leben in Sachen Pferdekauf unterwegs gewesen, wie viele Hunderte von Pferden habe ich angesehen, probegeritten, in die nähere Auswahl gezogen! Ich kann mich unmöglich an alle Warmblüter erinnern, mit denen ich im Laufe meines Lebens auf diese Weise in Berührung gekommen bin. Die Friesen erinnere ich besser.

In Friesland auf Pferdejagd zu sein ist anstrengender und frustrierender, als man meinen sollte. Schwarze Pferde gibt es in der nördlichen Provinz zwar überall, und das einheimische Pferd wird auch allgemein in Ehren gehalten; dennoch entspricht die Tierhaltung in Holland keineswegs dem strengen, schwedischen Standard, und die Bedingungen, unter denen ein Teil der schwarzen Perlen Frieslands ihr Leben fristet, sind teilweise nicht viel besser als vor bald fünfundzwanzig Jahren bei meinem ersten Besuch hier. Dunkle Ställe, ungepflegte Pferde und vor allem vernachlässigte Hufpflege bekommt man immer wieder zu sehen. Beim Pferdekauf gilt es, aufmerksam und konzentriert zu sein und vor allem genau hinzusehen. Die meisten Holländer sind geschickte Geschäftsleute. Für das Begutachten der jeweiligen Pferde hat man nie sehr viel Zeit. Innerhalb von fünf bis zehn Minuten muss man sich entscheiden, ob ein Pferd in die nähere Auswahl gehört oder nicht. Mängel werden oft verschwiegen. Unser Vertrauen in die Mehrzahl der hiesigen Pferdeverkäufer ist nicht besonders groß. Hansen und ich haben im Laufe der Jahre jedoch einige Ställe gefunden, bei denen wir bevorzugt kaufen.

Nach ein paar enttäuschenden Stationen, wo schlecht oder kaum gerittene Pferde zu überteuerten Preisen angeboten werden, kommen wir zu Pieters Hof. Dort sind wir schon bei anderen Pferdereisen oft fündig geworden. Ich mag Pieter; wohlbeleibt und stets gutgelaunt ist er ein geschickter Fahrer und hat ein gutes Auge und Gefühl für Pferde und eine kulante Art, mit seinen Kunden umzugehen. Er hält Hansen für einen verheirateten Mann und mich für seine außereheliche Freundin. Woher ich das weiß? Die Kommunikation mit Pferden hat mich im Laufe der Jahre recht hellhörig gemacht, so dass es mir oft nicht schwerfällt, die Gedanken anderer Menschen zu lesen.

Für Sara spielt das Geschlecht ihres zukünftigen Pferdes keine Rolle, und das erleichtert die Suche. Denn zurzeit kann man gute Stuten, die bei der Zuchtprämierung Pech oder einen schlechten Tag hatten, oft zu vernünftigen Preisen erwerben. Das war vor wenigen Jahren noch ganz anders. Doch auch Pferdepreise sind konjunkturabhängig, und der geringeren Nachfrage haben sich Verkäufer angepasst, nicht zuletzt, seit die einst so kauffreudigen Amerikaner kaum noch Pferde in Friesland erwerben. Heute wird fast nur noch mit hochprämierten Stuten gezüchtet, die als Reitpferde oft gar nicht unbedingt am besten geeignet sind, während man alle anderen Stuten gern loswerden will. Was die Preise betrifft, so sind diese inzwischen wieder wie vor fünfundzwanzig Jahren, als ich Piet erwarb. Er würde heute nicht mehr, sondern eher etwas weniger kosten, als ich damals für ihn bezahlte.

»Schön, euch zu sehen«, sagt Pieter. »Kaffee ist klar. Und ich glaube, ich habe, was ihr sucht …«

27. *Juli*

Frühstück in Drachten. In Holland soll alles fett oder klebrig süß sein. Ich ernähre mich in meinem Alltag in der Hauptsache von Salat, Obst und unvernünftig viel Kaffee, und nur Letzterer ist in Holland reichlich zu bekommen. Vor uns liegen die Kopien der Stammtafeln aller Pferde, die wir gestern angesehen haben. Hansen hat alle in seiner kryptischen Handschrift mit Anmerkungen versehen, die einzig er entziffern kann. In der Beurteilung der Pferde sind wir uns oft einig. Hansen, der nie selbst auf einem Pferd gesessen hat, hat in all den Jahren ein erstaunlich gutes Auge für Pferde entwickelt. Pieter hatte recht. Die fünfjährige Stute Corine, die er uns zeigte, war genau, was wir suchten: ein ausdrucks- und charaktervolles Pferd mit schwungvollen und elastischen Gängen und einer schönen Halsung, wach und lebhaft, zutraulich und ganz allgemein liebenswert. Leicht angeritten und äußerst angenehm zu reiten. Zudem groß, mit 1,68 Meter Stockmaß für eine Stute wirklich stattlich. Das edle Gesicht mit den klugen, sprechenden Augen erinnert mich ein wenig an Ulrig, und das ist ja ein weiteres Plus.

Ein Pferd für jemand anderen zu kaufen ist immer ein gewisses Risiko. Wird der Funke wirklich überspringen? Ich habe das jedoch in all den Jahren oft genug getan, um inzwischen recht gelassen meiner Intuition zu vertrauen. Eine Grundvoraussetzung dafür, ein wirklich passendes Pferd zu finden, ist allerdings, dass ich den Käufer vorher getroffen und zu Pferde beobachtet habe. Sandström kalkuliert, zumindest theoretisch, das Risiko ein, dass Sara das Pferd meiner Wahl nicht mag; er weiß auch, dass ich für ein gutes Pferd in einem solchen Fall schnell einen anderen Interessenten finde. Doch ich habe natürlich (wie stets) den Ehrgeiz, auch dieses Mal die richtige Wahl zu treffen.

Meine Regeln für den Pferdekauf:

Gut ausgeschlafen und guter Laune sein.

Die Pferde zunächst im Stall und frei in der Bewegung ansehen. Danach vorreiten lassen.

Sehen und sich zeigen lassen, dass das jeweilige Pferd, ohne zu zögern und ohne Pferdegesellschaft, vom Hof geritten werden kann. (Pferde, die sich nicht allein ausreiten lassen, sondern am Stall »kleben«, sind schwer von dieser Unart abzubringen. Ich will mir in Schweden mit solchen verdrießlichen Pferden nicht meinen guten Ruf verderben.)

Nur die Pferde probereiten, die beim Freilaufen und Vorreiten wirklich gefallen haben. Alles andere ist vergeudete Zeit und Energie.

Positives sagen und Kritik für sich behalten. Nichts ist ärgerlicher, unhöflicher und unsympathischer, als ein Pferdekäufer, der glaubt, seine Kenntnisse in der Beurteilung von Pferden durch Mäkeln lautstark bekunden zu müssen.

Begeisterung über ein wirklich herausragendes Pferd darf man gern äußern. Gleichgültigkeit ist keine gute Eigenschaft, weder für ein Pferd, noch für einen Pferdeinteressenten.

Hundert Prozent korrekte Pferde sind ebenso langweilig wie hundert Prozent korrekte Menschen.

Bequemlichkeit, Trägheit und Faulheit eines Pferdes sind durch nichts aufzuwiegen und schließen mein Kaufinteresse aus.

Größe ist ein relativer Faktor. Ein dem Maß nach kleines Pferd kann sich groß unter dem Reiter machen und umgekehrt. Das Stockmaß ist deshalb von untergeordneter Bedeutung.

Ein aktuelles tierärztliches Attest ist bei einem Pferdekauf eine Selbstverständlichkeit. Doch Vertrauen ist gut, Kontrolle besser. Beugeproben mache ich stets selbst, bevor der Tierarzt sie dann zu einem späteren Zeitpunkt nochmals wiederholt, und ich will auch Muskeln und Beweglichkeit der Gelenke und des Rückens mit meinen eigenen Händen überprüfen. Es gibt eine Reihe von Problemen, zu denen eine standardmäßige tierärztliche Ankaufuntersuchung keine Stellung nimmt.

Kandidaten der engeren Wahl gern zwei Mal ansehen. Auch schlechte Pferde haben zuweilen einen guten Tag. Und gute einen schlechten …

29. *Juli*

Corine hielt unserer zweiten Inspektion stand. Während ich mir im Stall die anderen Pferde ansehe und mit der Bereiterin plaudere, handeln Pieter und Hansen im Kontor den Kaufpreis aus und werden sich bald einig. Die tierärztliche Begutachtung steht noch aus. Dann gehört Corine Sandström. Sie wird die lange Reise nach Schweden in ein paar Tagen unternehmen. Die Spedition, die wir stets mit dem Transport der Pferde beauftragen, besitzt moderne, gutausgestattete Lastwagen. Die lange Fahrt in einem engen Pferdehänger wäre zu anstrengend und ist außerdem nach geltenden EU-Regeln zu lang und nicht mehr zugelassen. Auf einem Lastwagen steht ein Pferd erheblich besser und erschütterungsfreier, und es hat während der Fahrt zudem die Möglichkeit, Heu zu fressen und Wasser zu trinken. Das größte Problem während langer Transporte ist, dass die Pferde genügend Wasser zu sich nehmen. Sonst kommen sie in erschöpftem, ausgetrocknetem Zustand am Zielort an, werden leicht krank und benötigen eine wesentlich längere Zeit, um mit den Folgen der langen Reise fertigzuwerden.

Mit dem Kauf von Corine sind wir dem Endziel der schwedischen Friesenquadrille erneut einen Schritt nähergekommen. Für Ende September habe ich ein erstes Treffen mit Pferden und Reiterinnen geplant und sie alle nach Öland eingeladen. In Långöre an der Ostküste der Insel gibt es eine Reitanlage mit Platz für alle Pferde und ihre Reiterinnen für ein allererstes Trainingswochenende. Ich rechne mit zwölf bis fünfzehn Friesen und Reiterinnen; in etwa einem Jahr sollen es dann zwanzig sein. Seit Sandströms erster Mail sind acht Jahre vergangen. Bis zu unserem ersten, größeren Auftritt brauchen wir vermutlich noch einmal mindestens ein Jahr.

»Bald ist mein Auftrag in Sachen Friesensuche ausgeführt. Wie ich meinen Vetter kenne, wird der sich nach dem ersten großen Auftritt der Quadrille anderen Projekten zuwenden. Als letztes Pferd wird Gabe zum Verkauf stehen. Werden wir uns dann noch wiedersehen?«, fragt Hansen leicht elegisch.

»Kauf Gabe«, schlage ich ihm vor.

»Dream on«, sagt Hansen.

Dreizehn Autostunden zurück nach Schweden liegen vor uns. Wie immer fährt Hansen, und ich unterhalte ihn …

BOCKFIEBER

Jagdsaison. Der allzu kurze schwedische Sommer war zu Ende, doch die Männer der Gegend lebten nun noch einmal auf. Jäger waren hier in Västergötland auf dem Land fast alle.

Die Dänen und die Deutschen kamen. Alle einsam gelegenen Jagdhütten im Wald waren nun bewohnt. Die Dänen waren allseits beliebt. Sie rauchten und tranken zu viel, aßen allzu fett und ungesund und nahmen das Leben leicht. Die etwas umständlicheren Deutschen, die nach so zahlreichen Herbsten die Landessprache noch immer nicht beherrschten, galten eher als Besserwisser.

»Ihr seid gar keine richtigen Deutschen, Hauke und du. Jedenfalls keine typischen«, sagten unsere neuen Nachbarn und Bekannten und meinten das als Kompliment.

Die Jagd erregte die Männer. Für viele von ihnen war sie der Höhepunkt des Jahres. Meine Pferde blieben zumindest zu Beginn der Jagdsaison besser im Stall. Man wusste nie, wohin die Kugeln sich schließlich verirrten, wenn selbst der halbblinde Roland nun eine Jagdwaffe trug. Das Leben, das den Männern täglich aus den Händen glitt, schien ihnen während dieser Zeit des Tötens endlich etwas näher zu kommen. Einen prächtigen Bock zu schießen, versetzte sie in Euphorie, das Bockfieber machte kirre. Das Testosteron befehligte nun ihre Triebe und Träume, und dass neuerdings auch einige Frauen Jagdscheine machten und auf die Pirsch gingen, kam mir wie eine hormonelle Entgleisung vor. Doch solche Ansichten behielt man in Schweden, dem Land der gleichgestellten Geschlechter, besser für sich.

Einer der Dänen kam, um meine Hengste zu sehen, und erzählte mir eine rührende Geschichte, die mich an Tante

Ello denken ließ. Er hatte als Kind ein besonders gutes Verhältnis zu seinem Großvater. Dieser besaß zwei Fjordpferde, die ihm in der Landwirtschaft halfen. Der Enkel liebte die Pferde und verbrachte, wenn er seinen Großvater besuchte, die meiste Zeit im Pferdestall. Dann starb der Großvater. Der Hof wurde verkauft und mit ihm die Pferde, und der Enkel, der sich mit dem Verlust nur schwer abfinden konnte, mied fortan das Dorf.

Fünfzehn Jahre später, der Junge war nun fünfundzwanzig, kam er zufällig wieder in die Gegend und beschloss, den Hof ein letztes Mal zu sehen. Der Kuhstall stand nun leer, die alten Maschinen waren verrostet. Auf der Hauskoppel grasten zwei steinalte, gelbe Pferde. Er erkannte sie sofort. Sie waren genauso alt wie er: Er war ein junger Mann, und sie waren Greise.

Er rief ihre Namen im selben Tonfall, in dem er sie als Kind stets gerufen hatte. Augenblicklich hoben die beiden Ponygreise ihre Köpfe, entdeckten den jungen Mann am Koppeltor und galoppierten wie damals ohne zu zögern, nur etwas steifer und schwerfälliger, auf ihn zu.

Der Erzähler dieser Geschichte war während der Jagdsaison zu Gast auf einem Hof, der Gläntan hieß und einen guten Kilometer von Tegelvik entfernt auf einer lauschigen Lichtung im Wald lag. Hof und Bauer sahen aus wie von Carl Larsson gemalt. Gunnar molk acht Kühe, hielt zwei Schweine und an die dreißig Hennen, baute Hafer und Kartoffeln an, besaß den Wald rings um den Hof und einen verwunschenen Waldsee mit Seerosen und morastigen Ufern. Sein Maschinenpark war alt, das Heu fuhr er lose auf den Heuboden ein, da er keine Heupresse besaß, und eine eigens konstruierte Winde hob die Fuhre dann in die Höhe. Die beiden alten Volvo-Traktoren hatten ein gutes halbes Jahrhundert gesehen. Alles hatte auf dem Hof seine geregelte Ordnung: Am Freitag wurden die Kühe gestriegelt, die Auffahrt wurde samstags geharkt, zu Ostern und zu Weihnachten die Gardinen gewechselt.

Gunnar sprach den breiten, leicht nölenden Dialekt der

Gegend, anfangs für mich kaum verständlich, doch ich hörte mich allmählich ein. Er war freundlich und beflissen, Frauen gegenüber schüchtern, stets ein wenig hölzern und hinterwäldlerisch. Ein Hüne mit kantigen Bewegungen, hellblauen Augen mit leicht geröteten Rändern hinter viereckigen Brillengläsern und einst weißblondem, nun allmählich ergrauendem Haar. In der Küche des Hofes saß Wally, seine alte Mutter, stets am Fenster und spähte hinaus, und wenn er auf einen Kaffee hereinbat, zog sie sich auf die Brennholzkiste vor dem Herd zurück, baumelte dort trotzig mit ihren kurzen Beinen und folgte mit verdrießlicher Miene der leicht stockenden Konversation. Einzig Hauke vermochte ihr hin und wieder ein Lächeln zu entlocken. Dass Gunnar Junggeselle war, nahm bei Wallys Regiment nicht Wunder. Mich gemahnten die beiden stets daran, dass Haukes und meine exklusive Zeit zu zweit irgendwann ein Ende haben musste, wenn er nicht später einmal als Muttersöhnchen wie Gunnar enden sollte.

Die Bocksjagd war vorbei. Die Dänen, die auf Gunnars Hof stets die kleine Stuga bewohnten, waren abgereist. Es war wieder einsam auf Gläntan. Gunnar hatte über meine Pferde nachgedacht. Im Tegelviker Stall gab es weder Licht noch fließendes Wasser. Ich schöpfte das Wasser mit Eimern aus einem lebhaft rinnenden Bach direkt vor dem Stall. Das war im Sommer machbar. Doch der Winter nahte. Und auf Gläntan stand der alte Pferdestall bereits seit Jahren leer. Wally ließ an dieser Stelle der Unterhaltung ein verächtliches Schnauben hören. Das war ihr ganzer Kommentar zu dem Interesse ihres Sohnes an deutschen Frauen und edlen europäischen Pferden, die beide, jedenfalls in ihrer Welt, völlig überflüssig waren.

Kurz darauf zogen Piet und Español in den alten Pferdestall auf Gläntan ein. Tagsüber weideten sie nun mit Gunnars Kühen vor dem Haus. Das funktionierte gut. Pferde und Kühe leben in unterschiedlichen Sphären. Sie nehmen in der Regel kaum voneinander Notiz. Was sollte ich an Stallmiete bezahlen? Gunnar räusperte sich. Ob ich melken könne?

Darin hatte ich bislang keine Erfahrung, doch was man nicht kann, konnte man ja schließlich lernen. Die Antwort gefiel ihm. Ein Betriebshelfer, der ab und zu für ihn die Kühe molk, das war eine Freiheit, die er seit Jahren vermisste und die für ihn wertvoller war als Geld, und unter Wallys bitterbösem Blick reichten wir einander auf diesen Tauschhandel die Hand.

Anfang Oktober, als die Elchjagd auf Gläntan begann, war ich im Melken und mit allen anderen Arbeiten im Kuhstall so vertraut, dass Gunnar ein paar Tage lang nicht mehr Bauer, sondern nur noch Jäger sein konnte. Ich versorgte derweil seine Kühe und die beiden Schweine, schrubbte den Milchtank aus und gab seinen Hühnern, die bislang in einem allzu kleinen Gehege eingesperrt gewesen waren, tagsüber eigenmächtig ihre Freiheit. Anfangs noch ein wenig ängstlich, doch bald trunken von dem neuen Freiheitsrausch, flatterten sie über die von Birken und Fichten umsäumte Hausweide.

30. *Juli*

Nach jeder Auslandsreise bin ich froh, wieder in Schweden und vor allem wieder auf Öland zu sein, wo das Alltagstempo behaglicher und langsamer ist als auf dem Kontinent. Die Hauptsaison ist nun bald vorbei, und wenn die Touristen die Insel verlassen, kehren Stille und Ruhe zurück. Hörlösa liegt auch im Sommer abseits von den Besucherströmen. Die gelten hauptsächlich der Ostküste und den kilometerlangen Sandstränden der Bödabucht. Außerhalb der Saison darf man dort am Sandstrand reiten und mit den Pferden ins flache Wasser gehen. Das ist ein außerordentlich gutes Training, das besonders Pferden mit Rückenproblemen gut bekommt. Fast alle Friesen lieben Wasser. Es scheint, als liege die Liebe zum Meer in ihren Genen.

In den großen Rehabilitationsanlagen für Sportpferde arbeitet man heute mit sogenannten Aquatrainern, wo Pferde auf einem Laufband in einem mit Wasser gefüllten Becken gehen. Hier in der Bödabucht habe ich meinen eigenen (und billigeren) Aquatrainer. Während der letzten Jahre und seit Sandströms Pferde in meinem Stall stehen, fahre ich regelmäßig mit den Pferden nach Lyckesand an der Nordostküste und lasse sie dort am Strand entlanggaloppieren und durch das flache Wasser traben. Zwischen Pferd und Meer scheint es ein urzeitliches Bindeglied zu geben; gemahnt die Brandung des Meeres etwa nicht an den Galopp der Pferde und der Schaum der Gischt an die Schweißflocken an ihren Hälsen? Für Mensch wie Pferd jedenfalls ist die Nähe des Meeres das beste Mittel gegen Nervosität und Stress …

VERTREIBUNG AUS DEM PARADIES

Ende Oktober war das akute Jagdfieber der Männer endgültig abgeklungen. Die Dunkelheit hielt Einzug, und der Horizont kroch näher. Über die liebliche Landschaft senkte sich eine gläserne Glocke aus Melancholie. Die Schweden sind ein zu Schwermut neigendes, latent depressives Volk; das merkte ich nun erst, und leicht befremdet hörte ich von den vielen Selbstmorden in der Gegend. In den meisten Familien in der Gegend gab es mehr als einen gelungenen oder missglückten Freitod. Jemand hatte sich erschossen oder erhängt. Das ländliche Idyll war nicht so beschaulich, wie es aussah. Auch auf Gläntan nicht. Was hatte ich erwartet?

Tegelvik war kalt. Wir zogen drei Pullover übereinander und heizten mit Holz in der Küche und in meinem Arbeitszimmer mit einem Radiator. Die anderen Räume kühlten aus, und die Mäuse wurden zu einer Plage. Mit Beginn des Winters verlor das Leben an Leichtigkeit. Die Einsamkeit verlangsamte das Lebenstempo, und der Alltag wurde umständlicher und beschwerlicher. Doch auch die klaren, kalten Tage mit ihrer strengen Stille hatten ihren Glanz. Bald galoppierten Piet und Español auf Gläntans Koppeln lautlos durch den Schnee, der nun auch die langen Nächte erhellte, und während Hauke Gunnar im Stall beim Melken Gesellschaft leistete, ritt ich durch den unberührten Winterwald, vorbei an den verlassenen Jagdhütten und Katen, wo in den kahlen Apfelbäumen nun die Krähen krächzten.

Als das Licht zurückkehrte, war unser Schwedenbild ein wenig realistischer. Hauke war inzwischen zweisprachig, und auch ich konnte mich mit allen über alles unterhalten.

Doch immer zu verstehen, was die Leute sagten, konnte auch ernüchternd sein.

In Schweden, so viel war mir inzwischen klar, war die Steuerbehörde so etwas wie eine all- und übermächtige Instanz. Wer, wie ich, im Lande bleiben wollte, meldete sich besser offiziell dort an. In Svenljunga beim Kontor der »skattemyndigheten« gab ich meine Personalien an und sagte, dass ich fortan meine Steuern hier bezahlen wolle. Man nahm mein Anliegen zur Kenntnis und versprach, man werde von sich hören lassen. Eine Woche später wurde ich zu einem Polizeiverhör geladen. Was ich hier im Lande suche, wurde ich gestreng gefragt. »Schweden ist phantastisch«, sagte ich mit voller Überzeugung. Ein Slogan, mit dem das Land einst Eigenreklame betrieben hatte. Meine Ausweisung folgte auf dem Fuße.

Bei einem zweiten, diesmal in sehr striktem Ton gehaltenen Verhör teilte man mir mit, dass ich binnen einer Frist von vierzehn Tagen das Land zu verlassen habe.

»Ansonsten holen wir dich mit Blaulicht und setzen dich und deinen Sohn zwangsweise auf die nächste Fähre nach Deutschland. Dann wirst du unser Land, das du so phantastisch findest, von seiner unangenehmen Seite kennenlernen«, verkündete die resolute Polizistin mit der Genugtuung eines kleinen Rads im Getriebe einer allzu großen Maschinerie.

Das war ein anderes Schweden, das ich nun kennenlernte. Rigide, humorlos und unbarmherzig bürokratisch; die Kehrseite des Sozialstaats, der sich gegen vermeintliche Schmarotzer zur Wehr setzte. Drei Monate im Jahr. Länger durfte man als Nicht-Skandinavier nicht im Lande bleiben, und wer schlafende Hunde weckte, der hatte selber Schuld. Und meine Pferde? »Wir weisen hier nur Menschen aus«, bekam ich zur Antwort.

Gunnar teilte mir beim Kaffee in der Küche seines Bauernhauses seine Lösung des Problems mit: eine Heirat mit einem Schweden, und wenn schon, warum dann eigentlich nicht gleich mit ihm? Er sprach sehr leise, und er senkte seinen Blick, doch Wallys Ohren hörten alles. Von ihrem Platz auf der Brennholzkiste aus starrte sie erst ihn und dann mich angriffslustig an, und nie zuvor hatte ihr Schweigen lauter durch den Raum gedröhnt. Diesen Verrat sollte der treulose Sohn ihr büßen.

Am kommenden Tag war sie von ihrem angestammten Platz in der Küche verschwunden. Seit Jahren hatte sie das Haus nicht mehr verlassen. Gunnar war zu Recht alarmiert. Er fand sie schließlich im nahe gelegenen Kahlschlag. Dort hockte sie auf einem Baumstumpf. Mochte auf Gläntan geschehen, was wollte, sie würde ihren Platz auf diesem Baumstumpf nicht mehr verlassen und hier zu Gunnars Schande elendig zu Grunde gehen. Es grenzte an ein physikalisches Wunder, wie steif und schwer die kleine, alte Frau sich und ihre fünfzig Kilo Körpergewicht einzig dank ihrer Willenskraft zu machen verstand. Ihr Sohn, dieser Hüne, der bei Futtersäcken leicht das doppelte Gewicht schulterte, musste um Hilfe rufen.

Im Wald von Gläntan standen bald zwei Nachbarinnen, eine Polizistin, eine Sozialarbeiterin und die Vorsteherin des örtlichen Altersheimes vor der alten Bäuerin, die unverrückbar auf ihrem Baumstumpf thronte. Alle versuchten, ihr gut zuzureden, niemand hatte damit Erfolg. Es war eine groteske Szene wie aus einem absurden Theaterstück. Erst lange nach Einbruch der Dunkelheit gab sie auf und verkündete, ins Altersheim zu ziehen. Mochte der ungetreue Sohn mit dieser Schuld in Zukunft leben!

Mich hatte die Szene inspiriert: Die Königin im Walde und ihre Bittsteller aus dem Dorf, und ich sah eine Chance und Möglichkeit, vielleicht doch noch ohne Hochzeit davonzukommen. Schwedens Königin war ja nicht nur meine Namensschwester, sondern auch sie war Deutsche. Sie mochte Tiere und liebte Kinder und trat für deren Rechte ein, auch das war mir bekannt. Vielleicht konnte sie mir helfen?

Ich schrieb einen Brief und schickte ihn ihr per Eilpost. Ich hatte ja nicht mehr viel Zeit. Gutsbesitzer Lennström, der in einem palastähnlichen Gutshaus ganz in meiner Nähe lebte, hatte mir erklärt, in welcher Form man eine Königin korrekt anredet: weder per du, noch per sie, sondern in der dritten Person.

»Ich schätze Schweden, das Land und die Menschen, die ich bislang hier getroffen habe, und mein neues Kinderbuch spielt hier. Es heißt ›Momme in Schweden‹, und die Hauptfigur Momme ist ein deutscher Junge, der mit seiner Mutter nach Schweden zieht, das Land ihrer Träume. Momme ist meinem Sohn Hauke nachempfunden und ein geborener Optimist. Er liebt das Leben und sieht selbst in den verfahrensten Situationen Möglichkeiten anstelle von Schwierigkeiten. Das entspricht auch meiner eigenen Lebenseinstellung.

Hauke, ich und unsere beiden Pferde Piet und Español leben zufrieden hier auf Tegelvik und fallen niemandem zur Last. Den Pferden wurde, im Gegensatz zu Hauke und mir, die Genehmigung, im Land zu leben, von der Landwirtschaftsbehörde längst gewährt. Was soll aus ihnen werden ohne uns, nun, da Hauke und mir die Ausweisung droht? Soll wirklich Momme im letzten Kapitel meines Buches schnöde aus Schweden abgeschoben werden, gar mit Polizei und Blaulicht, wie die Beamtin der Polizeistation in Kinna uns androhte?

Soll ich, um dieser Ausweisung zu entgehen, mich wirklich mit dem erstbesten Kandidaten verheiraten, einem freundlichen Nachbarn und Bauern, der mir dieses bereits angeboten hat?

Wie Momme in meinem Buch, so vertraue auch ich darauf, dass sich letztlich alles zum Guten wendet, und setze daher mein Vertrauen in die Königin von Schweden. Eine Heirat sollte eine Angelegenheit der Liebe und des Herzens sein; keine der Vernunft und der Berechnung, da der Staat und seine Gesetze es so wollen. Darauf hoffe ich: dass die Königin von Schweden, wenn schon nicht in ihrer Rolle als Staatsoberhaupt, so doch in der als Frau und Mutter das versteht.«

Ich legte dem Eilbrief ein Exemplar meines Buches »Español« und ein Foto des Hengstes bei, der uns nach dem Vorbild von Pippi Langstrumpfs Pferd »Kleiner Onkel« beim morgendlichen Picknick auf dem Tegelviker Altan zusah. »Sinnlos«, murrte Gunnar, der die Hoffnung auf eine Heirat noch nicht aufgegeben hatte.

Die Königin ließ jedoch mit ihrer Antwort kaum eine Woche auf sich warten. Noch vor Ablauf der Frist meiner Ausweisung lag ein blütenweißer Umschlag mit dem Siegel des Hofes in meinem Briefkasten. Via Hofdame dankte die Königin für Buch, Foto und Brief und bedauerte unsere Situation. Ihr gleichzeitiges Schreiben an die Immigrationsbehörde wirkte Wunder. Plötzlich war ich im Lande geradezu herzlich willkommen. Und selbst die mürrische Polizistin, die mir noch kürzlich Schweden von seiner unangenehmen Seite zeigen wollte, rief mich nun an, um eine Entschuldigung für ihren barschen Ton zu stammeln. Hauke und ich bekamen umgehend eine Aufenthaltsgenehmigung. Gunnar war erleichtert und zugleich enttäuscht, ich war heilfroh und zugleich ernüchtert über die banale Erkenntnis, dass überall auf der Welt nur mit Wasser gekocht wurde.

So endete das erste Jahr in Schweden mit der Ausweisung aus dem Paradies und der Heimkehr in eine freundliche Fremde. Paradiese sind auf Dauer unbewohnbar, das war mir zwar wohlbekannt. Doch ein befristetes Aufenthaltsrecht dort war ein Privileg, das mich zu lebenslangem Dank verpflichtete. Auch wenn diese Frist inzwischen abgelaufen war.

31. Juli

Zwei gehen, eine kommt: Helen hat Whita gekauft, und sie holte heute ihre beiden Pferde ab. Wie ein altes Paar gehen Vincent und Whita gemeinsam auf den Pferdehänger und warten dort geduldig nebeneinander, bis Besitzerin Helen zur Abfahrt bereit ist. So hat also das ehemalige hässliche Entlein Vincent eine der schönsten und edelsten Stuten als Lebenspartnerin bekommen! Ein Happy End ganz nach meinem Geschmack. Was ist so rührend an Pferdefreundschaft und an Pferdeliebe? Ich glaube, es ist die Tatsache, dass sie so fraglos, kontemplativ und absolut ist. Man ist sich ohne große Diskussionen einig und sagt ja zueinander, ohne das Wort nein dabei jemals im Hinterkopf gehabt zu haben. Die ewige Gegenwart, in der die Pferdeliebe angesiedelt ist, kennt zudem weder Erwartungen noch Enttäuschungen.

Helen wohnt im Nachbardorf Stenninge, und ich werde ihr bei der weiteren Ausbildung beider Pferde auch in Zukunft helfen. Für die Friesenquadrille sind beide Pferde eingeplant; wir brauchen ein paar Ersatzpferde.

Corine kommt mit dem Lastwagen nach Växjö in Småland. Dort hole ich sie mit dem Pferdehänger ab. Sara begleitet mich. Sie ist gespannt darauf, ihr neues Pferd zum ersten Mal zu sehen. Ihr Vertrauen in meine rechte Wahl rührt mich. Dieser Pferdekauf ist die größte Investition in ihrem zwanzigjährigen Leben, und wir kennen einander nur ein paar Stunden lang. Pferdepassion verbindet und überbrückt die Klüfte zwischen den Generationen. Wie fühlt man sich mit Anfang zwanzig, wenn man (fast) alles im Leben noch vor sich hat? Es ist nun gut dreißig Jahre her, seitdem Max Frisch mir diese Frage stellte. Wie fühle ich mich heute? Gelassener, glücklicher und selbstsicherer als damals; weniger ehrgeizig, doch noch immer neugierig. Meine unverminderte Lebenslust verdanke ich zu großen Teilen den Pferden. Mit Pferden zu arbeiten bedeutet oftmals das Gleiche, aber nie dasselbe zu tun. Kein Pferd ist wie das andere, dadurch wird das Wohlvertraute immer wieder spannend, und zudem darf man bedenkenlos und guten Gewissens mehrere Pferde auf einmal lieben in der Gewissheit, dass die Liebe schließlich nur wächst, je mehr man davon zu vergeben hat.

Wir warten zwei Stunden auf den Lastwagen, der im Zoll an der Grenze aufgehalten wurde. Als der holländische Fahrer Corine die Rampe hinunterführt, beobachte ich Sara neben mir. Die strahlt, geht auf ihr Pferd zu und nimmt es in Empfang. Für ihre übrige Umgebung ist sie nun erst mal nicht mehr ansprechbar, und mir fällt ein Stein vom Herzen!

DAS AUGE

Im April 1993 begleitete ich Ute Blaich nach Bologna zur Kinderbuchmesse. Was für ein Kontrast zwischen dem dortigen Trubel und Gedränge und meiner schwedischen Einsamkeit! Auf dem Weg zu einem Empfang mit Verlegern und Autoren ließ Ute mit der ihr eigenen quirligen Spontaneität den Taxifahrer mitten auf der Straße anhalten und hieß mich, schleunigst auszusteigen. Sie hatte am Straßenrand einige streunende, magere Katzen entdeckt und befunden, dass die unsere Hilfe brauchten. Energisch dirigierte meine Lektorin mich in den nächsten Supermarkt, um dort Unmengen von Katzenfutter einzukaufen. Doch von den streunenden Katzen war nun nur noch ein magerer, räudiger Kater zu sehen. Ute näherte sich ihm sachte und streute eine Futterspur. Vergeblich, denn der Kater hatte anderes im Sinn. Er spähte nach rolligen Kätzinnen, es war die rechte Jahreszeit, um neue Straßenkatzen zu zeugen. Unter den Schmährufen aufgebrachter italienischer Hausfrauen über diese unverständigen Ausländerinnen traten wir den Rückzug an und kamen verschwitzt und mit staubigen Kleidern zum Messeempfang, wo kaum jemand unsere Abwesenheit bemerkt hatte.

»Du hattest völlig recht, in den hohen Norden zu ziehen!«, konstatierte Ute empört. »Diesen europäischen Süden sollte man für immer boykottieren.«

Immerhin hatte die Messe erbracht, dass eine Pferdezeitschrift meinen Jugendroman »Español« in Fortsetzungen abdrucken wollte. Als man erfuhr, dass dieses Pferd tatsächlich existierte, wurden Fotos von ihm angefordert. Mit dem ihr eigenen Engagement suchte Ute sogleich nach dem besten Pferdefotografen. Da gab es eigentlich nur einen: »Das

Auge«, Bernd Eylers. In der Pferdeszene galt er als exzentrisch und ein wenig arrogant. Für Ute spielte das keine Rolle. Was Español betraf, so war das Beste für sie gerade gut genug.

»Ich bin als Fotograf recht fähig«, sagte Eylers am Telefon, »und außerdem ein großer Märchenfan. Und die Autorin. Ist sie hübsch?«

»Hübsch hat in diesem Falle nur das Pferd zu sein, Herr Eylers«, ließ Ute ihn kurz angebunden wissen.

Der Fotograf sagte dennoch nicht nein. In Schweden war er noch nie gewesen, und er versprach, zu kommen und den Hengst zu fotografieren.

»Tut mir leid, du musst den Kerl schon aushalten«, teilte Ute mir mit. »Tu's für Español.«

»Das Auge« landete in Göteborg Landvetter und war in der Gruppe der Flugpassagiere bereits von weitem auszumachen: Sein üppiger, silbergrauer Lockenkopf hob ihn aus jeder Menschenmenge hervor und machte ihn zu einer etwas unwirklichen Erscheinung. Seine dunklen Haare waren bereits mit Mitte zwanzig ergraut. Er blieb als Einziger völlig unbeteiligt, als ein vernehmliches Wiehern für allgemeine Verwirrung in der Gruppe der Flugpassagiere sorgte. Alle blickten sich um. Ein Pferd in Landvetter? Einzig der Pferdefotograf zuckte gelassen mit den Achseln.

Zu Haukes Entzücken konnte er nicht nur wiehern wie ein Pferd, sondern erwies sich auch im Zaubern als kundig. Während der anderthalbstündigen Autofahrt nach Tegelvik zog er einen ganzen Stapel blauer Geldscheine aus Haukes Ohren und Nase, die er dann allerdings in seiner eigenen Brieftasche rasch wieder zum Verschwinden brachte.

»Hauke Brandis«, sagte er, »einen deutschen Satz schreib dir hinter die Ohren. Sprich ihn mir jetzt langsam und deutlich nach: Die Schweden sind verrückt!« Und bald krähte Hauke vom Rücksitz des Autos her ebenso gehorsam wie vergnügt sein neues Mantra: »Die Schweden sind verrückt, die Schweden sind verrückt.« Gut, dass wir so einsam wohnten und zudem in der weiteren Nachbarschaft niemand Deutsch verstand.

»Zuerst die Arbeit, dann das Vergnügen!«, ordnete der Fotograf an und wies zufrieden in den blauen Himmel.

Als ich Español aus dem Stall führte, erwachte auch der zu neuem Leben, denn er hörte ganz in seiner Nähe eine rossige Stute wiehern. Das war ein anderes Wiehern als das herrische Gegrummel des Hengstes auf dem Flugplatz; bereitwillig und widerstrebend zugleich, und zuverlässig zauberte es Lebenslust und Sehnsucht in die Augen des Hengstes, jenen Ausdruck seiner Pferdeportraits, für den »das Auge« so berühmt geworden war. Der Augenblick der Liebe eben. Oder sollten es am Ende einzig die Hormone sein?

Nach einer guten Stunde waren der Fototermin überstanden und die Dias im Kasten. Drei Filme hatte er verknipst. Sein Honorar, das er dem Verlag dafür in Rechnung stellte, würde vierstellig sein. Er hatte nichts dagegen, über Geld zu reden, freute sich vielmehr wie ein Kind über die horrenden Honorare, die er forderte und inzwischen stets bekam. Auch das war ein Märchen, ein kleines Wunder, denn noch vor wenigen Jahren war er Hengstwärter auf einem Vollblutgestüt gewesen und hatte sich das Fotografieren dort an einsamen Abenden, an denen es nichts zu tun gab und er Liebeskummer hatte, selber beigebracht. Den schien er permanent zu haben. Er sehnte sich nach einer Vertrauten, doch die Liebe kam und ging. Verliebtsein und Liebeskummer waren die Quelle seiner Kreativität und zugleich auch sein größtes Dilemma.

Dann wollte er den Wald von Tegelvik sehen. »Musik!«, befahl er und machte sich über meine Kassettensammlung her. Er schaltete das Autoradio an. »Walzer von Johann Strauss! Das ist es!«

Der Wald imponierte ihm, denn er war dunkel und streng und gar nicht anheimelnd, und er wollte kein Ende nehmen. Was groß war, das gefiel ihm. »Das Bombastische ist grässlich und doch hat es was, findest du nicht?«

Auf einer Anhöhe passierten wir einen Kahlschlag, eine brutale Schneise, die wie eine Wunde dort im Fichtenwald klaffte und Steine und schroffe Felsen freilegte. Schweden war fast überall steinig und felsig. Ein paar hohe, schlanke

Fichten waren stehengeblieben, und der Fotograf drehte das Autoradio auf volle Lautstärke und kommandierte, nun die Autositze zurückzukippen und hinauf in den Himmel zu sehen. Dort wiegten sich die Wipfel der Bäume zu den Klängen von Johann Strauss. »Ist das nicht irre? In Schweden tanzen die Bäume Walzer. Guckt euch das bloß an. Ich werd verrückt!«

Am Abend sagte er: »Kommen wir zum Wesentlichen. Zum wahren Grund, warum ich hier bin.« Und ich war ganz Ohr, denn er redete von seinem Faible für Märchen. Er träumte schon lange davon, ein Märchen zu fotografieren, und er zeigte mir ein paar stimmungsvolle Bilder von einem Mädchen mit einem Bullterrier und einem Holzpferd, das am Strand saß und auf irgendetwas oder irgendjemanden wartete. Das Holzpferd war ein Schimmel und so ausdrucksvoll bemalt, dass es fast lebendig wirkte. Ich taufte es Kandis. Kandis von den blauen Wiesen. Es war ein Mischwesen: eine Pferdeseele, gefangen in einem Kunstwerk von Menschenhand. Der Bullterrier hieß bereits Rosa; es war die Hündin des Fotografen. Ein Pferdemärchen schwebte ihm vor.

»Ich habe jede Menge Bilder im Kopf. Und in meinem Atelier in Oldenburg, auf kaum zehn Quadratmetern, da findest du die ganze Pferdewelt. Alle Pferderassen. Alle Berühmtheiten. Die großen Hengste und die erfolgreichen Sportpferde. Den Adel und die Prominenz.« Er redete von den Pferden, nicht von Reitern, denn die imponierten ihm weniger. »Tänzer und Athleten. Väter von Geschlechtern und Mütter von Pferdekönigen. Sieger und Philosophen. Schnelle und schwere, Vollblüter und Kaltblüter. Fallabellaponys und Shirehorses. Anmut. Kraft. Eleganz und Noblesse.« Und an dieser Stelle senkte er theatralisch seine Stimme, um mir tief in die Augen zu sehen. »Hier, bei mir, liebe Sylvia, sind sie alle versammelt, und ich, ich bin der Herr der Pferdewelt. Leider kann ich weder schreiben noch erzählen. Und genau dafür brauche ich dich.«

Unter den eher nüchternen und sachlichen Menschen, die die Pferdeszene dominierten und nicht zuletzt auch seine

Auftraggeber waren, war er so etwas wie ein weißer Rabe. Er kannte sie alle, die Topreiter, die Hengsthalter und Gestütsbesitzer, und er konnte sich seine Starallüren leisten. Seine Selbstironie fiel den meisten gar nicht auf.

Die Pferdewelt, die den Fotografen und mich interessierte und lockte, war jedoch eine andere, eine interne Welt der Pferde, in der der Mensch allenfalls eine Nebenrolle spielte. Wir waren beide Pferdephantasten. Unsere Passion unterschied sich im Wesentlichen nur darin, dass meine Liebe hauptsächlich einzelnen Pferden gehörte, ob sie nun Orpheus, Español oder Piet hießen, seine hingegen dem Mysterium Pferd als solchem. Er liebte die Pferde, so wie er alles Schöne und das Leben liebte, alles, was großartig, erhebend und verblüffend war und was er nie so ganz verstand; so wie er die Frauen liebte, ohne jemals einer einzigen auf längere Sicht sein Herz zu öffnen. Vielmehr liebte er alle Frauen in der einen, die in seinem Leben gerade und vorübergehend die Stellvertreterin ihres Geschlechts für ihn war. Sie würde austauschbar, ersetzbar sein wie alle ihre Vorgängerinnen, doch das tat seiner Liebe keinen Abbruch. Er war nicht geizig, und er liebte sie ja alle, jedenfalls ein bisschen, jede auf ihre Art.

Und wir? Die Geschwisterliebe, die uns auf Anhieb verband, war gelassen, strapazierfähig und haltbar; doch kein leidenschaftliches Delirium. Dafür kannten wir einander allzu bald schon allzu gut …

1. August

Die Tage werden deutlich kürzer und die Nächte feucht und rau. Doch zum Reiten und für die Arbeit mit Pferden bricht nun die beste Jahreszeit an. Die Sonne brennt nicht mehr wie im Juli, der leichte Wind sorgt für erfrischende Abkühlung. Ich erwarte ein Problempferd aus Småland, einen ziemlich schwierigen Fall, dessen sich niemand annehmen wollte. Friesenwallach Athos weigert sich, ohne Pferdegesellschaft den Hof zu verlassen, so dass ein Ausreiten unmöglich ist. Gutes Zureden ist nutzlos. Strafen und harte Worte haben ihn noch widerspenstiger gemacht. Nun, da ich zugleich das Manuskript dieses Buches beenden muss, nehme ich bevorzugt solche Aufträge an, denen ich mich zu Hause widmen kann. Meine Pferdebesitzer auf dem Festland haben diesen Sommer ungewohnt oft auf mich warten müssen, und zwei geplante Kurse in Finnland habe ich auf Ende Oktober verschoben.

3. *August*

Athos ist eingetroffen und steht nun in meinem Stall. Ein großer Wallach mit sehr langer, leicht gewellter Mähne und ins Auge fallenden, schwungvollen Bewegungen. Ich gebe den neuen Pferden in meinem Stall stets ein, zwei Tage Zeit, um sich an die ungewohnte Umgebung und die Gesellschaft für sie unbekannter Pferde zu gewöhnen. Die meisten Friesen kommen gut miteinander aus. Doch auch unter ihnen gibt es Antipathien, und ich will den Alltag der hier eingestallten Pferde so stressfrei wie möglich gestalten. Deshalb ist Gabe während der ersten Tage stets derjenige, der dem Neuankömmling Gesellschaft leistet. Gegen Gabe führt sich kein Pferd ungebührlich auf, seine natürliche Autorität wird nie ernsthaft in Frage gestellt. Gabe selbst äußert niemals Antipathien. Dennoch zeigt er deutlich, welche Pferde er nur duldet, welche ihm sympathisch sind, welche er als Freunde betrachtet und welche er liebt.

Pferde, deren Gegenwart er wenig abgewinnt, sind für Gabe völlig uninteressant, und er behandelt sie wie Luft. In Gesellschaft eines solchen Pferdes geht er auf der Weide seiner eigenen Wege. Seine Gleichgültigkeit dem ungebetenen Gast gegenüber ist so vollkommen, dass er selbst aggressiven Reaktionen eines solchen für ihn ohnehin nicht existenten Wesens nicht die geringste Aufmerksamkeit zollt. Er wendet sich ab oder sieht in eine andere Richtung, wenn das Pferd seine Wege kreuzt.

Freunden gegenüber benimmt er sich stets kulant. Er begrüßt sie freundlich, behält sie stets im Auge und kann sie im Vorbeigehen dann und wann freundschaftlich mit seinem Maul berühren. Hobbit und Gabe kommen gut miteinander aus. Doch da Gabe Hobbits Pony-Eigensinn und Größenwahn natürlich kennt, begrüßt er ihn stets etwas rauer und robuster als die übrigen Pferde. Mit gesenktem Hals knufft er ihn mit seiner breiten Stirn so kräftig in die Seite, dass das Pony dabei aus dem Gleichgewicht gerät. Damit ist es an vorbeugender Ermahnung und Züchtigung genug, und man kann zur Tagesordnung übergehen und in aller Ruhe friedlich nebeneinander grasen.

Zwischen Gabe und Ulrig hingegen existiert seit ihrer ersten Begegnung ein ganz besonderes Band. Als Ulrig nach der langen Reise von Holland in Hörlösa eintraf und den Stall betrat, sah Gabe ihm von seiner halboffenen Box aus entgegen. Die beiden Wallache begrüßten einander mit selbstverständlicher Vertrautheit. Seitdem gehören sie zusammen.

Draußen stehen sie oft nebeneinander, in sozialer Fellpflege versunken, und kraulen sich gegenseitig das Fell. Sie gehen nebeneinander und bewegen sich dabei oft synchron, wie zwei Paarpferde vor der Kutsche. Senkt das eine Pferd seinen Kopf zum Grasen, so tut das andere es ihm nach. Wälzt Gabe sich, so folgt Ulrig kurze Zeit später seinem Beispiel. Sie ruhen gemeinsam, und sie liegen nebeneinander, wenn sie schlafen. Gabe, der älter ist und mehr Lebenserfahrung hat, hält dabei stets über Ulrig Wacht. Das hat zur Folge, dass dieser in Gabes Gesellschaft für ein Pferd ungewöhnlich tief schläft. Wenn ich morgens früh nach den Pferden sehe, hört Gabe meinen Schritt von weitem und hebt den Kopf, während Ulrig wie bewusstlos auf der Seite liegt, den Kopf im Gras, die Beine ausgestreckt. Anfangs alarmierte mich dieser Anblick, denn es sah so aus, als sei er tot!

Zwischen Gabe und Ulrig gibt es ansonsten keinen deutlichen Rangunterschied. Sie sind sich in allem einig. Sie streiten niemals, fressen gemeinsam aus demselben Trog und trinken aus demselben Eimer. Keiner von beiden hat stets das Sagen, Folgen und Führen wechseln zwischen ihnen kontinuierlich und ganz selbstverständlich ab. Eine ideale Partnerschaft?

VOLLER WUT ERZÄHLEN

Die Sprache und das Wesen der Pferde. Darüber habe ich seit meiner Kindheit nachgesonnen. Und das war auch das Thema des Fotografen. Davon sollte unser Märchen handeln. Ein unkonventioneller Versuch, sich der Pferdeseele zu nähern, sie gleichzeitig zu erfinden und zu erforschen. Und dass das ein umfassendes Projekt war, das sah ja jeder ein. »Lass dir Zeit«, sagte er. »Gut Ding will Weile haben.«

Unter dem Arbeitstitel »Die Pferde und Rosas Herr« begannen unsere phantastischen Reisen in die Pferdewelt, die uns die kommenden Jahre über in Atem halten sollten; ein Projekt, das, als es nach fast fünf Jahren endlich fertig war, sich irgendwie selbst überlebt hatte, Bernd eine Menge Geld und mich beinahe meine schriftstellerische Zukunft gekostet hätte. Denn ich hatte, während ich an unserem Pferdemärchen schrieb, für andere Aufträge keine Energie und keine Zeit. Dennoch waren diese sonderbaren Reisen auf ihre Art ihre Opfer wert und haben uns für immer miteinander verbunden. Sie entführten uns in abgelegene Welten, in denen der Mensch dem Pferd untergeordnet war. Die Rahmenhandlung: ein Fotograf, der um eine verflossene Liebe trauert und seiner Hündin Rosa sieben Nächte lang während dieser Trauerwoche sieben Pferdemärchen erzählt. Dass ich ihn zu einer Märchenfigur machte und ihm nach eigenem Belieben Worte in den Mund legte, gefiel ihm. So konnte er sich fortan in unserem Märchen selbst begegnen.

»Das Auge«, ließ ich ihn zu seiner Hündin Rosa sagen, »ist das Kleinod jedes noch so armseligen Pferdes. Das Pferdeauge spricht seine eigene Sprache, eine Sprache voller rätselhafter Bilder und voller Poesie, in der es sich schillernder träumen und luftiger denken lässt als in der lärmenden Menschenmundart.«

Er ließ mich nach Oldenburg kommen, zeigte mir seinen Hof und seine Pferde und das berühmte Pferdearchiv mit seinen Hunderten von Diakästen, in denen nun auch Españols Portrait seinen Platz hatte. Frühmorgens lud er zu einer Kutschfahrt ein. Seine beiden Oldenburger Schimmel galoppierten durch den herbstlichen Wald, als der Morgennebel sich hob und der Himmel sich rötlichviolett verfärbte. Die Schimmel schäumten in ihrer Wolke aus Ammoniak, doch sie waren noch lange nicht müde. An einem Gartentor stand ein kleiner, verschlafener Junge im Pyjama und starrte mit offenem Mund. Bernd hielt das Gespann an, zog vor dem Kind seinen Hut und wandte sich zu mir um. Auf diesen Augenblick hatte er nur gewartet.

»Sylvie«, sagte er. »Halt dich fest. Nun kommt das Allergrößte. Wir haben heute eine Audienz bei unserer Stimme. Der Märchenprinz empfängt uns.«

Die Stimme der Stimmen. Der Märchenerzähler. Das war für ihn wie für mich seit der Kindheit die Stimme von Hans Pätsch. Ich wusste gar nicht, dass der Mann noch lebte, noch weniger, dass Bernd Kontakt zu ihm aufgenommen hatte. Pätsch war inzwischen über siebzig, und er arbeitete nur noch dann und wann. Hunderte von Märchenschallplatten hatte er in seinem Leben besprochen. Nun sprach er hin und wieder ein paar gutbezahlte Reklamejobs und las im Übrigen nur noch Texte, die ihm wirklich gefielen.

»Ein Pferdemärchen. Klingt ungewöhnlich. Aber machen Sie sich keine allzu großen Hoffnungen, was unsere Zusammenarbeit anbetrifft. Ich sage zu dem meisten nein«, hatte er am Telefon gesagt.

Pätsch wohnte in einem Bungalow in einem Außenbezirk Hamburgs. Es war eine Siedlung mit Einfamilienhäusern. Doch sowie wir den Garten betraten, befanden wir uns in einer anderen Sphäre. Buchsbaumhecken bildeten eine Art von Labyrinth und zugleich einen Schutz gegen die äußere Welt. Der Garten war wie ein Minimärchenreich, mit einem Seerosenteich und der obligatorischen Holzbank, auf der der Märchenprinz vermutlich seine Nachmittage in Gesellschaft seiner beiden Hunde verbrachte. Tierfreund war er offenbar, das würde uns zugutekommen.

Es war sonderbar, dieser Stimme unserer Kindheit nun das Gesicht eines freundlichen Siebzigjährigen zuzuordnen. Der öffnete nach der Führung durch den magischen Garten eine Flasche Champagner, plauderte über Hunde und Pferde und warf dann einen raschen Blick auf das erste Kapitel unseres Manuskripts, das Bernd ihm mitgebracht hatte. Wann das Märchen fertig sein würde, fragte er. »Das weiß niemand«, sagte der Fotograf. »Meine Hoffnung ist, dass Sie lesen, während der Text fortlaufend entsteht.«

»Wir werden sehen«, sagte der Mann, der in all den Jahren den westdeutschen Kindern, so auch Bernd und mir, auf seine kaum nachzuahmende Art so gut wie alle Märchen vorgelesen hatte. »Ich lese den Kindern Märchen vor, wie es sich gehört. Dazu sind sich viele Kollegen zu fein«, erklärte er. »Sie machen nicht das, was ich mache: voller Wut erzählen.«

Bereits am nächsten Morgen rief er an und sagte ja. Bernd war außer sich vor Freude. Das Trio war nun komplett: »Das Auge, die Stimme, und der Wahn bist du, liebe Sylvie …«

5. August

Athos. Eine Lektion in Sachen Phobien. Wenn ein Pferd nicht allein den Hof verlassen will, ist das mehr als nur ein lästiges Problem; wohin soll man mit einem solchen Pferd, das sich nur am heimatlichen Platz sicher fühlt, schon reiten? Besonders bei einem älteren Pferd, das gelernt hat, wie man sich des fordernden und unbequemen Reiters entledigt, kann diese Angst vor der Fremde geradezu gefährlich werden. Angst erzeugt dann noch mehr Angst, die leicht in Hysterie ausartet. Ein gestresstes Pferd und ein hilfloser, verzagter Reiter sind eine unheilvolle Kombination. Diesen Teufelskreis gilt es in Athos' Fall zu durchbrechen, und dass das keine leichte Aufgabe ist, ist sowohl mir als auch der Besitzerin des Pferdes klar.

Der Wallach scheint auf dem Weg vom Stall am Boden festzuwachsen, steigt und wendet um, sowie jemand versucht, ihn mit Härte anzutreiben. Niemand hat sich seines Falles bislang annehmen wollen, da unter Pferdeleuten allgemein bekannt ist, wie schwer ein solches Verhalten zu ändern ist. Ich will es auf einen Versuch ankommen lassen. Ängste und deren Bewältigung sind ein Thema, das mich seit jeher interessiert, und ich denke unweigerlich an jenen Drachen mit den zahlreichen Köpfen, gegen den ich als Kind zu Felde gezogen bin. Nach einem Monat werden wir dann ein Resümee ziehen und sehen, wie weit ich gekommen bin.

Härte gehört nicht zu meinen Methoden im Umgang mit Pferden. Ich halte Gewalt in jeder Form für zerstörerisch. Das Leben mit Menschen und Pferden besteht aus Kompromissen und Verhandlungen. Um alle Konfrontationen zu vermeiden, beginne ich mit einer einfachen Übung. Am Halfter und losen Strick begebe ich mich mit dem Wallach auf einen kurzen Spaziergang durch die Feldmark. Doch bereits dieser kurze Weg kostet Athos größte Überwindung. Er folgt mir zögernd und bleibt immer wieder unschlüssig stehen. Aus Erfahrung weiß ich, dass sein Zögern zunehmen wird, je mehr er sich auf meinem Hof zu Hause fühlt. Noch ist alles recht neu für ihn, die ungewohnte Umgebung ist für ihn überall ein bisschen unsicher und fremd. Für Pferde wie Athos gibt es leider keine Standardkur zur Besserung. Geduld und Kreativität sind hier gefragt. Und so viel unverzagter Optimismus wie man nur aufbringen kann …

6. August

Es gibt gewisse Ängste, die als biologisch vorbereitet gelten, also sozusagen genetisch verankert sind: der Schrecken vor Spinnen, Schlangen oder Mäusen; Phobien, die in gewisser Weise angeboren und latent vorhanden sind und bei einem Menschen ausbrechen, beim anderen nicht.

Bei einem Pferd kann die Angst, seine gewohnte Umgebung allein und ohne Gesellschaft zu verlassen, als genetisches Erbe angesehen werden. Schließlich ist das Pferd ein Flucht- und Herdentier. Und im Ansatz ist dieses »Kleben« am heimatlichen Stall ja auch bei vielen jungen Pferden vorhanden. Eine Unsicherheit, die sich in der Regel im Laufe der Ausbildung und mit wachsendem Selbstvertrauen des jungen Pferdes gibt. Verhalten ist nur teilweise angeboren, teilweise zum Glück jedoch erlernt, und was man gelernt hat, kann man auch wieder verlernen. Auch wenn das Umlernen ein mühsamerer Prozess als das Lernen ist.

Athos' unbestimmte Angst mit einem konkreteren lustvollen Gefühl zu überlagern, könnte die Lösung sein; die Festplatte seines Gedächtniscomputers auf diese Weise umzuprogrammieren. Das ist natürlich leichter gesagt als getan. Negative Erfahrungen sind oft viel eindrucksvoller und beeinflussen Denken und Handeln nachhaltiger als alles Positive; beim Menschen wie beim Pferd. Dem uralten Reptiliengehirn geht es in erster Linie ums Überleben. Die Lebensqualität ist von untergeordneter Bedeutung.

Was Athos betrifft, so habe ich nun ein paar Tage Zeit zum Beobachten und Nachdenken gehabt, und mein Konzept ist fertig. Meine Angsttherapie wird folgende Ingredienzen enthalten:

Bewegung, Rhythmus und Auspowern durch tägliches Dressurtraining; Entspannung durch Massage und klassische

Musik im Stall. Sein Kraftfutter werde ich Athos täglich drei Mal während allmählich längerwerdender Spaziergänge draußen in der freien Natur geben, so dass er Futterzeiten und Spaziergänge miteinander verknüpft. Ganz Hörlösa wird somit sein Stall, und Futterkrippen gibt es überall. Große, blaue Futterschaufel und gutes Schuhwerk stehen bereit. Die Therapie kann morgen beginnen …

HEIMWEH

Auf Öland war ein schwedischer Friesenpferdezuchtverein gegründet und ich zu einem Treffen eingeladen worden. Im ganzen Land gab es bislang nur dreizehn Friesen, die Mehrzahl davon auf Öland, und die Mitglieder des Vereins, eher Enthusiasten als wirkliche Pferdekenner, waren bereits untereinander zerstritten. Ich bin kein Vereinsmensch. Doch das Leben in Västergötland war recht einsam, und ich nutzte die Gelegenheit, Kontakte zur schwedischen Pferdeszene zu knüpfen. Bald fragten Pferdebesitzer mich um Rat bei Problemen beim Reiten ihrer Pferde, und Piet begleitete mich zu kleineren Aufträgen nach Småland und Öland. Er sollte dort Reklame für das Friesenpferd machen. Meine Dressurkür übte ich draußen, auf einer Wiese oder einem breiteren Weg während meiner Ausritte. Die kurzen, nicht sehr anspruchsvollen Auftritte erforderten dennoch Vorbereitung und lange Abende im Stall, wo ich Piet schamponierte, ihm die Mähne flocht und ihn mit der Musik, nach der er tanzen und ich reiten sollte, vertraut machte. Die beiden barocken Hengste schliefen nun zu Händel und Vivaldi ein, was ihnen angemessen war. Alle Pferde sind musikalisch.

Es war wieder Herbst geworden. Die Winter waren hier in diesem Land zu dunkel und zu lang. Im Frühjahr hatte ich ein kleines Holzhaus mit einem großen, halb wilden Grundstück gekauft. Die schwedische Finanzkrise war in eine Entwertung der schwedischen Krone gemündet. Plötzlich war die Deutsche Mark gegenüber der Krone ein gutes Drittel mehr wert. Zudem waren die Preise für Immobilien drastisch gesunken. Für umgerechnet etwa sechzigtausend Mark hatte ich die gemütliche Kate mit Nebengebäuden, einer wilden Lupinenwiese und einem gemauerten Erdkeller erwerben können. Nun wohnten wir am Ende eines schmalen, recht steil bergauf führenden Kiesweges. Vom Küchenfenster des Hauses aus hatte man einen weiten Ausblick über das Ätrantal. Junge Elche, ein Dachs und eine Fuchsfamilie besuchten regelmäßig unseren Garten. Das Haus hatte dicke, gezimmerte Wände, und der zentral im Wohnzimmer gelegene Kamin sorgte für behagliche Wärme. Hauke schlief im an mein Arbeitszimmer grenzenden Wohnzimmer auf einem der gemütlichen alten Sofas, die im Kaufpreis der Kate eingeschlossen gewesen waren. Die Tür stand stets offen, und wenn meine abendliche Schreibzeit begann, hörte ich ihn leise summend spielen, so lange, bis er gegen Mitternacht müde war, seine Kuscheldecke holte und sich schlafen legte.

»Wie geht's mit dem Spielen?«, fragte ich ihn ab und zu.

»Alles okay. Wie geht's mit dem Schreiben?«, fragte er zurück.

Es ging gut. Ich reiste am Schreibtisch in die merkwürdigsten Gegenden der Pferdewelt und erfand deren Geographie, Gebote und Gesetze. Das Märchenprojekt war zu einer Art Roman ausgeufert, der Text wurde immer umfangreicher. Bernd als mein Auftraggeber nahm das gelassen hin. Pätsch hatte bereits zwei Aufnahmetermine im Studio gehabt, und aus meinem Kassettenrekorder ertönte seine Stimme, die mein Märchen zum Leben erweckte; ein unwirkliches und unbeschreibliches Gefühl. Mein Leben wurde zum Märchen, und das Märchen wurde zu meinem Leben. Ich war wieder vier Jahre alt, und die Stimme des Märchenerzählers entführte mich in sonderbare Gegenden, die ganz offenbar einst meiner eigenen Phantasie entsprungen waren. Ich lauschte und staunte mit offenem Mund.

Und dennoch: Der angrenzende Wald war dunkel, die Nachbarn reserviert und verschlossen. Gunnar war einsilbig und düster geworden und über meinen Umzug enttäuscht, doch er hatte die Hoffnung noch immer nicht aufgegeben. Manchmal sah ich seinen alten, schwarzen Volvo lange auf dem Kiesweg in der Nähe meines Grundstücks stehen. Er hatte den Motor abgestellt und starrte zu meinem Haus herüber. Die Schweden sind verrückt, dachte ich und sehnte mich nach Schleswig-Holstein zurück; dem flachen Land, dem großen Himmel, den Schreien der Wiesenvögel und der vermeintlichen Freiheit, die ich einst hier in Schweden gesucht hatte und die ganz offenbar stets in der Ferne wohnte. Doch gegen mein Heimweh war kein Kraut gewachsen. Es konnte blauen Himmel wolkig machen und fegte meinen Kopf zuweilen völlig leer, um ihn danach mit Wehmut und Selbstanklagen zu füllen.

An einem Abend mit Piet und Español im Stall analysierte ich meine Lage. Ich fühlte mich einsam. Die vorsichtige Mentalität der Menschen um mich herum machte mich zu einem Außenseiter. Mein Optimismus ging allmählich unter, meine Lebenslust, die seit jeher mein hauptsächliches Kapital gewesen war, ließ mich immer mehr im Stich. War ich undankbar? Ich durfte nun im Lande bleiben, hatte alles, was ich gewollt hatte, und fühlte mich dennoch nicht am Ziel. Ich hörte meine Pferde schnauben und gab ihnen frisches Heu zur Nacht. Hatten die Pferde mich nicht einst gelehrt, meiner Intuition zu folgen und meine Ängste zu bezwingen? Ich löschte das Licht im Stall und trat hinaus in die stille, sternklare Herbstnacht. Hauke war nun fünf Jahre alt, die Zeit, in der, wer ein Talent für Freundschaft besaß, Kameraden fürs Leben fand. Ich durfte ihn nicht daran hindern. Es war höchste Zeit. Wenn ich mein Leben noch einmal verändern wollte, dann jetzt.

7. *August*

Anruf aus Småland. Die laute Stimme am Telefon spricht mit starkem småländischen Dialekt und duldet keinen Widerspruch.

»Allan Karlsson hier. Meinem Hengst geht es nicht gut. Ein Nordschwede. Irgendetwas mit der Hinterhand. Keine normale Lahmheit. Und er schlägt ständig mit dem Kopf. Ich habe gehört, ich weiß nicht wo, dass du dich auf solche Dinge verstehst.«

»Hat ein Tierarzt den Hengst gesehen?«, will ich wissen.

»Die verstehen sich nicht auf so was«, gibt er barsch zurück. »Ich habe lange genug gelebt, um zu wissen, wann ich mir Sorgen mache und wann nicht. Es geht mir gar nicht gut, ich kann kaum noch schlafen, und ich bin ein alter Mann. Mein bestes Pferd. Komm am besten gleich heute Nachmittag. Abends wird es so früh dunkel, und im Stall brennt kein ordentliches Licht.«

Neben dem Gotlandspony ist das nordschwedische Arbeitspferd die einzige einheimische schwedische Pferderasse. Ein bisschen Friesenblut fließt auch in seinen Adern, doch es ist kein Luxuspferd wie der Friese, sondern ein Arbeiter; stark, zuverlässig, gutwillig und stets fleißig. Die Arbeitsplätze für Pferde in der Landwirtschaft sind inzwischen knapp geworden, doch die Freizeitreiter und -kutscher haben dieses mittelschwere Kaltblut längst für sich entdeckt. Originale wie Allan hingegen, die ihr Leben lang in der Landwirtschaft und im Wald mit Pferden gearbeitet haben und auch im Alter noch ganz für ihre Pferde leben, sterben allmählich aus. Es sind alte Männer, vor deren Pferdekenntnis und Erfahrung ich großen Respekt habe. Ihre Pferdeliebe, um die sie keine großen Worte machen, ist unverfälscht, ein Bestandteil ihrer Wesensart und frei von der Eitelkeit der

Sportpferdeszene. Sie haben auf eine andere Art mit ihren Pferden gelebt und sind von ihnen abhängig gewesen. Nun stirbt diese Generation allmählich aus, und mit ihr geht ein großer Teil an Pferdekenntnis und Pferdesachverstand verloren, der durch nichts wirklich zu ersetzen ist. Ich fühle mich stets ein wenig geehrt, wenn ein solch erfahrener Pferdemann mich um meinen Rat fragt.

Ich lasse das Manuskript liegen, verspreche ihm zu kommen und mache mich auf den Weg. Bis zur Ölandsbrücke fahre ich eine Stunde, bis Nybro sind es von dort aus noch mal gut zwanzig Minuten. Kurz vor Nybro biege ich von der asphaltierten Hauptstraße ab und folge einem sich windenden und bald immer schmalerwerdenden Schotterweg durch Wald, Wiesen und Felder. Ich muss mich ganz auf seine Wegbeschreibung verlassen. Mein Navigationsgerät zeigt längst keine Ortsnamen mehr an. Verglichen mit Ölands offener Landschaft erscheint Småland mit seinen tiefen Nadelwäldern stets ein wenig finster. Doch an den Ufern der vielen Seen und dort, wo die Wälder sich lichten, liegen verwunschene, kleine Höfe und Katen hinter den charakteristischen Zäunen aus alter Tanne und Wacholder, und es herrscht eine friedvolle Einsamkeit.

Allan Karlssons Hof liegt ganz für sich allein. Ein gelbes Holzhaus mit einer roten Scheune auf der linken Seite des Weges. Die Pferdeweiden befinden sich gegenüber auf der anderen Seite, wo das Gelände uneben und etwas steinig ist. Ein paar hellbraune Kaltblutstuten dösen dort mit gesenkten Köpfen in der Sonne.

Allan hat den Motor meines Volvos gehört und kommt aus dem Haus. Er hält sich ein wenig vornübergebeugt und geht dennoch mit raschen, energischen Schritten; aus zäherem Holz gemacht, als es auf den ersten Blick den Anschein hat. Er ist mager, grau und unrasiert und trägt auch im Sommer schwere Stiefel und ein gefüttertes Flanellhemd, das ihm aus der Hose gerutscht und überall ein wenig eingerissen und fleckig ist. Er lebt hier ganz allein, erklärt er mir. Schon immer. Nun, seit er keine Landwirtschaft mehr betreibt, sind es die Pferde, die ihn aufrecht halten. Sechsundachtzig Jahre ist er alt und der Braune sein letzter Hengst. »Einer der Besten«, sagt er. »Obwohl die Körkomission da anderer Meinung war. Die wollten ihn zur Zucht nicht zulassen. Die wissen nicht mehr, was gut ist.«

Unik hat er ihn genannt. Das bedeutet einzigartig. Und das ist dieses Pferd für ihn, ein kräftiger Hellbrauner mit schwarzer, dicker Mähne und hellgrauem Maul, der klassischen Farbe dieser Rasse. Er steht in der halbdunklen Scheune in einem Ständer festgebunden und wiehert verhalten, als er Allans Stimme hört. »Ist gut so, Dicker.« Allan hat nun seine Stimme gesenkt und tätschelt dem schwergewichtigen Pferd die wohlgerundete Kruppe. Hier, in unmittelbarer Nähe des Pferdes, scheint er seltsam alterslos. Ein Mensch, der mit Pferden lebt. Doch der Schein trügt.

Der Hengst ist zu stark für ihn, seine Kräfte reichen nicht mehr aus. Vor allem im Frühjahr, wenn die Stuten rossig werden und die Hormone ihren Tribut zollen. Er kann ihn dann kaum noch halten. Deshalb hat er sich entschlossen, ihn zu verkaufen. Die Käufer haben den Hengst für einen Monat zur Probe gehabt und ihn täglich geritten. »Nun hab ich ihn zurück von diesen Mondscheinbauern, und er ist lahm und schlägt mit dem Kopf. Headshaking sagt man wohl heute dazu, wo alles auf Englisch sein muss. Die wollen ihn nur, wenn er in Ordnung ist. Er war nie in seinem Leben lahm, sechs Jahre ist er jetzt alt und war immer gesund. Kannst du hier im Dunkeln etwas sehen? Draußen kann ich ihn kaum halten …«

Allan hält Unik lose an einem Strick. Hier im Stall und ohne die direkte Nähe der Stuten ist er fromm wie ein Lamm. Ein prächtiges Pferd, das eigentlich arbeiten müsste, um sich richtig wohl zu fühlen. Ich kann Allans Dilemma gut verstehen.

Eine Untersuchung unter diesen Umständen ist schwer. Der Befund meiner Hände ist unvollständig ohne den Eindruck, den das Pferd in der Bewegung macht.

Ich frage nach dem Sattel. »Der da. So einer aus Amerika. Gehört den Käufern, nicht mir«, sagt Allan. Als ich dem Hengst den schweren Westernsattel auf den Rücken lege, merke ich sofort, wie sich die Muskulatur seines Rückens spannt und er unwillig die Ohren anlegt. Der Sattel ist an der Schulter zu eng und zudem, wie viele Westernsättel, allzu lang. Meinen Druck mit beiden Händen hinter dem Widerrist beantwortet Unik mit einem heftigen Kopfschütteln. Er hat einen relativ kurzen Rücken, und der Sattel drückt zudem auf seine Lendenwirbel und schränkt so die Bewegungsfreiheit seiner Hinterbeine erheblich ein. Kein Wunder, dass er nach einem Monat unter diesem Sattel lahm ist. Mit einem passenden Sattel sind die Probleme vermutlich bald gelöst.

Allan nimmt mich mit ins Haus und lässt mich in der Küche warten. »Was bin ich schuldig?«, fragt er und verschwindet in einem Nebenzimmer. Ich sehe mich in der kahlen Küche um. Eine nackte Glühlampe hängt von der Decke herab. Berge von gebrauchtem Geschirr stapeln sich in der Spüle. Der Herd ist schwarz von Ruß. Die Tür zum Schlafzimmer steht halb offen. Ein eisernes Bettgestell, auf dem auf alten Zeitungen eine graue Militärwolldecke liegt. Vermutlich schläft er hier in Stiefeln und vollangekleidet. Ich lasse mir nur ein paar hundert Kronen für meine Reisekosten geben. Er bezahlt sie aus einer Börse, die von Geldscheinen dick angeschwollen ist. Manchmal ist vermeintliche Bescheidenheit ganz fehl am Platz!

Als ich losfahre, steht er an der Treppe zur Haustür und sieht mir nach, erleichtert und bedrückt zugleich von der Aussicht, den Hengst bald verkaufen zu können. Die Stuten sind zum Koppeltor gewandert. Vermutlich ist das die Stunde, in der er ihnen ihr abendliches Heu bringt, um dann, während er ihnen beim Fressen Gesellschaft leistet, still mit ihnen zu reden.

DIE INSEL DER NACHTIGALLEN

Öland war abweisend und unansehnlich; die Landschaft kahl, die Wiesen mager und die Äcker steinig, die einreihigen Steinmauern, die sie umgaben, nicht wie in Småland stabil und akkurat gebaut, sondern windschief und eher nachlässig aufgeschichtet. Zwischendurch dann Steppe. Grau und platt und mit am Boden kriechendem Wacholder. Die Flügel der Windmühlen waren festgezurrt. Doch Ölands Landschaftsvogel war die Nachtigall. Nirgendwo im ganzen Land, das wusste ich von meinem ersten kurzen Aufenthalt, war sie im Frühsommer zahlreicher vertreten als auf dieser Insel, die zudem als traditionelles schwedisches Pferdezuchtgebiet galt. Die Pferde, die auf den kalkreichen Weiden herangewachsen waren, waren seit jeher von den Pferdehändlern bevorzugt gekauft worden. War es das, was mich hierherzog? Ich konnte es nicht sagen, als ich spontan Ende des Jahres erneut die Koffer packte, Piet und Español auf den Hänger lud und, den uns weinend nachwinkenden Gunnar am gewundenen Kiesweg zu meinem Haus zurücklassend, diesmal ostwärts weiterzog.

Ich hatte im nördlichen Teil der Insel in einem Dorf namens Hörlösa einen Resthof gemietet. Das gelbe Holzhaus war von Birken und Haselhecken umgeben, und ein Stall und zwei Hektar Hausweide gehörten auch dazu. Meine Bücherkisten und die wenigen Möbel transportierte ein deutscher Spediteur, der seit seiner Kindheit in Svenljunga lebte. Er kam ursprünglich aus Hamburg und hatte als einer der wenigen älteren Passagiere über sechzig kürzlich den Untergang der Estonia überlebt. Wir saßen eine Nacht lang in der

Küche seines Hauses, und er erzählte mir bewegt in seinem noch immer hamburgisch gefärbten Deutsch von schwarzer Nacht und schwerem Sturm auf hoher See, dem sinkenden Schiff und seiner wundersamen Rettung auf einem umgekippten Rettungsfloß, gleichzeitig froh über das wiedergewonnene Leben und dennoch ungläubig und erschüttert über die Ungerechtigkeit des Daseins. Sein knapp dreißigjähriger Sohn war kurz zuvor an Aids gestorben.

Mein Heimweh zog nicht mit. Ich hatte es für immer im so viel lieblicheren Ätrantal zurückgelassen. Vielleicht, weil der Himmel auf Öland so groß und mächtig war, ein Meer aus Wolken, Licht und Farben, und sehr viel eindrucksvoller als das karge Land. Auch Hauke wollte bald hier bleiben. Das lag an seinem neuen Spielkameraden, den er in Löttorps Konditorei getroffen hatte. Er hieß Christer und wohnte ganz in unserer Nachbarschaft.

Christer war Fischer. Doch draußen stürmte es, und sein kleiner Kutter lag nun im Hafen von Sandvik vertäut, während Christer in der Konditorei mit Coca-Cola und Schokoladentorte seine arbeitsfreien Tage feierte. Hauke hatte sich an seinen Tisch gesetzt und ihn gefragt, ob er Karten spielen wolle. Und im Nu saß das ungleiche Paar dort in ein lebhaftes Spiel mit imaginären Karten vertieft, dessen Regeln keinem Außenstehenden verständlich waren; ein fünfjähriges und ein gut dreißig Jahre älteres Kind, das die Spielregeln des Kartenspiels ohne sichtbare Karten fraglos und sofort begriff. Er hielt sie wie Hauke in der Hand und spielte seine Trümpfe aus. »Achtzehn!«, rief Hauke und warf eine imaginäre Karte auf den Tisch. »Sechsunddreißig«, konterte Christer, »was hast du nun?« – »Drei!«, sagte Hauke.

Jeden Nachmittag rief Hauke fortan die Nummer 25 076 an, die sein neuer Freund ihm gegeben hatte. Er konnte noch nicht lesen, doch er hatte ein gutes Zahlengedächtnis.

»Hier ist Hauke. Wollen wir spielen?«

»Von mir aus.«

»Kommst du zu uns rüber? Ich bin der rote LEGO-Mann.«

»Dann bin ich der blaue«, sagte sein neuer bester Freund.

Ein Fünfjähriger braucht einen Mann in seinem Leben, an dem er sich orientieren kann. Hauke, dessen biologischer Vater nie von sich hören ließ, hatte in Christer gefunden, wonach er gesucht hatte. Öland war nun Haukes Zuhause, und ich konnte ihm nur gratulieren. Ich fragte seinen neuen Freund und Wahlvater kurzentschlossen, ob er mich heiraten wolle. Wo Hauke seine neue Heimat gefunden hatte, dort wollte auch ich zu Hause sein.

9. August

Man kann Angst nur überwinden, wenn man sich Situationen stellt, vor denen man sich fürchtet. Davon zeugt nicht zuletzt der Beginn meines Lebens und meiner Karriere mit Pferden, und nun, fünfundvierzig Jahre später, werde ich dafür bezahlt, den Wallach Athos von der Devise meiner Kindheit tatkräftig zu überzeugen.

Als Einzelgänger hege ich ein gewisses Verständnis dafür, dass es schwer sein kann, die heimatlichen Sphären zu verlassen und sich der Außenwelt zu stellen. Doch diese schmeckt für Athos nunmehr nach Hafer und süßen Karotten. Und wenn die anderen Pferde zur Futterzeit erwartungsvoll vor ihren Futterkrippen stehen, wartet er inzwischen darauf, dass ich ihm sein Halfter anlege und mit gefüllter Futterschaufel vor ihm den Stall verlasse, um mit ihm durchs Dorf zu gehen. Auf Mülltonnen und Briefkästen, Objekten, die ihm anfangs besonders suspekt vorkamen, kann nun eine Handvoll Hafer oder eine Mohrrübe liegen, er weiß nie wo, und er bekommt einen wacheren Blick und beginnt allmählich, sich für seine Umgebung zu interessieren. Während er kaut, bleiben wir stehen. Ein Pferd, das stillsteht und genüsslich kaut, muss sich entspannen. Etwas anderes ist ihm physiologisch nicht möglich. In einer Woche werde ich das Training auf Ausritte als Handpferd erweitern; anfangs werde ich Gabe reiten und Athos am Halfter nebenhergehen lassen; später geht dann Gabe nebenher. Die nächste Etappe ist ein Helfer (und ich hoffe auf Hansen, bei einem seiner Ölandbesuche), der mit der bekannten blauen Futterschaufel vorangeht, wobei ich den Abstand zwischen Helfer und Pferd stets vergrößere. Auf dem langen, geraden Grasweg neben meinem Grundstück kann ich Hansen ein paar hundert Meter vorausschicken, so dass der Wallach ihn nur noch in weiter Ferne sieht, und ihm dann hinterherreiten. Diese Methode habe ich mit anderen Pferden ausprobiert. Sie erfordert Zeit und Geduld und gute Nerven. Das unwillige Pferd muss spüren, dass ich mich vor seinem Ungehorsam nicht fürchte. Doch ich bin zuversichtlich, innerhalb von acht Wochen mit Athos allein ins Gelände reiten zu können. Ob er in seiner alten heimatlichen Umgebung und mit seiner ängstlichen Besitzerin wieder in alte Verhaltensmuster zurückfällt, weiß ich nicht. Die Gefahr ist gegeben, und ich habe sie darauf hingewiesen. »Wer nicht wagt, der nicht gewinnt«, hat sie daraufhin gesagt. Und ich gebe ihr recht.

»Tue, was du am meisten fürchtest, und die Furcht gibt klein bei!«, sage ich dem anfangs missmutigen Pferd beim Verlassen des Hofes und klopfe ihm den Hals. »Komm schon. Es ist einen Versuch wert.«

LINDSTRÖMS HÄSTAR

Die Fischerei ging schlecht. Der Dorsch war dabei, aus der Ostsee zu verschwinden. Christer lebte von der Hand in den Mund und wollte sich nicht von Dingen und Besitztümern versklaven lassen. »Was zu essen und ein Dach überm Kopf. Alles andere ist Luxus. Und Besitz traue ich erst, wenn der Trödler oder der Sperrmüll seine Macht gezähmt hat, weil er niemandem mehr imponiert.«

»Warum bist du nach Öland gekommen?«, fragte er mich, und ich konnte es ihm und mir selbst nicht recht erklären.

»Kommt ja auch nicht so drauf an«, sagte er freundlich. »Lande langsam. Lass es ruhig angehen.« Und er zeigte uns sein Öland, den Hafen von Sandvik und den von Böda, den Tujawald und die steinige Küste bei Jordhamn, wo sein Vater bei der alten Steinschleifermühle seine Fischerhütte hatte und im Spätsommer seine Aalreusen auslegte. »Wir sind klein«, sagte er. »Winzig klein. Das ist das Gute an Himmel und Meer, dass sie uns das niemals vergessen lassen.«

Öländer war man erst, wenn mindestens drei Generationen im Stammbuch frei von Vorfahren vom Festland waren, und er erzählte Hauke und mir von seinen Ahnen und Verwandten, die es, so wie er, nie zu größeren Reichtümern gebracht hatten. Ernste Arbeiter zur See waren sie gewesen; effektiv und verbissen. Unter der Begleitmusik sich wiederholender Flüche hatte ihre Arbeitswut dem Schaukeln und Rollen an Bord, der schneidenden, feuchten Kälte, den Tücken der Strömungen und der Winde getrotzt. An Land waren sie Herumtreiber, Zeitvertrödler, Kaffeetrinker, Schwätzer, Netzeflicker, Müßiggänger und Flohmarktbesucher gewesen. Mäßig mit Alkohol, leichter verführbar mit Süßem, doch wählerisch in diesem Punkt. Schüchtern vor dem weiblichen Geschlecht.

Vorm Meer und vor den Stürmen hatte er Respekt, doch keine Angst. Vor Pferden fürchtete er sich. Sie waren ihm mit ihrer Kraft und Körpermasse einfach nicht geheuer. Zwar tischlerte er im Stall zwei große, luftige Boxen für Piet und Español, doch er hielt zu den beiden Hengsten stets Abstand. Da half kein gutes Zureden. Pferde kamen ihm gefährlich vor. Er betrachtete sie lieber aus sicherer Entfernung.

Wirtschaftlich war es auch mir schon besser gegangen. Mein Vorschuss für das Pferdemärchen war verbraucht, das Manuskript bei weitem noch nicht fertig. Seit einem knappen halben Jahr war ich mit Christer verheiratet und hieß nun Lindström. Drei Menschen und zwei Pferde sollten versorgt werden. Ich musste mir etwas einfallen lassen.

Ich hatte Christer in der Fischerhütte seines Vaters ein paar Wildlachse filetieren sehen. Er hantierte schnell und geschickt mit dem scharfen Messer. Seine Filets waren dafür bekannt, dass sie appetitlich aussahen und absolut grätenfrei waren. Das brachte mich auf eine Idee. Ich dachte an die roten Holzpferde aus Dalarna, das klassische Schwedensouvenir. Wer so geschickt im Filetieren war, der konnte mit Sicherheit auch schnitzen.

»Schnitzen?«, fragte Christer. »Keine Ahnung. Nie probiert.«

»Dann ist es dafür an der Zeit.«

»Was denn?«, fragte er.

»Holzpferde«, sagte ich. »Lindströms Ölandpferde. Was sonst?«

Vom Sägewerk in Böda, wo er ab und zu im Winter jobbte, nahm er eine Weymouthskiefernplanke mit nach Hause. Diese Kiefernart hatte ein etwas eigensinniger Förster vor etlichen Jahren im nordöländischen Bödawald heimisch gemacht; derselbe Mann, dessen Geist angeblich noch immer in der Oberförstervilla von Skäftekärr spukte und der zur Mitternacht Melodien auf dem Flügel klimperte. Das rechte Holz für ein echtes Ölandpferd.

Ich band Piet in der Stallgasse fest und versuchte, mit einem groben Bleistift seine verkleinerte Silhouette auf die Planke zu zeichnen. Christer sägte, schnitzte, fluchte, feilte und schmirgelte bis spät in die Nacht. Dann hatte das erste Holzpferd Gestalt angenommen. Farbgebung und Bemalung fielen erneut in meine Hand. Darin hatte ich ebenso wenig Erfahrung wie Christer im Schnitzen, doch was man nicht kann, konnte man schließlich lernen. Das erste Holzpferd war ein Rappe mit Zaum und Satteldecke in blauen und türkisen Tönen; den Farben von Ölands Himmel und Meer.

In einer neueröffneten Räucherei im Nachbardorf stellten wir die ersten zwanzig Pferde aus. »Lindströms hästar« stand auf einem selbstgemalten Schild – Lindströms Pferde. Wir hatten das Glück auf unserer Seite. Die allererste Kundin, die den Laden betrat, war Reporterin der Lokalzeitung »Barometer«. Die farbenfrohen, trutzigen Pferde hatten es ihr angetan, und ihre ganzseitige Farbreportage machte uns auf einen Schlag bekannt. Das handgefertigte Holzpferd hat im Herzen vieler Schweden einen ganz besonderen Platz. Die Bestellungen ließen nicht auf sich warten. Lindströms Pferde standen bald in den Regalen von Kunsthandwerkläden im ganzen Land. Erwachsene wurden zu Kindern, wenn sie in unsere direkt neben dem Pferdestall gelegene Werkstatt kamen. Dieser Pferdekauf, der nur ein paar hundert Kronen kostete, war eine Herzensangelegenheit, und beglückt zogen sie schließlich mit dem Pferd ihrer Wahl von dannen. Das blau-goldene Label um seinen Hals erzählte von seiner Entstehungsgeschichte und verriet seinen individuellen Namen.

Unsere noch vor kurzem so unsichere finanzielle Versorgung war nun gesichert. Alles war wie gehabt und doch ganz anders. Mein Leben bestand wieder im Wesentlichen aus Pferden: den farbenfrohen Holzpferden, die Lasse, Sture, Tove oder Hampus hießen; den Märchenpferden meiner Phantasie, denen Hans Pätsch noch immer seine Stimme lieh, und meinen immer zahlreicheren und vielseitigeren Aufträgen mit Piet, dem lebenden Modell unser Holzpferde, der inzwischen auf Öland zu einem Prominenten geworden war. Sie führten mich während der Sommermonate bald durch halb Schweden. Manchmal war ich Märchenerzählerin zu Pferde; das Improvisieren machte mir keine größeren Schwierigkeiten, denn im Schwedischen fühlte ich mich inzwischen gut genug zu Hause. Immer öfter ritt ich auf historischen Festivals oder in Schlössern. Piet und ich wurden so etwas wie lebende Requisiten des Barock oder der Renaissancezeit. Ich hatte mir ein samtenes, rotes Reitkleid schneidern lassen und ritt nicht im Damensitz; einige starke und eigensinnige Frauen hatten das auch damals so gehalten, das bewiesen meine historischen Recherchen. Eine davon war die Prinzessin Friederike Wilhelmine von Preußen. Piet und ich gehörten doch im Grunde keiner historischen Epoche, sondern eher einer Traumzeit an; sein Anblick weckte in vielen Menschen unerwartete Gefühle. Sie weinten, wenn sie ihn sahen, in Erinnerung all ihrer gelebten und der ungelebten Träume.

12. August

Athos schreitet draußen inzwischen munter aus. Die Welt verliert für ihn täglich an Schrecken. Als ich nach Hause komme, steht Hobbit vor einem Eimer mit Stockholmer Möhren am Gartentor. Mein nunmehriger Exmann und Holzpferdekompagnon Christer und Olof Hansen sitzen auf der Veranda meines Hauses und trinken gemeinsam Kaffee. Christer ist inzwischen mein guter Freund; einer der loyalsten, die ich habe. Hansen und Christer sind zwei Männer der Gegensätze, doch sie haben einander im Laufe der Jahre zu schätzen gelernt und kommen gut miteinander aus. Christer hat eine Sendung Holzpferde in einen großen Pappkarton verpackt, die Hansen an einen Laden in der Stockholmer Innenstadt ausliefern wird. Unsere Firma ist noch aktiv, und eine, wenn auch geringere Anzahl Holzpferde verlässt noch immer jährlich unsere Werkstatt. Etliche davon reisen seit jeher via Stockholm nach Amerika; besonders oft nach Minnesota, wo viele schwedischstämmige Amerikaner leben. Dort gibt es eine kleine Stadt, die nach einem schwedischen Emigranten Lindstrom heißt und sich »America's Little Sweden« nennt. Dorthin reisen auch diese Pferde.

Am Abend erfahre ich den Anlass von Hansens überraschendem Besuch: Sandström ist gestorben. Hansen wollte mir das persönlich mitteilen und ist deshalb nach Öland gekommen. Der Tod dieses Mannes, den ich nie persönlich getroffen habe, wird mein Pferdeleben entscheidend verändern. Acht Jahre lang sind Sandströms Friesenpferde dessen wesentlicher Bestandteil gewesen.

Was war Sandström für ein Mensch? Hansen zuckt mit den Achseln. Wie gut kennt man Menschen, mit denen man meist Geschäfte macht? »Ich wusste über die Jahresbilanzen seiner Firmen erheblich mehr als über ihn.«

»Und die Friesenquadrille?«

»Die wirst du nun aus eigener Kraft auf die Beine stellen. Daran habe ich keinen Zweifel.«

Sandströms Tod war offenbar erwartet worden. War er alt?

»Er litt seit Jahren an Krebs. Er hatte sich fest vorgenommen, zumindest den allerersten Auftritt der zwanzig schwarzen Pferde noch mitzuerleben. Diese Vision ist in all den Jahren sein Überlebenselixier gewesen. Er hatte deshalb mit der Verwirklichung dieses Traums keine besonders große Eile.«

»Und Gabe?«, will ich wissen.

»Gehört nun mir«, sagt Hansen. »Mein Erbteil.«

»Wird er in Hörlösa bleiben?«

»In meiner Zweizimmerwohnung in Vasastaden ist jedenfalls kaum Platz für ihn«, sagt Hansen.

13. August

Hansen ist in sich gekehrt. Und auch mir ist heute nicht nach Arbeit zumute. Die Pferde vertragen einen Ruhetag. Zeit für eine Ölandrundfahrt, um Hansen die Insel zu zeigen, auf der ich mich inzwischen so sehr zu Hause fühle, wie das einem Träumer und Phantasten wie mir nur irgend möglich ist. Das ist nicht zuletzt Piets Verdienst, und wir besuchen all die Plätze, die mich stets an ihn erinnern werden. Schließlich hat Piet uns alle zusammengeführt: Sandström, Hansen und mich. Die Lebenden und die Toten. In unserer Gemeinschaft steht es nun zwei zu zwei.

Södviks Grundschule ist inzwischen geschlossen, der Schulgarten ein wenig verwildert. Der Schulhof, auf dem Hauke und seine Klassenkameraden Bandy und Brennball spielten, ist nun verwaist. Hier im Norden der Insel werden zu wenige Kinder geboren, um alle Dorfschulen am Leben zu erhalten. Piet hat als einziges Pferd in der Geschichte der Schule auch hier einen Auftritt gehabt, als ich mit sechs aufgeregten Erstklässlern auf ihren Steckenpferden auf dem Schulhof eine Quadrille anlässlich des Besuchs des Königs einstudierte. Später, in Kastlösa, bei der Einweihung des Weltnaturerbes, trabten die Kinder mit hochroten Köpfen auf ihren Steckenpferden hinter Piet her, jedes von ihnen mit der roten Rose in der Hand, die dann dem König von Schweden zu überreichen war. Noch heute sprechen mich zuweilen junge Erwachsene auf diesen Ausflug nach Süd-Öland an. Ich kann sie nicht immer sofort in meinem Gedächtnis unterbringen. Es erweist sich dann, dass sie zu den damaligen Steckenpferdreitern gehören, die zum Empfang des Königs einst in Piets Hufspur trabten.

In Böda war ich einen Sommer lang berittene Märchenerzählerin, in Skäfteskärr war Piet der Höhepunkt eines Festes für die Alten, die der kommunale Pflegedienst versorgte. Ihr Alltag war ansonsten ziemlich monoton. Hier, in der alten Oberförstervilla, bewunderten sie Piets Energie und Eleganz, und sie fühlten etwas Märchenflair und schönes, glanzvolles Leben. Sein Foto hing danach an vielen Kühlschränken alter Nord-Öländer.

In Färjestaden sind Piet und ich viele Jahre lang auf den Ölandtagen aufgetreten. Er übernachtete während dieser Tage in Ölands Tierpark im Stall der Kamele und Lamas. Ich erinnere mich gut an den verblüfften Ausdruck in seinem Gesicht, als er diese Stallgenossen zum ersten Mal sah. Dann trat er würdevoll, mit dem gebührenden Respekt und zugleich ein wenig Neugier, an den Zaun, der ihn von den sonderbaren buckeligen Wesen trennte, und seine geweiteten Nüstern sogen ihren strengen Geruch ein.

Auch auf der anderen Seite des Sundes, in Kalmars prächtigem Schloss, haben Piet und ich in Zusammenhang mit den jährlichen Renaissancetagen etliche Jobs gehabt. Piet war damals bereits sicher und zuverlässig wie ein Polizeipferd, und wenn er nach einer Reitvorführung von zahlreichen Menschen umringt wurde, sah er gelassen in die Menge und nahm die Bewunderung der Zweibeiner mit großer Selbstverständlichkeit entgegen; sie war Ausdruck einer Sehnsucht, die ein Wesen von höherer Herkunft wie er nicht kannte und auch nicht nötig hatte.

Auch in Borgholms stolzer Schlossruine sind Piet und ich des Öfteren zu Gast gewesen. Einmal, bei Vollmond im August, absolvierten wir eine Dressurkür zu klassischer Livemusik, und ich erzählte anschließend dem nächtlichen Publikum ein Märchen von einem Einhorn. »Nun ist der schöne Sommer auf der Flucht. Nun schweben schwarze Schleier um das Licht. Nun werden die Wasser bissig und die Winde weinerlich.« Mit diesen Worten begann das Lied meines Einhorns, einer Strophe, wie gemacht auch für die Stimmung des heutigen Tages, und es endete so: »Nun schläft dein Licht in meiner Dunkelheit. Dein Eiland schaukelt in Meermauls grüner Glut und wiegt sich im fetten Gelächter der Möwen.«

Im nicht weit entfernten Borgholmer Krankenhaus haben Piet und ich einst Elmer Nielsson, einem nordöländischen Bauern, der im Sterben lag, unsere Aufwartung gemacht. Er hatte Krebs im letzten Stadium, und seine Tage waren gezählt. Er sah dem Tod mit Respekt und gleichzeitig mit Dankbarkeit entgegen. Er war damit einverstanden, dass dieses gute Leben nun zu Ende ging, das er im Einklang mit der Natur und seinen Tieren so lange gelebt hatte, wie seine Kräfte es erlaubten.

Pferde hatten ihm alles bedeutet. Sein bestes und ihm liebstes Arbeitspferd war eine russische Kaltblutstute gewesen, die sich einst von einem sinkenden Frachtschiff aus der stürmischen Ostsee schwimmend an Land gerettet hatte. Eine treue, starke Pferdeseele. Das schwarzweiße Foto der Stute hing in der guten Stube seines Hofes an der Wand, inzwischen leicht vergilbt. Doch seine Augen leuchteten noch immer, wenn er von diesem Pferd erzählte. Im Krankenzimmer stand auf seinem Nachttisch nun ein Bild von Piet. Er hatte es aus einem Artikel im Östran ausgeschnitten und jemand hatte es für ihn eingerahmt. Einmal nur, sagte Elmer, hätte er Piet und mich gern getroffen. Doch dafür war es nun zu spät.

Nach einem Wochenende in Kalmar, wo ich während der Renaissancetage im Schlosshof aufgetreten war, passierte ich auf der Heimfahrt Borgholm. Ich hatte keine Gelegenheit gehabt, mich umzuziehen, und trug noch mein rotes Samtkleid. So wie auf dem Foto auf Elmers Nachttisch. Das war die Gelegenheit. Ich bog von der Hauptstraße ab und stellte Auto und Pferdehänger auf dem Krankenhausparkplatz ab. Elmers Mehrbettzimmer lag zu ebener Erde. Eine Terrasse vor dem Zimmer wurde von den schwerkranken Patienten so gut wie nie benutzt. Ich bat eine Schwester, Elmer zu helfen, sich auf seinem Bett aufzusetzen, und ließ ihm ausrichten, die Augen zu schließen und zu lauschen. Keine Fragen, keine Widerrede. Alles Weitere würde sich ergeben.

Piet war gelassen wie immer, als ich ihn auf dem Parkplatz zwischen allen Autos sattelte. Er war lange Arbeitstage gewohnt. Die Messingbeschläge an seiner portugiesischen

Kandare glänzten mehr als gewöhnlich, denn sie waren für die Auftritte in Kalmars herrschaftlichem Schloss besonders sorgfältig poliert. Auf dem kurzen Weg zum Krankenhausgebäude ließ ich ihn ausnahmsweise auf dem Pflaster galoppieren. Der Hufschlag war weit zu hören, und das mehrgeschossige Gebäude wiederholte sein Echo. An den zahlreichen Fenstern erschienen die perplexen Gesichter von Personal und Patienten und drückten sich die Nasen platt.

Auf der Rasenfläche vor Elmers offener Zimmertür brachte ich Piet zum Stehen. Dort drinnen kauerte der alte Mann auf seinem Bett und lauschte versunken dem Hufschlag; vertrauten Klängen aus einer alten, fernen Welt. Als er die Augen öffnete, sah er Piet. Er erkannte ihn sofort, erhob sich rasch und kam mit schnellen, kurzen Schritten auf ihn zu. Die Knochenmetastasen waren äußerst schmerzhaft, und Elmer war seit Wochen bereits nicht mehr aufgestanden. Doch Schmerzen schienen nun keine Bedeutung mehr für ihn zu haben. Piet schnaubte. Fast schien es, als begreife auch er die Tragweite des Augenblicks, den man im Krankenhaus noch lange in der Erinnerung behalten sollte. Er senkte huldvoll seinen Kopf, als der Mann die Arme um seinen Hals schlang. So standen beide eine Weile lang bewegungslos, und das Pendel der Zeit stand still. Die Mitpatienten und das Personal hatten Elmer stets ein wenig bemitleidet; ein einsamer, alter Junggeselle, der nie Besuch bekam, weder von Kindern noch von Enkelkindern. Nun sah man ein: Man hatte sich geirrt. Er bedurfte ihres Mitleids nicht. Er war ein Held.

Ein paar Tage vor seinem Tod besuchte ich ihn ein letztes Mal. Er lag nun, so wie er es sich gewünscht hatte, endlich in einem Einzelzimmer. Hier wollte er sterben. Piets Foto hing an der Wand. Er konnte es von seinem Bett aus sehen. Wir sprachen nicht von einem Wiedersehen.

»Sylvia«, sagte er in verschwörerischem Ton. »Die Welt ist ungerecht. Hier im Krankenhaus liegen so viele arme Teufel, die einem wirklich leidtun können. Und ich, ich habe es so gut.«

15. August

Brennholz stapeln. Bald ist es Herbst. Gabe und Ulrig stehen am Zaun und sehen zu. In ein paar Wochen werden sie wieder die Nächte im Stall und nur noch die Tage draußen auf der Weide verbringen. Ulrigs Kopf ruht auf Gabes Rücken. Er hat seine Augen halb geschlossen. Sie stehen ruhig beisammen, geborgen in ihrem freundlich gelassenen Bündnis. Sie gehören zusammen. Darüber sind Hansen und ich uns einig.

S.

Manchmal sind Geschichten, deren Ende man zu kennen glaubt, dennoch weiterzuerzählen. S. blieb ein Teil meines Lebens, auch nach seinem Tod. Gefühle der Trauer, Dankbarkeit und der Enttäuschung lösten einander in den kommenden Jahren ab. Ich fühlte mich von ihm ein wenig verraten, doch ich vermisste ihn zugleich. Sollte ich jemals wieder einen Menschen derart nahekommen lassen?

Als Hauke zwanzig war, begann ich, meine Zeit mit S. mit anderen Augen zu sehen. In diesem Alter hatte ich S. getroffen. Haukes Sicht der Dinge war so unverbraucht und frisch, und er strahlte so viel Zuversicht und Optimismus aus. Die Welt gehörte ihm, und alle Möglichkeiten standen ihm offen! Was würde ich sagen, wenn ein vierzig Jahre älterer Partner (ob Mann oder Frau), jemand, der dreimal so alt war wie Hauke, sich all dieses jugendlichen Lebensmutes bemächtigte, um damit seine eigenen, erwachsenen Depressionen, Lebensängste und Versäumnisse zu kompensieren? Zumindest was Hauke betraf, so stand mein Urteil fest: Dazu besaß niemand ein Recht. Sollte Alter nicht in irgendeiner Art zu Rücksicht oder Einsicht verpflichten?

In meinem Zorn nahm ich in der kommenden Zeit alle Bücher von S. aus meinen Regalen und packte sie zusammen mit den weit über zweihundert Liebesbriefen, die ich über all die Jahre aufbewahrt hatte, in einen Umzugskarton. Meine Erinnerungen an den Menschen S. waren eine Sache; die wollte ich bewahren. Doch die Widmungen in den Büchern und die Briefe bedienten sich zu großer Worte. Solche schweren Geschütze zielten am wahren Kern der Liebe vorbei. Ich wollte mich von all dem befreien.

Ich bot dem literarischen Archiv in seiner Heimatstadt, wo man bereits einen Teil seines Nachlasses verwaltete, Briefe und Bücher an. Von unserer Verbindung war dort nichts bekannt. Sie kam ja in seiner offiziellen Biographie auch nicht vor. Man war zunächst ein wenig sprachlos und machte mir dann ein Kaufangebot. Ich feilschte ein bisschen; vermutlich aus alter Pferdehändlergewohnheit. Dann wurden wir uns einig.

Wozu ich das Geld für die Liebesbriefe anwenden wollte, wusste ich genau. S. hatte bei mir unbezahlte Schulden, und ich wollte die übergewichtigen Worte in etwas Konkretes verwandeln; in etwas, das für mich Bedeutung hatte und meiner Erinnerung an ihn zur Nachsicht verhalf. Ich wollte einen Friesenhengst kaufen, ein Pferd, das alles hatte: Adel, Eleganz, Geschmeidigkeit, Charisma und Schönheit. Ein Pferd, das würdig war, nach all den Jahren Piets Nachfolge anzutreten.

Zu diesem Zweck reiste ich im vergangenen Herbst nach Friesland. Hansen begleitete mich, dieses Mal nicht als Sandströms Stellvertreter, sondern als mein eigener Berater. Und mein Freund. Wir suchten drei Tage lang, doch keines der Pferde entsprach meinen hohen Erwartungen, und ich wollte keine Kompromisse eingehen. Auch Pieter, bei dem wir schließlich landeten, hatte kein Pferd, das mir gut genug gefiel. In seinem Kontor zogen wir bei einer Tasse Kaffee ernüchtert das Resümee unserer Suche. Wir waren bereit aufzugeben, als Pieter zu einer Erkenntnis kam. Natürlich war das Pferd, nach dem ich suchte, in keinem Handelsstall zu finden. Es befand sich, wenn überhaupt, dann in seinem Turnierstall, wo seine exklusiven Fahrpferde standen. Eines davon war anders als alle anderen: Nobler, empfindsamer und eigentlich ein besseres Dressur- als Fahrpferd. Ein ganz besonderes Pferd, und mit dem richtigen Reiter würde ein Ausnahmepferd aus ihm werden.

Pferdehändlerparolen. Doch dass Pieter recht hatte, begriff ich nach wenigen Minuten des Probereitens. Das Pferd hieß Ulrig. Ich werde es nie zu finanziellen Reichtümern bringen. Das Geld für die Liebesbriefe jedenfalls hatte ich ausgegeben, noch bevor es sich auf meinem Konto befand. Das habe ich nie bereut.

16. August

Galopp über das nun sonnenverbrannte Gillberga Alvar. Die Dämmerung ist bereits angebrochen. Es ist windstill, und die Luft ist mild. Galopp, das ist Ulrigs Gangart. Er ist größer als die anderen Friesenpferde, ein langbeiniger Athlet, und kaum ein Friese galoppiert so wie er: kraftvoll, geschmeidig und unermüdlich in wogender Bergaufbewegung. Er reagiert auf die leiseste Berührung, darauf, wie tief ich atme und woran ich denke.

Die Himmelsrichtung lautet vorwärts. Das Ziel des Rittes ist dieser Augenblick, in dem mein Leben vollkommen ist und in dem ich mich in diesem Dasein ganz zu Hause fühle: ein namenloser Reiter auf einem namenlosen schwarzen Pferd, Glied einer Kette, deren Anfang und Ende im Nebel verloren gehen …

Man besitzt seine Erfahrungen und seine Geschichten nur eine Weile lang. Das Private verliert im Laufe der Jahre an Intimität. Dann wird es nach und nach zum Allgemeingut; Teil jenes kollektiven menschlichen Bewusstseins, das schließlich alle Erkenntnisse und Gedanken, alles Wissen, alle Liebe, alle Trauer, alle Träume, alles Scheitern, alle Hoffnung und Verzweiflung in sich aufnimmt; alle Sehnsucht nach Liebe oder auch nur nach der Fähigkeit zu lieben. Solange es noch Geschichten zu erzählen gibt, ist noch nichts verloren. Solange jemand den Erzählern zuhört, kann die Liebe scheitern und doch immer wieder und ganz unerwartet auferstehen.